뇌의식의 기초

FOUNDATIONS OF CONSCIOUSNESS

Copyright © 2018 by Antti Revonsuo

Authorized translation from the English language edition published by
Routledge, a member of the Taylor & Francis Group, LLC
All rights reserved.

Korean Translation Copyright © 2021 by Haneon
Korean edition is published by arrangement with Taylor & Francis Group, LLC
through Imprima Korea Agency

이 책의 한국어판 저작권은 Imprima Korea Agency를 통해
Taylor & Francis Group, LLC와의 독점 계약으로 한언에 있습니다.
저작권법에 의해 한국 내에서 보호를 받는 저작물이므로
무단전재와 무단복제를 금합니다.

뇌의식의 기초

안티 레본수오 지음 | 장현우 · 황양선 옮김

한ㄴ

CONTENTS

10장 고차 의식 상태

흥미로운 연구 –
뇌 전체 기능적 연결성의 증가와 LSD로 인한
자아 소멸의 상관관계 · 380

의식과학의 신기원

"의식은 가깝고도 멀다." 의식은 이런 표현이 가장 어울리는 대상입니다. 의식은 삶이 펼쳐지는 무대 그 자체이므로, 이보다 내 삶에 밀접한 것은 없습니다. 나에게 의식이 없다면 그 어떤 금은보화라 한들 일말의 의미도 없을 것입니다.

이러한 중요성에도 불구하고 우리는 살아가면서 의식의 본질에 관하여 거의 고민하지 않습니다. "나는 왜 마음이 있을까?"와 같은 호기심은 쓸모없는 현학적 공상(심하면 망상)이라는 핀잔을 듣기 십상이지요. 그렇게 우리는 의식의 존재를 당연시하며 살아갑니다.

이는 학계에서도 마찬가지입니다. 본문의 4장에서도 소개되지만, 의식은 1920년대 이후 오랫동안 자연과학의 금기어였습니다. 의식을 탐구 주제로 삼는 것은 마치 유령이나 점성술 연구와 같은 학문적 자살행위로 여겨졌습니다.

1990년대 들어 의식이 주류 학계에 재등장한 이후에도, 학계의 거부감은 여전히 강했습니다. 당시 1세대 학자들이 자신의 분야를 의식과학이 아닌 의식연구studies로 불렀다는 것이 하나의 증거입니다. 1994년 창립한 의식연구계의 가장 큰 국제 학회 중 하나인 TSC의 본래 명칭은 Toward a Science of Consciousness의식과학을 향하여였습니다. 잘 정립된 학문 분야의 학회명으로는 전혀 어울리지 않는 이름이었지요.

그러나 2000년대 이후 상황이 급속도로 달라졌습니다. 켜진 뇌 부위를 fMRI로 측정함은 물론, 뉴런을 임의로 켜고 끄는 광유전학optogenetics 기술, 유기체의 신경계 전체를 매핑·모델링하는 커넥톰connectome 연구가 전면에 등장하면서 뇌의 전반적 작동 상태를 측정·조절하는 것이 가능해졌습니다. '의식'은 이를 지칭하는 말로써 다양한 연구에서 널리 쓰이기 시작했습니다. 2010년 이후 미국 미시간 대학교, 영국 서섹스 대학교 등 유수의 대학에서는 이른바 '의식과학 연구소'를 세우기 시작했습니다. 이러한 상황을 반영하듯, 2016년 TSC 학회는 23년 만에 학회명을 The Science of Consciousness의식과학로 바꾸어 달았습니다.

이러한 이유로 저 역시 본문에서 이 분야를 지칭할 때 '의식의 과학적 탐구', '의식의 과학', '의식 과학' 따위가 아닌, '의식과학'이라는 하나의 단어를 택하였습니다. 이는 일종의 학문적 선언인 것입니다.

하지만 의식과학이라는 말은 아직 우리에게 낯섭니다. 지난 두 권의 책『뇌의식의 대화』,『뇌의식의 우주』을 번역한 후 가장 많이 들었던 반응은 "내용이 생소하다"는 것이었습니다. 서툰 번역 때문이기도 했겠지만, 분야를 처음 접하는 독자와 수십 년간 연구한 저자 사이의 간극을 메워 줄 중간 다리가 없었던 탓이 크다고 느꼈습니다. 그리하여 제가 아는 관련 도서 가운데 가장 쉽게 폭넓은 분야를 조망하는 입문서인 이 책의 번역을 제안하였습니다.

이 책은 의식을 과학적으로 탐구하는 것이 가능한 까닭과 주요 방법론을 소개하는 데 많은 지면을 할애합니다. 이 책을 통해 심리학에서 사용하는 대부분의 연구 기법들이 사실상 내성內省(자신의 심리적 상태를 관찰하는 일)의 다른 표현임을 알 수 있습니다. 즉인간 심리에 관한 모든 연구는 필연적으로 의식을 탐구 대상으로 삼고 있으며, 따라서 연구자가 동의하든 동의하지 않든 그것은 의식의 과학이라는 것입니다.

저자가 꿈 연구자인 만큼 이 책은 꿈, 자각몽, 몰입, 명상, 최면 등 인간 의식 상태의 다양성에 관해서도 상세히 다루고 있다는 점에서 다른 책과 차별점을 갖습니다. 자연과학적 세계관에서는 경시하기 쉬운, 또는 종교적 세계관에서는 맹목적으로 수용하기 쉬운 유체 이탈, 명상, 임사 체험 등의 신비 현상에 대해서도 자연주의적 접근으로 균형 잡힌 시각을 제공한다는 점이 특히 인상적입니다.

실제 의식과학의 세계는 이 책의 내용보다 훨씬 더 넓고 복잡합니다. 현대 의식과학 이론은 창발 유물론이나 기능주의로 한데 묶기 어려울 만큼 세분화되어 있습니다. 본문에 언급된 통합 정보 이론IIT과 전역 신경 작업공간 이론GNWT뿐만 아니라 예측 코딩 이론, 고차 이론, 수상돌기 통합 이론, 신경 다윈주의 등 다양한 이론이 서로 맞서고 있으며, 이들 간의 비교 검증이 진행 중입니다.

현재 의식과학계의 가장 큰 화두는 IIT와 GNWT 간의 대립 구도입니다. 2021년 현재 의식과학자들은 각종 가설과 실험을 통해 두 이론 중 현상을 더 잘 설명하는 이론이 무엇인지 판별하는 작업에 착수하고 있습니다.

의식과학에 입문하고자 하는 독자들이 유념해야 할 것은, 의식의 본질에 관한 그 어떤 이론도 (극소수를 제외하고는) 완전히 입증되지도, 기각되지도 않았다는 사실입니다. 뉴턴의 법칙, 양자론, 상대성 이론이 그러했듯 의식의 작동 방식을 설명하려면 사고의 혁명적인 전환이 필요할 가능성이 큽니다. 따라서 우리는 전통적 사고, 직관, 편견, 통념에서 벗어나 모든 전제를 열어 놓은 채로 자유로운 시선에서 다양한 실험 증거들을 해석해야 합니다. 그래야 비로소 의식의 본질에 조금이나마 다가갈 수 있을 것입니다. 무한한 기회가 열려 있다는 점은 의식과학이 저자와 저를 포함한 많은 이들의 모험심을 자아내는 까닭이기도 합니다.

지난 두 번의 번역 출간으로 말미암아, 저는 현재 한국 의식과학 학술회KACS라는 모임을 결성하여 도서 및 논문 강독, 초청 강연 등을 진행하고 있습니다. 의식과학 분야에 대한 심층적인 탐구를 희망하는 분들의 참여를 기다립니다(http://consciousness.co.kr).

공동역자 황양선 님, 번역에 도움을 주신 김명주 님, 양질의 도서로 의식과학의 대중화에 앞장서고 있는 한언출판사 측에 감사드립니다.

대표역자 장현우

스웨덴 셰브데 대학교 생명과학부와
핀란드 투르쿠 대학교 심리학과,
특히 핀란드 학술진흥재단의 재정 지원에
깊은 감사를 드립니다.

의식: 뇌의 암흑 에너지?

우리는 미스터리로 가득한 세상에 살고 있습니다. 최선의 증거를 수집하고 분석해서 우주의 미스터리를 해결하는 것이 바로 과학입니다. 그리하여 과학은 미스터리를 이론과 설명으로 탈바꿈시켜 우리가 이 세상을 이해할 수 있게 합니다.

지난 수백 년간 과학은 눈부시게 발전했지만, 우리에게는 거대한 질문들이 아직 많이 남아 있습니다. 2005년 유명 학술지 『사이언스』는 21세기 과학의 25가지 난제를 선정하여 발표했습니다. 첫 번째는 **우주는 무엇으로 만들어져 있는가**였고, 그다음이 바로 **의식이란 무엇이며, 뇌와 어떻게 관련되어 있느냐**는 질문이었습니다.

이 책은 의식의 미스터리에 관한 책입니다. 우리는 심리학자, 철학자, 뇌과학자들이 체계적인 탐구와 과학적인 연구를 통해 의식의 **미스터리를 이론과 설명**으로 바꿔 나간 과정을 엿볼 것입니다.

의식은 생각·감정·느낌·지각 등 우리가 매 순간 겪는 주관적 경험입니다. 우리는 일인칭 시점 속에서 살아가므로, **나에게 의식이 있다는 것**은 삶의 가장 기본적인 팩트이지요. 17세기 프랑스 철학자 르네 데카르트René Descartes는 **"의식이 존재한다"**는 것이 세상 무엇보다 확실한 명제라고 말했습니다. 그의 말마따나, 우리는 의식의 존재를 **절대적으로** 확신할 수 있습니다. 그의 격언 "나는 생각한다. 고로 나는 존재한다cogito, ergo sum"를 현대적으로 재해석하자면, "나는 의식적 정신 상태를 경험한다. 고로 나는 존재하며, 내가 경험하는 정신 상태 역시 실재한다"라고 풀어 쓸 수 있습니다. 머릿속에서 의식적 생각과 경험이 흘러간다면, 우리는 그 생각과 경험, 더 나아가 그것을 체험하는 **나**라는 의식적 주체가 실재한다는 것을 절대적으로 확신할 수 있습니다.

우리 자신은 의식의 존재를 절대적으로 확신할 수 있지만, 어떤 과학적 도구로도 의식을 관측하거나 그 은밀한 내용을 읽어낼 수는 없습니다. 전 세계에서 가장 비싼 뇌 스캐너로 인간의 뇌를 속속들이 촬영한다 해도, 의식의 생생한 주관적 흐름은 조금도 보이지 않습니다. 주관적 경험이 일어나는 순간에 뇌에서 특정한 활동 패턴이 나타나는 것은 사실이지만, 그 둘의 구체적인 연관 관계를 아직 우리는 전혀 이해하지 못하고 있습니다.

의식은 뇌라는 생물학적 기계 속에 깃든 유령과도 같습니다. 우리는 일인칭 경험을 토대로 내가 의식적으로 실존한다는 사실을 지각합니다. 그러나 우리의 내면세계는 뇌파나 뇌 스캔으로 포착되지 않습니다. 그 어떤 과학자도 뇌에서 경험을 추출하거나, 타인의 의식에 발을 들일 수는 없습니다. 그건 판타지나 공상과학소설에서만 가능한 일이지요. 『스타 트렉』 시리즈의 주인공 미스터 스팍Mr. Spock은 벌칸 마인드멜드Vulkan Mind-Meld라는 기술을 사용해서 두 사람의 의식을 직접 공유합니다. 『해리 포터』 시리즈에서는 덤블도어 교수가 오래전 잊힌 기억을 펜시브라는 기억 저장소 속에서 뽑아내지요. 이 기억은 주관적 존재의 삶을 저장한 짧은 동영상과도 같아서, 해리 포터는 그 기억 **속으로** 들어가 그 사람의 삶을 직접 경험합니다. 하지만 이러한 이야기들은 전부 판타지에 불과합니다. 타인의 의식에 들어가는 기술이 실제로 개발된다면, 그것은 인류 역사상 다시없을 쾌거일 것입니다. 하지만 심리학자와 뇌과학자들은 (아직) 벌칸 마인드멜드나 펜시브를 구현해낼 방법을 찾지 못했습니다. 타인에게 나의 경험을 공유하여 직접 보거나 느끼게 하는 것은 현재로서는 불가능합니다. 일부 철학자들은 그러한 기술이 영영 개발될 수 없을 거라고도 말합니다.

21세기 과학의 양대 미스터리인 **우주**와 **의식**은 서로 닮았습니다. 물리학자들의 계산에 의하면, 눈에 보이지 않는 암흑 물질과 암흑 에너지가 우주 대부분을 구성하고 있다고 합니다. 이 둘은 오늘날 그 어떤 측정 장비로도 탐지할 수 없기 때문에 그 정체가 베일에 싸여 있습니다. 우리가 관측할 수 있는 것은 별과 은하의 움직임뿐이며, 암흑 물질과 암흑 에너지의 존재는 그 관찰 결과로부터 간접적으로 유추한 것입니다. 하지만 이 미지의 존재가 사실상 우주 속 물질과 에너지의 대부분(최신 측정치에 의하면 약 96%—옮긴이)을 차지하고 있습니다!

마음의 정체, 즉 의식 세계가 무엇으로 이루어져 있는지 역시 현대 과학의 미스터리로 남아 있습니다. 심리학의 심장부에도 암흑의 존재가 자리하고 있는 셈이지요. 그러한 점에서 의식은 **뇌 활동의 암흑 에너지**와도 같습니다. 우리 자신은 의식이 존재한다는 것을 절대적으로 확신할 수 있지만, 과학은 그 정체를 전혀 알지 못하지요.

의식이 불가사의한 현상인 것은 사실이나, 과학의 영역에 속하지 않는 것은 아닙니다. 암흑 물질과 암흑 에너지도 물리학, 천문학, 우주론 등 여러 첨단 자연과학 분야에서 정당한 주류 이론이자 최대 관심사로서 활발히 연구되고 있습니다. 우리가 누구인지, 우주 속에서 우리의 지위는 어디인지 온전히 이해하기 위해서는, 의식의 정체, 뇌와 의식의 관계, 뇌 활동이 의식을 형성하는 원리, 의식을 측정할 수 있는 기법 등을 과학의 힘으로 규명해야 합니다.

의식의 신비는 심리학, 인지신경과학, 철학이 힘을 합쳐야 해결할 수 있습니다. 의식의 정체를 밝혀내기 위한 끝없는 여정에 우리가 어디쯤 와 있는지, 이 책이 여러분에게 보여줄 수 있기를 바랍니다.

1장
심리학과 의식과학

개요

- 심리학은 프시케, 즉 영혼에 관한 학문이다.
- 심리학은 본래 의식의 과학으로 출발했다.
- 20세기 심리학자들은 의식을 제대로 된 연구 대상으로 인정하지 않았다.
- 21세기 심리학에서는 의식이 가장 주목받는 탐구 주제이다.
- 심리학자들은 철학자 및 인지신경과학자들과 협업하며 의식을 탐구하고 있다.
- 의식에 관한 철학적 문제가 많지만, 이제는 경험 심리학과 뇌과학이 이 문제에 답할 수 있다.

심리학은 심리적 실체를
탐구하는 학문이다

과학의 목표는 세상의 작동 원리를 기술하고 설명하는 것입니다. 하지만 *세상*은 복잡하기에, 과학자들은 여러 갈래로 나뉘어 저마다의 분야에서 실체를 탐구합니다. 과학의 세부 분야들은 제각기 다른 복잡도 단계를 담당하고 있습니다. 물리학, 천문학, 우주론에서는 원자, X선, 블랙홀, 힉스 입자 등 완전히 물리적인 현상을 탐구합니다. 반면 화학, 생화학, 생물학, 뇌과학은 DNA, 독감 바이러스, 연꽃, 잠자리, 다람쥐와 같이 보다 복잡한 현상을 다룹니다.

만약 이 세상의 복잡도가 여러 단계라면 그 복잡도의 사다리에서 인간의 마음, 그리고 그것을 탐구하는 심리학은 어디에 위치할까요? 사실 이 질문에 답하는 것은 매우 어렵습니다. 심리학이 탄생한 이래로 지금까지도 심리학의 정의와 범위에 대한 논쟁이 계속되고 있기 때문입니다. 핵심 쟁점은 **의식이 심리학의 탐구 주제인**

가 하는 것입니다.

심리학의 영어 단어인 *psychology*는 영혼을 뜻하는 그리스어 프시케*psyche*에 학문을 뜻하는 접미사 *-logy*가 결합한 말로, 문자 그대로 **영혼에 관한 학문**을 의미합니다. 하지만 **영혼**은 너무도 신비하고 난해한 개념이어서 그것으로 어떤 학문을 정의하기는 어렵습니다. 그래서 지난 150여 년간 학자들은 심리학에서 종교적·철학적 색채를 빼기 위해 부단히 노력해 왔습니다.

그래서 심리학자들은 **의식**을 영혼을 대체하는 개념으로써 사용하기 시작했습니다. 적어도 한동안은 이 전략이 주효했습니다. 의식이라는 개념에는 우리가 내면에서 느끼고 경험하는 **마음**이 모두 같은 형태이며, 바로 그것이 심리학의 탐구 대상이라는 인식이 담겨 있습니다. 다시 말해 심리학은 우리 인간의 **심리적 실체**psychological reality, 즉 주관적 정신세계의 흐름을 탐구하는 학문입니다. 우리는 그것을 **영혼**이 아닌 **의식**이라 부릅니다.

내면에서 바라본 의식은 지각적 존재의 모습을 하고 있습니다. 우리의 머릿속에 사는 이 존재는 눈을 통해 바깥세상을 내다보고, 감각과 몸의 움직임, 감정 상태를 느끼며, 자유 의지에 따라 행동을 통제합니다. 의식 속에서 우리는 고통과 쾌락, 행복과 불행, 허기와 목마름, 성욕, 두려움, 사랑, 그 외의 다양한 감정을 경험합니다. 또한 의식에는 내면의 목소리, 심상, 생각이 끊임없이 흘러갑니다. 심지어 수면 중에도 의식은 완전히 사라지지 않습니다. 꿈속에서 우리는 희한한 모험을 겪기도 하지요.

인간의 의식은 주관적 경험의 끊임없는 흐름으로 이루어져 있습니다. 무수하게 다양한 주관적 경험들이야말로 심리학의 가장 근본적인 탐구 주제라 말할 수 있습니다.

초기 심리학은 의식의 과학이었다

19세기, 최초의 심리학자들은 주관적 경험 중 비교적 단순한 감각 경험은 체계적인 측정이 가능하다는 것을 알아냈습니다. 이들은 잘 통제된 조건하에서 피험자에게 색, 소리, 무게 등 다양한 물리 자극을 주고 주관적 경험을 보고하게 했습니다. 이때 사용한 방법론이 바로 **내성**內省**법**입니다. 내성이란 스스로의 마음을 들여다보고 의식의 내용을 서술하는 것을 말합니다. 학자들은 내성을 통해 주관적 의식 내용과 객관적 감각 자극의 관계를 분석할 수 있었습니다.

이후에도 내성은 심리학의 주요 데이터 수집 기법으로 널리 사용되었습니다. 심리학에서는 피험자의 의식 속 사건에 대한 정보를 얻으려면 내성법이 절대적으로 필요합니다. 사실 내성이 빠진다면 심리학은 생리학 등 다른 실험과학과 다를 바가 없지요.

19세기 말에서 20세기 초까지, 심리학자들은 자신의 학문을 의

식의 과학으로 정의하고, 내성법을 활용하여 색이나 소리 등 단순한 물리적 자극과 의식 경험과의 관계를 체계적으로 정리하는 작업에 몰두하였습니다.

20세기 심리학은
행동, 인지, 무의식의 과학이었다

하지만 내성법에는 근본적인 한계가 있습니다. 그 어떤 방법으로도 의식을 공개적·객관적으로 관찰할 수 없기 때문에 피험자가 **실제로** 무엇을 경험하는지, 그 경험을 정확하게 보고했는지 아무도 확인할 수 없다는 점입니다.

단 한 사람(피험자)만이 현상을 관찰하고 서술할 수 있는 방법론은 과학적인 방법론이라 말할 수 없습니다. 20세기 초 심리학을 주름잡았던 행동주의 학파가 내세웠던 논리가 바로 이것입니다. 이들의 공세에 밀려서 의식이란 단어는 1920년 이후 심리학계에서 터부taboo가 되어버렸습니다. 행동주의자들은 의식을 영혼과 마찬가지로 비과학적이고 형이상학적인 개념으로 치부했습니다. 그들이 보기에 의식이란 영혼이라는 낡은 개념이 심리학 속으로 침투하기 위해 교묘히 위장한 것에 지나지 않았지요!

같은 시기, 정신의학자와 임상심리학자들도 의식 연구에 대한 원동력을 잃었습니다. 그 대신 **무의식**이라는 새로운 개념에 주목했지요. 1900년, 지그문트 프로이트Sigmund Freud는 인간 심리의 기저에 여러 층의 무의식이 있다는 주장을 발표했습니다. 프로이트는 의식과 무의식이 서로를 전혀 알지 못하기 때문에 내성으로는 무의식을 연구할 수 없다고 말했습니다.

이렇게 행동주의와 프로이트의 정신분석학이 대두하면서 20세기 내내 의식은 심리학자들의 외면 속에 버려졌습니다. 심리학의 정의는 **행동**의 과학으로, 1970년대에 와서는 **인지 및 심적 정보 처리**의 과학으로 바뀌었고, 임상심리학과 정신의학은 **무의식과 정신질환의 관계**에 대한 연구로 변모했습니다. 장장 100여 년의 시간동안, 학자들은 의식을 철저히 외면했고 심지어 그 존재조차 부인했습니다.

의식이 빠진 심리학:
빈대 잡다 초가삼간 태우기?

그러나 의식의 흔적을 애써 지우려는 시도는 실패로 끝날 수밖에 없었습니다.

의식이 마음의 핵심 요소이기 때문입니다. 의식은 각 개인의 심리적 실존이 사는 집과도 같습니다. 의식 없이는 삶을 살아가고, 느끼고, 경험하는 내면의 주체 역시 존재할 수 없지요. 하지만 20세기 심리학자들은 우리의 삶을 신체의 기계적 행동, 뇌에서 일어나는 정보 처리, 통제 불가능한 무의식적 신경 활동(원시적인 분노, 공포, 욕망 등) 이렇게 세 가지로만 구성된 것으로 치부했습니다.

인간으로 산다는 것을 이렇게 영혼 없는 무의식적·기계적 과정으로 보긴 어렵습니다. 의식이 없다면, 우리는 그 어떠한 느낌도 느끼지 않으면서 평생을 살아갈 것입니다. 나의 삶, 그리고 인격체이자 지각적 존재로서의 **나** 역시 존재하지 않을 것입니다. 어쩌면 우리 주변에는 사람처럼 생겼지만 내면은 텅 비어 있는 **좀비**들이 그저 사람의 행동만을 따라 하며 목적 없이 배회하고 있을지도 모릅니다. 좀비는 마음이 없기 때문에 일생 동안 아무것도 느끼거나 경험할 수 없습니다. 이들은 내면의 정신세계가 없으므로 심리학의 탐구 대상이 아닙니다.

의식은 **심리학의 영혼**입니다. 이는 좋은 뜻이기도, 나쁜 뜻이기도 하지요. 의식을 빼면 인간의 정신세계라 부를 만한 것이 남지 않기 때문에, 심리학은 의식의 존재를 무시하거나 부인할 수 없습니다. 하지만 의식을 주요한 연구 주제로 받아들이는 것은, 그 옛날 영혼의 개념이 그랬던 것처럼 어마어마한 철학적·과학적 진통을 동반해야 했습니다.

21세기 심리학, 의식의 화려한 복귀

어쨌거나 의식은 언제고 돌아올 수밖에 없었고, 실제로도 그렇게 되었습니다. 1990년대 후반, 의식은 주류 심리학계에 조금은 갑작스러운 복귀를 선언했습니다. 그리고 21세기 들어 의식은 심리학의 가장 뜨거운 논제이자 분야 간 교류가 가장 활발한 연구 주제로 거듭났습니다. 지금도 여러 철학자와 뇌과학자, 심리학자들이 의식의 신비를 풀기 위해 긴밀히 협업하고 있습니다. 이미 심리학계는 의식이 인간의 심리적 실체를 이루는 핵심 성분이며, 따라서 심리학에 필수 불가결한 요소임을 인정했습니다. 오늘날에는 의식과 관련한 연구가 세계 최고의 학술지에 실리는 일도 심심치 않게 일어납니다.

하지만 의식의 본질, 의식·뇌·몸의 관계를 둘러싼 해묵은 철학 문제들은 아직 미해결 상태입니다. 수천 년간 그 누구도 해결하지 못했던 이 문제들을 푸는 것은 이제 의식 연구의 최전선에서 있는 인지신경과학자와 뇌 영상 연구자들의 몫입니다.

바로 여기가 의식과학의 현주소입니다. **의식의 미스터리를 향한 기나긴 여정에 함께 올라탄 것을 환영합니다!** 의식과학은 매우 학제적인 분야이며, 따라서 이 책은 심리학과 철학, 뇌과학을 모두 다룰 것입니다. 의식과학에서 이 세 분야는 떼려야 뗄 수 없는 관계입니다.

1장의 후반부에서는 오늘날 의식과학자들이 탐구하고 있는 흥미로운 질문 몇 가지와 가장 유력한 해답을 간략히 소개합니다. 풀리지 않은 미스터리가 너무 많아 보여도 걱정할 것 없습니다. 이미 풀린 미스터리도 많으니까요.

현대 철학의 세 가지 난제:
-로서의 느낌, 설명적 간극, 어려운 문제

　　1974년 철학자 토머스 네이글Thomas Nagel은 한 논문을 발표하여 현대 의식 연구의 시초를 열었습니다.[1] 네이글은 의식 문제가 미해결 상태이며, 그럼에도 철학자와 과학자의 대부분이 이를 외면하고 있다는 사실을 지적했습니다. 객관적이고 과학적인 삼인칭 시점에서 뇌와 행동을 **전부** 이해한다고 하더라도, 의식에 관해서는 일말의 서술이나 설명도 할 수 없다고도 주장했습니다. 의식은 어디까지나 일인칭 시점에서만 경험할 수 있는 *주관적인* 현상이기 때문입니다. 각종 개념과 이론으로 뇌와 행동을 완벽하게 기술하더라도, 과학은 **그것으로서의 느낌**what is it like to be까지는 말해주지 못합니다.

　　의식과 관련한 또 다른 유명한 철학 문제는 1983년 철학자 조셉 레빈Joseph Levine이 처음 제시한 **설명적 간극**입니다. 물리 현상은 더 단순한 요소로 환원될 수 있지만, 의식은 뇌 활동으로 환원될 수 없다는 것이 논증의 핵심입니다. 물을 예로 들어 봅시다. 물의 응결, 흐름, 다른 물질과의 반응 등은 분자 운동 이론을 토대로 완벽하게 설명할 수 있습니다. 액체 상태의 물이 높은 곳에서 낮은 곳으로 흐르는 것은 물 분자가 서로 자유롭게 굴러다닐 수 있기 때문이고, 얼음이 고체인 것은 물 분자들이 서로 강하게 결합하기 때문입니다.

그런데 의식과 뇌 사이에는 엄청난 간극이 있습니다. 고통의 쓰라림, 장미의 빨간색, 악몽이 주는 공포감, 적포도주에서 나는 그윽한 향처럼 의식 경험에는 특유의 **느낌**, 즉 **주관적 특질**이 있습니다. 이러한 의식 경험의 기저에 있는 신경 활동을 전부 파악한다 하더라도 의식과 뇌의 간극은 사라지지 않습니다. 쓰라림, 빨간색, 공포감, 향기의 경험을 뇌 조직의 전기 신호와 같은 객관적 신경 활동으로 **도대체 어떻게 설명할 수 있을까요?** 쓰라림과 신경 신호 전달, 빨간색과 신경전달물질의 활동, 포도주의 향과 뉴런의 발화發火 사이에는 정말이지 아무런 관계도 없어 보입니다.

그뿐만 아니라, 각 경험이 주는 느낌이 질적으로 어마어마하게 다르다는 것도 문제입니다. 무시무시한 치통과 고급스러운 와인 한 모금이 주는 경험은 서로 엄청나게 다릅니다. 괴물에게 쫓기는 악몽과 짝사랑이 이루어지는 단꿈 역시 그렇습니다. 그런데 이들 경험과 연관된 신경 활동은 질적으로 그다지 다르지 않습니다. 유일한 차이는 발화하는 뉴런의 위치이지요. 뉴런의 발화라는 객관적인 생물학적 사건만으로 악몽과 단꿈, 치통과 와인의 엄청난 격

차를 어떻게 **설명**할 수 있을까요? 뉴런과 그 연결망은 뇌 부위에 따라 *그다지* 다르지 않습니다. 어느 뉴런이든 자극에 따라 전기신호를 일으키고 신경전달물질을 방출하지요. 그런데 왜 어떤 뉴런의 발화는 흉측한 괴물의 모습과 숨 막히는 공포감을 주고, 어떤 뉴런은 사랑하는 이의 얼굴과 열렬한 애정을 유발할까요? 이 둘의 **의식 경험**이 다르다면, 기저의 **신경 활동**도 그만큼 달라야 하지 않을까요?

제대로 된 의식 이론은 머릿속에서 일어나는 신경 사건만으로 경험의 주관적 특질을 설명할 수 있어야 합니다. 마치 액체와 고체 상태에서 물의 행동이 물 분자의 속성으로부터 자연스럽게 도출되는 것처럼 말입니다. 하지만 아직 우리에게는 그러한 이론이 없습니다. 신경 활동이 의식을 만들어 내는 과정은 물 분자가 응고하여 얼음이 되는 과정과 본질적으로 다른 듯합니다. 뇌 활동에서 의식으로의 전환은 차라리 물이 포도주로 바뀌는 기적에 가까워 보입니다! 기적의 힘을 빌리지 않고 이 놀라운 변화를 어떻게 설명해야 할지, 과학자들은 아무런 실마리도 찾지 못했습니다. 이것이 바로 의식과 뇌 사이의 깊디깊은 설명적 간극입니다.

세 번째 철학적 질문은 철학자 데이비드 차머스David Chalmers가 1990년대에 처음 제기했는데, 설명적 간극과 밀접한 관련이 있습니다. 차머스는 마음과 뇌의 관계를 설명하는 것이 **쉬운 문제와 어려운 문제**로 나뉠 수 있다고 말했습니다. 쉬운 문제의 대표적인 예는 단일 뉴런이 정보를 처리하는 방식, 학습과 기억의 메커니즘,

시각 자극이 행위를 일으키는 과정 등입니다. 반면 **어려운 문제**는 이와 사뭇 다릅니다. 신경 활동, 인지 활동, 혹은 우리가 모르는 물리적 사건이 도대체 왜, 어떻게 의식을 일으키는 것일까요? 임의의 신경 활동이나 인지 처리가 어떻게 의식 경험을 만들 수 있는지(또한, 그래야만 하는지) 우리는 전혀 모릅니다. 이것이 의식의 어려운 문제입니다.

설명적 간극과 어려운 문제는 유물론에 기반하여 세워진 기존의 과학적 세계관에 대한 심각한 도전입니다. 과학의 객관적 세계관과 방법론이 적용되지 않는 현상이 딱 하나 있는데, 하필 그게 바로 우리 자신의 의식인 겁니다. 의식의 존재는 너무도 명백한 사실인지라, 우리는 의식의 주관적·질적 특성을 부인할 수도 없습니다. 이제 의식이 21세기의 과학적 난제 가운데 두 번째에 선정된 이유를 알겠지요? 의식의 정체를 밝히는 일에 과학적 세계관의 명운이 달려 있다고 해도 과언이 아니기 때문입니다!

의식과학의 연구 주제

언뜻 생각하면 의식을 과학적·실험적으로 연구한다는 것 자체가 와닿지 않을 수 있습니다. 의식 연구는 철학자들의 안줏거리로나 어울릴 만한 추상적인 문제처럼 보이기도 합니다. 하지만 의식은 뜬구름 같은 현상이 아닙니다. 여러분이 미처 몰랐을지라도, 우리는 매 순간 의식을 지닌 채로 살아가고 있지요. 따라서 의식 과학자들이 해결하고자 하는 질문들은 우리 삶과 밀접하게 연관되어 있습니다.

이제 몇 가지 연구 주제를 소개하겠습니다. 여러분도 이 질문들을 떠올려 본 적이 있었는지 함께 생각해 봅시다.

우리는 어떻게 세상을 보는 것일까?

눈과 뇌가 처리한 정보가 어떻게 생생하고 화려한

의식적 시각 경험으로 변하는 것일까?

눈을 뜨면 우리 앞에는 형형색색의 사물들이 저마다 모습을 드러냅니다. 그런데 여러분은 세상을 **보는** 것이 정확히 어떠한 과정으로 일어나는지 고민해 본 적이 있나요? 분명한 점은 우리 눈에서 광선이 튀어나와 사물을 감지하는 것은 아니라는 겁니다. 빛이 사물에서 반사되어 눈에 들어오면 망막과 시신경을 활성화하고, 뇌의 시각 피질이 그 정보를 처리하지요. 그런데 세상을 보는 **시각 경험**은 어느 단계에서 어떻게 일어나는 것일까요? 눈과 뇌는 어떻게 빨간색의 빨간 느낌을 만들어 낼까요? 시각 정보가 의식에 도달할 때 우리가 세상을 보는 것은 분명하지만, 그게 어디서 어떻게 일어나는지는 불확실합니다. 이것이 현대 의식과학의 핵심 질문이기도 합니다. 이 문제를 풀기 위해 심리학자, 뇌과학자, 철학자들은 최신 뇌 스캔 장비를 사용하여 시각 의식의 두뇌 메커니즘을 연구하고 있습니다. **시각 정보가 의식에 들어오는 순간 뇌에서 정확하게 어떤 일이 일어나는지 밝히는 것**이 이들의 목표입니다.

시각의 원리가 이미 다 밝혀졌을 것으로 생각했다면 크나큰 오산입니다. 아직 우리는 시각 경험이 어떻게 일어나는지, 뇌가 시각 의식을 정확히 어떻게 형성하는지 알지 못합니다. 이 원리가 밝혀진다면 의식과 뇌의 설명적 간극도 함께 해소될 것입니다. 시각계에서 일어나는 각종 신경 활동에 관해서 우리는 이미 많은 것들을 알고 있습니다. 문제의 핵심은 그 신경 활동이 어디서 어떻게 **물체를 보는 경험**으로 바뀌는지 모른다는 것입니다.

감각 기관과 뇌에서 처리된 각종 정보가 어떻게 하나의 입체적인 '장면'으로 합쳐지는가?

이 질문은 **의식의 통합 문제** 또는 **연결 문제**^{binding problem}라고도 불립니다. 우리가 오감을 사용해 무언가를 느끼면 의식에서는 그에 대한 주관적 경험이 발생합니다. 이러한 감각과 지각은 의식의 상당 부분을 차지하고 있습니다. 이뿐만 아니라 감정, 느낌, 생각, 심상도 의식의 내용이 될 수 있습니다. 이렇게 다양한 요소들은 하나로 통합되어 우리가 일상에서 경험하는 의식을 구성합니다. 그런데 우리 뇌는 어떻게 다양한 정보들을 한데 이어붙여 단일한 외부 세계를 만드는 것일까요? 우리 뇌에는 모든 정보가 수렴하는 **의식 중추** 같은 곳은 존재하지 않습니다. 그러나 의식의 각 내용은 (신체 내부에 관한 것까지도) 모두 통합되어 늘 하나의 의식을 이룹니다. 나의 의식에서는 오직 한 명의 자아인 **내**가 하나의 지각 세계에서 살고 있습니다. 통합된 세계의 중심에 서 있는 일인칭 시점의 존재가 바로 나 자신입니다. 이것이 의식과학의 또 다른 미스터리입니다.

'좀비 모드'로 행동할 때 의식은 어떻게 되는가?
의식이 있어야만 행동할 수 있는가?

운전하기, 샤워하기, 지루한 강의 듣기와 같이 한 가지 동작을 멍하게 반복하다가 갑자기 *깨어난* 적이 있나요? 그럴 때면 지난 몇 분간 무슨 일이 있었는지 떠올리지 못하기도 합니다. 기억은 못 하는데 시간은 흘러 있었으니, 그 당시 여러분은 주의가 다른 곳에 쏠려 있거나 아무 데도 집중하지 않는 일종의 **좀비 모드**에 있었다고 말할 수 있습니다. 그렇다면 그때의 여러분이 의식이 있었다고 말할 수 있을까요? 주변 상황과 자신의 행동을 **경험**했을까요? 주의를 기울여야만 정보가 의식될 수 있다면, 답은 "아니요"일 것입니다. **주의와 의식의 관계** 역시 의식과학의 뜨거운 논쟁거리입니다. 일부 학자들은 주의가 의식의 필요조건이므로 좀비 모드일 때는 의식이 아예 없다고 주장합니다. 한편, 주의 없이도 기본적인 의식 경험은 가능하다는 주장도 있습니다. 하지만 주의를 기울이지 않으면 경험이 기억으로 저장되지 않기 때문에 미래에 그 경험을 회상할 수 없습니다. 그렇다면 좀비 모드란, 해당 순간에는 의식이 있었지만 이후 기억을 잃어버린 상태라 할 수 있습니다.

무언가에 의식이 있는지 어떻게 알 수 있을까?

개미를 밟거나, 모기를 잡거나, 지렁이를 낚싯바늘에 끼우거나, 물고기를 낚아 올리면서 혹시 그것들이 뭔가 느낄지, 혹시 내가 엄청난 고통을 주고 있는 건 아닐지 걱정해 본 일이 있나요? 그렇다면 여러분은 그 동물에게도 원초적 형태의 의식이 있는지 궁금해한 겁니다. 원초적 의식은 고통과 쾌락, 공포와 즐거움 등 기초적인 경험만 할 수 있는 단순한 형태의 심리적 실체입니다. 그런데 원초적 의식의 유무를 도대체 어떻게 알 수 있을까요? 의식은 객관적인 방법으로 탐지하기가 매우 어렵습니다. 어쩌면 불가능할지도 모릅니다. 이것이 의식의 또 다른 미스터리이기도 하지요. 개미, 모기, 지렁이, 물고기의 해부학적 구조와 생리학적 기능을 완벽히 이해했다손 치더라도, 우리는 이들이 의식적으로 무언가를 느끼고 경험할 가능성과 아닐 가능성 중 어느 무엇도 완전히 배제할 수 없습니다. 과학자들은 동물 의식에 관한 이론을 발전시켜 의식이 있는 생물과 없는 생물의 경계를 찾고자 노력하고 있습니다.

누군가에게 의식이 있는지 어떻게 알 수 있을까?

내가 아닌 누군가가 주관적 경험을 하는지 어떻게 알 수 있을까? 이것은 **타인의 마음 문제**라고도 불린다. 우리는 타인의 행동을 보고서 그 사람의 주관적 경험을 유추하지만, 그 사람이 어떤 경험을 할지 확실히 알지는 못한다. **동물 지각력**이나 **기계 의식**의 문제도 마찬가지다. 과연 동물에게 의식이 있을지, 즉 그 동물로서 살아가는 느낌이 있을지 어떻게 알 수 있을까? 컴퓨터나 로봇이 과연 자신의 실존을 느낄까? 그들은 지각이 있는 의식적인 존재일까, 아니면 그저 기계로 된 좀비에 불과할까?

뇌가 손상되면 의식은 어떻게 될까?

뇌의 손상은 수없이 많은 방식으로 일어날 수 있습니다. 그 가운데는 의식에 영향을 줄 수 있는 손상도 많습니다. 뇌 손상으로 인한 의식의 결함을 연구하는 것은 의식과학의 주요한 한 축입니다. 아무리 뛰어난 의식도 뇌가 고장 나면 산산조각 날 수 있습니다. 만약 뇌 손상 이후 의식의 특정 요소만이 사라졌다면, 그 요소를 관장하는 뇌 영역이 어딘지 유추할 수 있습니다. 손상이 심한 경우 의식을 완전히 잃거나 자극에 반응을 전혀 못 하게 되는데, 이를 **코마** 혹은 **식물인간 상태**라고 부릅니다. 하지만 코마 환자 중에는 여전히 의식이 남아 있는 사람들도 있습니다. 이들은 자신의 심리적 실체 속에서 무언가를 주관적으로 경험합니다. 시각과 청각, 사고 능력은 남아 있는데 단지 행동으로 반응하지 못하는 사람들도 있습니다. 코마로 진단받았던 환자들이 실제로는 무의식적 상태가 아니었음이 드러나는 사례가 최근 속속 보고되고 있습니다. 이 환자들은 명령이나 질문을 받았을 때 코마 환자들과 다른 뇌 활동 양상을 나타내며, 이를 활용해 질문에 답을 할 수도 있습니다.

자는 동안 의식은 어떻게 될까?

우리는 매일 밤 잠을 자고, 대부분은 (기억을 못 할 뿐) 꿈을 꿉니다. 잠자는 동안 우리의 의식은 어떻게 될까요? 꿈은 의식적 상태일까요, 무의식적 상태일까요? 잠이 들면 우리는 외부 세계를 자각하지 못합니다. 스스로가 침대에 누워서 자고 있다는 사실을 지각하지도, 알지도, 기억하지도 못하지요. 하지만 수면은 의식이 완전히 없어진 상태는 아닙니다. 수면은 꿈을 비롯한 여러 가지 **변성의식 상태**를 동반합니다. 꿈의 주관적 경험은 깨어 있을 때의 경험과 크게 다르지 않습니다. 꿈은 외부 세계를 모방한 가상 현실이자 환상과도 같습니다. 우리는 꿈속 세상에 완전히 젖어 들어 가상의 사물을 만지고, 사건을 목격하고, 사람들과 소통하기도 하지요. 꿈의 주관적 경험은 현실 세계와 어떤 게 다를까요? 어째서 뇌는 매일 밤 가상 세계를 만들어 내도록 설계된 것일까요? 꿈 연구와 의식과학의 접점에서 이 질문들의 답을 찾을 수 있습니다.

최면은 변성 의식 상태인가?

꿈 이외의 다른 변성 의식 상태도 여러 흥미로운 질문을 자아냅니다. TV나 인터넷에서 최면술사가 사람들을 최면 상태에 빠뜨리는 모습을 본 적이 있을 겁니다. 사람들은 기괴한 모습을 하고 공허한 눈빛으로 최면술사의 지시를 잠자코 따르지요. 최면에 대해 의식과학은 무엇을 말할 수 있을까요? 최면 현상을 둘러싼 가장 큰 논란거리는 그것이 정말 변성 의식 상태가 맞느냐는 것입니다. 측정 장비상에서는 최면에 빠진 사람들의 뇌 상태가 정상인의 뇌와 전혀 다르지 않습니다. 그렇지만 최면에 걸린 사람들이 매우 특이한 행동과 모습을 보이는 것도 사실입니다. 이들의 의식 상태가 실제로 정상인과 다른지, 아니면 그저 그러한 모습을 흉내 낸 것인지 알아낼 수 있는 유일한 방법은 실증적 연구로 피험자들의 뇌와 행동을 자세히 들여다보는 것입니다. 의식 상태를 명확히 정의하는 이론 역시 필요할 것입니다.

과학은 신비 체험을 설명할 수 있을까?

인간의 의식 상태 중에는 일상에서 절대로 경험할 수 없는 것들도 있습니다. 이들은 의식과학자들의 크나큰 골칫거리입니다. 과학으로 이것들을 설명할 수 있는지 자체가 불분명하기 때문입니다. 나의 육신이 죽으면 의식 한가운데 **나**라는 주체의 심리적 실체는 어떻게 될까요? 뇌 기능이 멈추면 나의 경험은 영영 소멸할까요, 아니면 이후에도 무언가를 계속 경험할 수 있을까요? 의식과학은 궁극적으로는 마음과 자아의 정체에 관한 근본적인 질문까지 답할 수 있어야 합니다. 그런데 이러한 질문들도 과학적 연구가 가능합니다. 많은 이들이 유체 이탈과 임사臨死 체험을 보고하고 있으며, 과학자들은 이들의 사례를 체계적으로 수집하고 있습니다. 언뜻 보면 이 체험들은 의식의 중심이 특정한 상황에서는 육체를 이탈해도 경험을 이어나갈 수 있다고 증명하는 듯합니다. 그러나 유체 이탈은 꿈과 유사하게 특정 뇌 영역이 비정상적으로 정보를 처리할 때 발생하는 환각에 불과하다는 것이 중론입니다.

임사 체험은 죽음 직전까지 갔던 환자들이 보고하는 신비 체험입니다. 심장이 마비되면 뇌로 가는 신선한 혈액과 산소의 공급이 중단되고 의식은 사라집니다. 뇌는 전기 활성을 잃고, 환자는 코마와 유사한 깊은 무의식적 상태에 빠집니다. 그런데 심폐 소생이 성공하여 의식을 회복한 환자 가운데 일부는 무의식 기간에 발생한 생생한 신비 체험을 보고하기도 합니다. 임사 체험 중에는 고통이 사라지고 기분이 좋아지며, 의사들이 자신의 병상을 둘러싼 모습을 위에서 아래로 내려다봅니다. 이후 환자들은 어두운 공간이나 터널에 들어서고, 소리나 음악을 듣거나 다른 사람이나 영적 존재를 보기도 합니다. 마지막으로 밝은 흰색 불빛을 보고 정서적 행복감을 느끼지요. 그러다 갑자기 환자는 자신의 육신으로 되돌아오고, 심장 박동이 다시 시작됩니다.

언젠가 과학이 의식의 정체를 완전히 규명해 낸다면, 이러한 신비 체험 중에 의식이 무슨 일을 겪는지도 알 수 있을 것입니다. 아직은 데이터가 부족하지만, 현재 과학자들은 이러한 문제들도 진지하게 연구하고 있습니다.

요약

의식과학은 색 감각과 같은 단순한 경험, 여러 감각이 통합된 복잡한 경험, 특수 상황에서만 일어나는 변성 의식 상태나 신비 체험에 이르기까지 우리의 모든 주관적 정신세계를 다루는 학문이다. 탐구 대상(의식 현상)의 범위는 넓지만, 우리는 각각에 대해 공통 질문을 던질 수 있다. 특정 경험이 발생할 때 어떠한 정보 처리가 일어나는가? 그 경험에 관여하는 뇌 활동은 어떤 형태이며, 어디서 일어나는가? 이를 설명할 수 있는 뇌·의식 이론은 무엇인가? 객관적인 뇌 활동, 신체 행동, 주관적인 의식 내용을 함께 보여줄 수 있는 실험 및 데이터 수집 방법은 무엇일까? 여기에 답하는 것이 향후 의식과학의 주요 과제다.

생각해 봅시다

- '의식'이나 '의식적 상태'를 자신만의 언어로 정의한다면? 의식이라는 단어와 개념이 당신에게 지니는 의미는 무엇인가요? 그 답을 다른 사람과도 비교해 봅시다.
- 이 책을 읽기 전에 의식과 심리학에 관해 알고 있던 것들을 말해 봅시다.
- 최근에 좀비 모드가 된 적이 있나요? 언제, 얼마나 자주, 어떠한 상황에서 그랬나요?
- 당신이 경험한 가장 독특한 변성 의식 상태는? (예시: 이상한 꿈, 최면, 명상, 신비 체험, 고열로 인한 환각 등) 그 경험을 과학적으로 설명하는 것이 가능할까요?

2장
의식이란 무엇인가?

개요

- **의식**은 명확하게 정의하기 힘든 개념이다.
- 의식은 여러 용어를 포괄하며, 각 용어에 대한 정의가 필요하다.
- 이 장에서는 의식의 가장 중요한 개념과 현대 의식과학에서의 그에 대한 정의를 소개한다.
- 의식의 가장 중요한 세 가지 개념은 현상 의식, 반성 의식(접근 의식), 자의식이다.
- 의식의 전반적인 **상태**와 특정한 **내용**은 구분되어야 한다.
- 의식은 외부에서 관찰 가능한 행동과 별개이다.
- 좀비와 역좀비는 의식과 행동이 서로 별개로 발생하는 사례이다.
- 깨어 있음, 주의 등의 개념과 의식을 혼동하지 않도록 명확히 구분해야 한다.

의식의 개념

우리는 의식이 무엇인지, 의식이 삶에 얼마나 중요한지 개인적 경험을 통해 이미 알고 있습니다. 많은 사람이 의식을 잃느니 한쪽 팔다리나 눈을 포기하기를 택할 겁니다. 그러나 **의식**이라는 현상과 그 개념은 과학적으로 명확하게 정의하기가 사실상 불가능해 보입니다. 의식을 연구하는 학자들은 늘 이러한 역설을 겪고 있습니다.

우리는 의식이라는 용어를 서로 겹치는 다양한 의미로 모호하게 쓰고 있습니다. 일상 대화에서 하나의 단어가 여러 대상을 가리키는 경우가 왕왕 있지요. 그러나 과학에서는 상호 간의 오해를 방지하기 위해, 하나의 뜻만을 갖도록 용어를 매우 분명하게 정의하여 탐구 대상을 정확히 표현합니다. 만약 학자들이 에너지나 원자, 중력 등을 내키는 대로 정의해서 모든 이들이 개념 정의를 두고서만 갑론을박을 벌였다면, 물리학이라는 학문 자체가 성립하지 못했을 것입니다.

하지만 심리학에서는 이러한 개념의 난맥상이 종종 벌어집니다. 1990년대 초 현대 의식 연구가 수립될 당시, 그 과정에 참여한 과학자와 철학자들은 의식의 정의가 무엇인지 합의하지 못했습니다. 하지만 이후 의식 연구가 괄목할 만한 발전을 거둔 덕에, 이제는 대다수 학자가 여러 기본 현상에 대한 용어들을 서로 구분해서 사용하고 있습니다.

더 이상의 개념 혼동을 막기 위해서는, 의식이라는 말로 서로 다른 여러 현상을 손쉽게 뭉뚱그려서는 안 됩니다. 명확한 정의를 통해 의식의 여러 의미를 섬세하게 구분해야 합니다. 의식과학에 입문한 이상, 여러분도 기존의 직관을 잠시 내려놓고 현대 의식과학의 어휘들을 함께 배워 봅시다.

의식consciousness, **자각**awareness, **깨어 있음**wakefulness**의 차이**

의식, 자각, 깨어 있음은 서로 혼동하기 쉬운 개념이다. 의식에는 여러 종류가 있지만, 기본적으로 주관적 경험, 즉 **주관적 삶의 흐름**을 뜻한다. 자각은 보통 외부 자극에 대해 일어나는 무언가이다. 즉, 자각은 대상이 있다. 예를 들어, 우리가 모기의 존재를 자각할 때는 모기의 모습을 **보거나**, 그 날갯짓을 **듣고**, 운이 나쁘다면 몸 어딘가가 **가려움을 느낄 때다**. 깨어 있는 것은 의식과 별개의 개념이다. 잠을 자거나 꿈을 꿀 때도 주관적 경험(현상 의식)이 일어날 수 있기 때문이다.

현상 의식

현상 의식은 의식의 가장 기본적인 형태입니다. 다른 모든 의식은 현상 의식에 기반하여 발생하며, 현상 의식 없이는 의식이 아예 존재할 수 없습니다.

어떠한 생명체가 **그것으로서 존재하고 살아가는 느낌**이 무엇인지 말할 수 있다면 그 생명체는 현상 의식을 가진다고, 즉 의식적 존재라고 말할 수 있습니다. 이것이 현상 의식의 가장 보편적인 정의입니다.

현상 의식이 없는 단순한 사물이나 비非의식적 메커니즘은 그것으로서 존재하는 느낌을 말할 수 없습니다. 이들의 존재나 삶은 어떠한 느낌도 갖지 않습니다. 비의식적 사물이나 생명체는 스스로의 존재를 전혀 느끼지 않습니다. 그러므로 그들은 의식이 없습니다.

현상 의식은 **감각된 경험**으로 구성됩니다. 경험의 감각은 매우 다양하지만, 경험자에게 모종의 **느낌**을 준다는 공통점이 있습니다. 철학에서는 경험이 주는 느낌, 즉 그 경험의 **특질**을 **감각질**이라고도 부릅니다.

의식이 '켜진' 상태
의식 상태에서는 온갖 주관적 경험을 할 수 있다. 이는 마음속 현상 의식이라는 전구가 *켜진* 상태에 빗댈 수 있다.

의식이 '꺼진' 상태

무의식적 상태에서는 주관적 경험이 불가능하다. 이는 마음속 현상 의식이라는 전구가 *꺼져서* 의식이 잠시 사라진 상태에 빗댈 수 있다.

우리는 다양한 특질을 가진 경험에 둘러싸여 있습니다. 아닌 게 아니라 우리의 삶은 감각질의 바다를 헤엄쳐 나가는 것과도 같습니다. 우리 눈앞의 물체들은 제각기 다른 특질이 있습니다. 신호등의 빨간불은 현상적 색 경험 중 하나인 **빨간색**의 특질을 지니고 있으며, 이는 맑은 하늘의 특질인 **파란색**과는 전혀 다릅니다. 인간 의식의 대부분은 시각으로 이루어져 있지만 다른 감각 기관이 느끼는 특질도 있습니다. 옷이 피부에 닿는 촉감, 손가락으로 키보드나 액정을 터치하는 느낌, 몸과 마음에서 피어오르는 흥분, 분노, 즐거움, 사랑, 이어폰에서 흘러나오는 음악, 입 안의 사탕이나 과일의 맛, 향수 냄새, 흙냄새, 봄꽃 냄새 등이 그 예입니다. 매 순간 우리의 현상 의식은 경험의 특질들로 가득 채워지며, 경험자인 나는 의식의 물결을 흐르는 감각질의 바다를 헤쳐 갑니다. 나라는 의식적 주체**로서의 느낌**은 그 순간 발생한 감각질에 의해 정의됩니다.

현상 의식은 지금, 여기 현재에 묶여 있습니다. 현상적 경험은
변화무쌍한 흐름이어서, 경험의 각 특질은 나타났다 사라지기를
반복합니다. 하지만 의식을 아예 잃지 않는 한, 현상 의식에서 감
각질이 전부 사라지는 일은 벌어지지 않습니다.

현상 의식을 지닌 존재를 **지각적**sentient **존재**라고 부릅니다. 지각
적 존재는 자기 자신의 실존을 느낄 수 있으므로 그 존재로 살아
가는 느낌이 무엇인지도 말할 수 있습니다. 지각적 존재는 경험의
특질을 직접 느낍니다. 현상 의식은 경험자가 느끼는 감각질의 존
재에 의해 정의됩니다. 한마디로 말해, 현상 의식은 마음이 무언가
를 **느끼는** 것입니다.

현상 의식의 구조

현상 의식은 드넓은 지각적 구球 또는 껍질 한가운데 경험의 주체가 자리한 형태를 하고 있습니다. 색, 소리, 감정, 고통, 가려움, 냄새 등등 어디를 바라보든, 어디에 주목하든 감각질이 없는 곳은 없습니다.

현상 의식의 지각 및 감정 경험은 하나의 세계로 통합되어 있습니다. 시각, 청각 등은 외부 세계를, 몸속에서 느껴지는 체감각과 눈에 비친 몸의 모습은 우리의 신체상像을 구성합니다.

그러나 현상 의식 속 각 요소의 선명도와 강도가 모두 같지는 않습니다. 현상 의식은 주의가 집중되는 **중심부**, 그 밖의 흐릿하고 약한 **현상적 배경**(또는 **주변부 의식**)으로 나뉠 수 있습니다.

테니스를 칠 때는 의식의 중심부에 빠르게 움직이는 공과 상대 선수의 움직임을 항상 붙잡아두어야 합니다. 공을 받아치는 순간에는 손에 쥔 라켓의 느낌이 의식의 중심부에 들어옵니다. 그래서 우리는 올바르게 쳤는지 아닌지 곧바로 알아차릴 수 있습니다.

공에 주목하는 동안에는 신발이나 옷의 촉감은 현상적 배경으로 밀려납니다. 일반적으로 현상적 배경이 일으키는 경험은 매우 희미하고 미약하며 일시적입니다. 하지만 뜻밖의 일이 발생하면, 이를테면 뾰족한 자갈이 신발에 들어와 발을 찌르면, 그 즉시 발과 신발의 감각질에 주의가 가해집니다.

의식의 중심부는 주의의 스포트라이트가 비치는 곳입니다. 여러분이 집중하고 주목하는 대상이 현상 의식의 중심 무대를 차지합니다.

일차 의식

일차 의식(현상 의식)의 구조는 의식의 중심부와 그를 둘러싼 주변부 의식(현상적 배경)으로 나뉜다. 중심부는 주의의 스포트라이트가 비치는 곳이다. 중심부의 내용은 주변부의 내용보다 훨씬 자세하게 처리되며 생생하고 뚜렷하게 경험된다. 그림에서는 작은 거미가 의식의 중심부에 들어와 생생하고 뚜렷한 경험을 만들어 내고, 나무는 주변부에 남아 흐릿하게 경험되고 있다.

반성 의식: 생각하는 마음

주의의 스포트라이트가 현상 의식의 특정한 감각질(테니스공이나 발의 고통)을 비추면, **반성 의식**이라는 더 복잡한 형태의 의식이 작동하여 그 경험을 처리합니다. 일상에서 우리가 **생각**이라 부르는 것이 바로 이것입니다.

반성 의식은 주의를 기울인 경험을 인지적으로 처리(조작적 사고思考 등)하고, 그 경험을 평가 · 분류 · 판단 · 인식 · 명명 · 표지합니다. 테니스공이 코트 라인 주변에 맞았을 때, 반성 의식은 게임의 규칙에 근거해 코트와 공의 위치 관계를 자동으로 분류 · 명명하여 "안쪽으로 들어왔어!" 혹은 "아웃이야!"와 같은 판단을 내립니다. 속으로만 생각하기도 하고, 나도 모르게 입 밖으로 외치기도 합니다. 내면의 목소리로 점수를 세기도 하고 스스로 격려하기도 합니다. 상대방의 위치에 주목하면서 다음 서브를 계획하거나 경기 전략을 바꾸기도 합니다. 반성 의식을 활용하여 우리는 어디에 주의력을 가할지 수의적隨意的(자신의 뜻대로 하는)으로 통제함으로 써 의식의 중심부의 내용을 결정합니다.

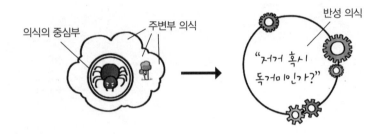

반성 의식

의식의 중심부의 내용(주의의 스포트라이트)은 고차 인지 과정에 의해 빠르게 처리되어 그에 관한 사고·명명·평가·구두 보고·행위가 이루어진다. 반성 의식은 개념과 언어를 사용하여 내면의 목소리를 통해 경험에 대한 생각을 만들어 낸다. 그림에서는 반성적 사고가 의식적으로 지각된 생명체를 평가·명명·분류하여 위험성을 판단하고 있다.

의식과학에서는 반성 의식을 **접근 의식**이라고도 부릅니다.[1,2] 이는 의식의 중심부에 들어온 정보가 다양한 심리 기능에 **접근**할 수 있게 된다는 것을 반영한 표현입니다. 반성 의식에 도달한 정보는 장기 기억(기억하거나 다른 것과 비교), 언어(명명하거나 속으로 생각하기), 평가(이해득실을 판단), 미래 계획, 언어화, 자발적 행위 등 수많은 인지 기능에 접근할 수 있습니다.

인지심리학에서는 반성 의식과 관련된 인지 기능을 지칭할 때 자발적 주의, 하향식 주의, 작업 기억 등의 용어를 사용합니다. 하지만 이 용어들에는 기능이 의식적이라는 뉘앙스가 전혀 담겨 있지 않기 때문에 주관적 경험을 중시하는 의식과학에서 그대로 차용하기에는 부족함이 있습니다. 우리는 내면의 목소리를 **듣고**, 자신의 생각을 **알아차리고**, 마음의 눈으로 미래 목표를 **상상하고, 의식적·자발적**으로 주의력과 행동을 통제하여 결정을 내립니다. 인간에게는 주관적 경험이 있기 때문에 이러한 인지 기능들을 반성의식의 일부로써 **의식**할 수 있습니다. 과거 인지심리학자들은 의식의 존재를 무시했고, 인간을 정보 처리만을 위한 생체 컴퓨터로 취급했습니다. 정보가 주관적으로 인식된다는 사실은 고려하지 않았습니다. 그러나 의식과학에서는 인간의 인지 기능이 수반하는 주관적 경험을 중시합니다. 컴퓨터는 어떠한 감각질도 느끼지 못한 채 암흑 속에서 정보를 처리하지만, 인간은 그렇지 않지요.

반성 의식을 통해 우리는 현상 의식의 내용을 언어로 만들어 경험의 내용을 타인에게 전할 수 있습니다. 나의 경험을 남에게 보고하거나 문장으로 설명할 때, 우리는 **내성**을 합니다. 내성은 자기 자신의 마음을 들여다보면서 어떤 경험을 찾아내고, 거기에 꼬리표를 달거나, 언어로 묘사하는 것을 뜻합니다.

내성법은 19세기 후반의 초기 실험심리학에서는 활발히 사용되었지만, 한때 과학적 방법론으로서 신뢰성이 떨어진다는 비판을 받기도 했습니다. 그러나 현대 심리학에서도 피험자의 감각적·감정적 경험과 의식적 사고에 관한 데이터를 얻기 위해 **자기보고**를 널리 사용하고 있습니다.

적절히 활용하기만 한다면 자기 보고 기법도 다른 객관적 기법과 비교해 뒤떨어질 것이 없습니다. 과학의 모든 측정법은 저마다 문제점이 있기 때문이지요. 내성뿐만 아니라 현미경, 망원경, 입자 가속기, 뇌 영상 등 그 어떤 과학적 방법론도 실제 세계를 있는 그대로 직접 정확하게 보여주지는 못합니다. 실험 장비들은 우리의 감각을 넘어서는 영역에서는 세계의 모습을 제한적으로만 흐릿하게 보여줄 뿐이지요. 내성으로도 의식 내용을 완벽하지는 않지만 충분히 선명하게 재현할 수 있습니다.

자의식

우리는 경험의 당사자인 자기 자신의 **자아**에 관해서도 생각할 수 있습니다. 이때 반성 의식의 특수한 형태인 자의식이 발생합니다. 자의식은 단순히 경험을 겪기만 하는 것이 아니라, 그 경험의 **주체**가 누구인지도 자각하는 것입니다. 이 경험은 나의 것이고, 그 경험을 소유한 나는 하나의 개인이자 자아입니다. 자아는 몸을 지니고 있으며, 즉 **체화**體化되어 있으며 의식은 그 몸속에 위치합니다. 또한, 자아는 특정한 이름으로 불리고 과거와 미래를 살아가는 한 명의 사람으로서 정체성을 지니고 있습니다.

자의식을 갖는 것은 과거와 미래의 셀카 모음집을 들여다보는 것과도 같습니다. 이 사진들은 내가 누구였고, 누구이고, 누구일지, 어디서 와서 어디로 갈지를 시간순으로 보여줍니다.

여러분은 거울에 비친 자신의 모습을 봅니다. 아뿔싸! 자세히 보니 시뻘건 여드름이 거울 속 누군가의 얼굴에 큼지막하게 나 있네요. 여드름은 거울 속 대상인데, 그것이 나와 무슨 관계가 있을까요? 인간은 거울 속 자신의 얼굴을 자동으로 인식하기 때문에, 거울에 보이는 여드름이 내 얼굴에 나 있다는 것도 곧바로 알아차립니다. 이러한 **자기 인식**이 **자의식**의 핵심 요소입니다.

자기 인식이 일어나는 원리는 무엇일까요? 우리의 반성 의식은 관심 가는 대로 아무 경험이든 주의를 기울일 수 있습니다. 그러므로 우리 *자신*도 주의의 대상이 될 수 있지요. 오늘날 SNS에 셀카 찍기가 유행하는 것을 보면, 인간이 자기 자신에게 주의를 기울이기를 무척 즐긴다는 사실을 알 수 있습니다. 우리는 매일 거울로 매무새를 점검합니다. SNS에 업로드할 한 장의 셀카를 고르기 위해 수백 장의 사진을 검토하며 자신의 매력도를 판단하기도 하지요. 이 과정에서 우리는 자신의 신체상을 또렷이 자각하며, 그 신체의 움직임을 **자아**라는 지각적 존재가 통제한다고 믿게 됩니다.

자의식

거울 속 자신을 인식하려면 자의식이 필요하다. 거울에 비친 자기 자신의 모습을 바라보면 (a) 먼저 일차 의식(현상 의식)이 그 이미지를 경험한다. 이때 나의 모습은 다른 여느 사물과 동등하다. (b) 반성 의식의 고등 인지 과정이 내 이미지를 처리한다. (c) 장기 기억에서 스스로 자기 표상과 자전적自傳的 기억이 활성화되고, 반성 과정이 자아와 관련한 정보를 처리한다. 반성 의식은 현재의 경험(거울 속 모습)과 기억 속 자기 표상을 비교하고, 두 정보가 일치하면 "저건 나야!"라고 인식한다. 이것이 바로 자의식이다. 이때 새롭게 유입된 정보는 장기 기억 속 자기 표상을 변화시키기도 한다. 그래서 우리는 요즘 내 모습을 정확하게 기억할 수 있다.

거울이나 셀카 속 인물이 **나**(여러분의 이름, 과거 경험, 미래 계획을 지닌 바로 그 사람)라는 사실을 이해하기 위해서는 **시각 이미지**와 자아에 관한 **내부 지식**이 연결되어야 합니다. 이 지식은 **자기 개념**이라고도 불리며, 주로 장기 기억에 저장되어 있습니다. 자기 개념은 내가 어떻게 생겼는지, 내가 누구인지, 나는 어디에서 왔는지 등 우리의 개인사 전체를 아우르는 기억입니다.

자의식은 비교적 고차원적인 의식입니다. 오직 인간만이 자의식이 있다는 주장도 있지요. 인간의 자의식이 다른 모든 동물보다 월등히 발달한 것은 사실입니다. 대부분 동물은 자의식의 징후를 전혀 내비치지 않습니다. 당장 유튜브에 "동물 대 거울"이라고 검색하면 개, 고양이, 새, 도마뱀 등이 거울에 비친 자기 모습에 반응하는 우스운 영상들을 찾을 수 있을 것입니다. 이들은 자의식이 없기 때문에 거울 너머에서 자꾸만 알짱대는, 아무리 잽싸고 강력한 공격에도 쓰러지지 않는 또 다른 생명체와 그리 사이좋게 어울리지 못합니다.

인간의 경우, 반성 의식이 자기 개념의 기억을 활성화하고 그 기억이 현재의 경험과 연결되면서 자의식이 일어납니다. 이로 인해 우리는 거울에 보이는 것이 **나**의 신체임을 알아차릴 수 있습니다. 또한, 자아에 관한 기존의 지식을 현재 경험과 연관 지을 수도 있습니다. 그래서 우리는 거울을 보면서 살이 빠졌는지, 지난번 미용실에서 머리 손질이 잘 됐는지, 피부가 햇볕에 그을렸는지 등을 판단할 수 있지요. 그 과정에서 우리 내면의 자아상(자기 개념)을 수정하기도 합니다.

자기를 인식한다는 것은 신체적 자의식이 존재함을 의미합니다. 그래서 거울 속 자기를 인식하는지를 보면 동물의 자의식 유무를 추측할 수 있습니다. 거울 테스트를 통과한 동물로는 대형 유인원(침팬지, 보노보, 오랑우탄, 고릴라 등), 코끼리, 돼지, 돌고래가 있습니다. 개나 고양이 같은 포유류들도 실패한 테스트를 까치와 같은 영리한 조류가 보란 듯 성공한 점도 놀라운 점입니다!

자기 인식을 시험하기 위해 고안된 이 테스트는 거울 마크 테스트라 부릅니다. 연구자들은 동물의 몸 중에 이마처럼 거울로만 볼 수 있는 부위에 눈에 잘 보이는 자국(빨간 페인트 점)을 찍습니다. 동물이 거울을 보고 자국이 찍힌 부위를 열심히 탐색한다면 테스트를 통과한 것입니다. 이러한 *셀카* 행동은 거울에 비친 것이 자신의 신체 자아의 이미지라는 사실을 그 동물이 이해했음을 보여줍니다. 만약 이 동물이 스마트폰을 쓸 수 있었다면, 셀카를 찍었을지도 모르지요! 거울 테스트를 통과하지 못한 경우에는 거울의 존재를 아예 무시하거나, 다른 동물을 본 것처럼 공격하거나 호의를 드러내기도 하고, 거울의 뒷면을 탐색하기도 합니다. 이들의 지능으로는 눈앞에 보이는 것이 다른 동물이 아닌 자기 자신임을 받아들이지 못하는 것입니다.

스스로 신체 자아를 인식하는 일은 온전한 자의식을 향한 첫 단계에 지나지 않습니다. **시간적 연속성**을 의식하는 것 역시 매우 중요합니다. 인간은 머릿속에서 과거나 미래로 시간 여행을 떠날 수 있습니다. 소위 **정신적 시간 여행**이라 불리는 이 특수한 능력은 자의식의 필수 요소입니다. 우리는 자신의 의식 속에서 과거와 미래의 시간, 장소, 사건으로 찾아갈 수 있습니다. 그중에서도 특히 중요한 과거와 미래의 사건은 각각 **자기 정의 기억**과 **자기 정의 미래 전망**이라고도 부릅니다.[3] 여러분의 졸업식 날이나 누군가와 사랑에 빠진 순간의 기억이 자기 정의 기억에 해당할 수 있습니다. 이 기억들은 강렬한 감정을 불러일으키는 인생의 전환점이나 목표이기도 합니다. 스스로가 누구인지 생각할 때 우리는 자기 정의 기억을 떠올립니다. 이 기억들은 인격이라는 건물을 이루는 벽돌과도 같습니다.

과거와 미래를 생각하는 능력이 있으므로 우리는 자아가 시간상에서 계속된다고 느낍니다. 우리의 현상 의식은 지금 여기에서만 일어나지만, 자의식은 현상 의식의 각 순간을 이어붙여 **나**라는 사람이 출생부터 죽음까지(혹은 그 너머까지도?) 겪는 기나긴 경험의 흐름을 구성합니다. 삶에서 가장 중요한 순간들은 장기 기억의 형태로 보존되기 때문에 이후에 그 순간으로 다시 돌아갈 수 있습니다. 하지만 기억은 동영상 녹화만큼 영구적이지는 않습니다. 과거를 회상할 때, 의식은 여러 개의 기억으로 나뉘어 저장되어 있던 경험을 다시 이어붙여 과거의 사건을 재구성합니다. 고로 정신적 시간 여행은 과거의 사건을 있는 그대로가 아닌 **재구성된** 형태로 경험하는 것입니다. 그래서 기억에는 오류, 착각, 빈틈이 자주 일어납니다.

심한 경우 전혀 일어난 적 없는 사건에 대해서 **거짓 기억**이 만들어져 그 일이 있었다고 완전히 믿어버리기도 합니다. 기억이 빈틈을 메워버리는 이러한 경향은 여러분의 어린 시절 기억을 형제나 부모님의 기억과 비교해 보면 쉽게 확인할 수 있습니다. 사람들은 하나의 사건을 각자 다르게 기억합니다. 자신의 기억이 전적으로 옳고, 다른 이들의 기억이 틀렸을 거라 생각하지요.

중증 **완전 기억상실** 환자는 현상 의식의 개별 순간을 하나의 기억으로 엮어 자아의 시간적 연속성을 형성하는 능력이 없습니다. 이들에게는 수 초에서 수 분 정도의 현재만이 존재합니다. 현상 의식과 단기 기억에서 희미해지면 과거는 망각 속으로 완전히 사라집니다. 미래를 상상하는 것도 불가능하지요. 이들은 자신의 과거나 미래에 관한 질문을 받아도 아무것도 떠올리지 못합니다. 과거나 미래는 생각하기 힘든 추상적인 개념일 뿐이지요. 정신적 시간 여행 능력을 잃어버리면서 자아의 시간적 연속감 역시 사라진 것입니다.

환자들은 아무것도 기억하지 못하기 때문에 명백한 증거가 있는 경우에도 자신의 행동을 부인합니다. 그들은 사진은 물론, 직접 쓴 일기를 보여주더라도 무엇도 떠올리지 못합니다! 사진 속 인물이나 일기의 주인이 자신이 아닌 다른 사람이라고 우기기도 합니다(중증 기억상실 환자의 행동은 클라이브 웨어링Clive Wearing에 관한 영상 참조).

정리하기: 의식의 세 가지 핵심 개념

인간의 의식은 현상 의식, 반성 의식, 자의식의 세 가지 수준에서 주로 동작합니다. 따라서 의식과학에서는 이 세 가지를 명확히 구분해야 합니다.

이들의 정의를 다시 한번 요약해 보겠습니다. 첫째, 현상 의식은 무언가에 대한 느낌 그 자체이자, 지금 여기의 주관적 경험입니다. 둘째, 반성 의식은 사고와 행위로서의 의식입니다. 경험 내용에 대한 명명·분류·평가·사고 등의 인지 과정, 그에 기반한 의사 결정과 행위가 이에 포함됩니다. 셋째, 자의식은 경험의 주체인 자아, 자아가 속한 신체, 자아의 정체성, 시간적 연속성을 자각하는 것을 말합니다.

의식의 상태와 내용

일상에서 우리는 의식적 상태와 무의식적 상태를 자주 비교합니다. **의식적 상태는 경험을 할 수 있는 상태**를 말합니다. 정상적으로 깨어 있는 의식적 상태에서는 지각 내용이 현상 의식을 채우며, 그 결과 우리는 주변 환경을 자각합니다. 의식이 없는 **무의식적 상태**에서는 아무것도 경험하지 못합니다. 코마, 깊은 전신 마취, 뇌전증으로 인한 전신 발작이 무의식적 상태에 해당합니다(프로이트 이론의 '무의식'과 구별하기 위해 '의식이 없는 상태'는 '무의식적' 상태라 표기하였다. '의식이 있는 상태'는 '의식적 상태'로 표기하였다—옮긴이).

잠의 경우는 어떨까요? 잠자는 동안 우리는 외부 세계를 자각하지 못하지만, 아무것도 경험하지 않는 것은 아닙니다. 실제로 수면 중 대부분 시간에 우리는 꿈을 경험합니다. 단, 수면의 가장 깊은 단계에서는 잠시 동안 모든 의식 내용이 사라지기도 합니다.

이러한 꿈 없는 수면은 수면 중에 발생하는 무의식적 상태입니다.

의식의 상태는 실내 조명과 같습니다. 의식에 내용이 존재하려면 전원 스위치를 올려야 하고, 스위치가 꺼지면 의식을 잃습니다. 하지만 의식 상태는 조명 스위치처럼 켜짐과 꺼짐만을 오가지는 않습니다. 오히려 의식은 밝기를 점차적으로 조절할 수 있는 조광기와 더 비슷합니다. 의식도 가장 밝은 상태와 가장 어두운 상태 간에 여러 단계가 존재합니다. 깊은 잠에서 강제로 깨어났을 때나 술에 만취했을 때는 의식의 조명이 현상 의식을 제대로 밝히지 못합니다.

의식 상태는 단계적일까, 이분법적일까?

의식은 조명 스위치처럼 켜짐과 꺼짐만을 오갈까? 아니면 조광기처럼 연속적으로 변화할까?

의식 상태 그 자체는 경험이 아니며, 감각, 지각, 감정, 생각, 심상, 꿈 등등 의식적 상태에서 일어나는 각종 경험이 의식의 **내용**을 구성합니다.

의식의 상태와 내용의 관계는 TV의 전원 공급 장치와 채널의 관계와 비슷합니다. 의식적 상태와 무의식적 상태는 TV의 전원이 켜지거나 꺼진 것이고, 의식 내용은 화면에 실제로 표시되는 채널이나 TV 프로그램과 같습니다. 전원을 켜지 않으면 아무 프로그램도 시청할 수 없습니다. 하지만 단순히 전원을 켠다고 해서 반드시 원하는 프로그램을 볼 수 있는 것은 아닙니다. 의식 상태가 조광기와 같다면, 의식 내용을 또렷하게 자각하는 것은 화질이 선명한 TV 화면을 보는 것에 비유할 수 있겠습니다.

의식과 행동: 좀비와 역좀비

의식은 경험의 주체가 느낄 수 있는 내면적 현상입니다. 대부분의 의식 경험은 외부 행동과 관련되어 일어나지만, 의식과 행동은 서로 별개입니다. 자는 동안 우리는 꿈을 생생히 경험합니다. 꿈속에서 우리는 사람들과 즐겁게 휴가를 보내기도 하고, 강한 공포감을 느끼며 적에게서 달아나기도 합니다. 하지만 그 와중에도 우리의 몸은 아무런 행동도 보이지 않습니다. 근육이 이완된 채로 누워 거칠게 호흡하면서, 고작해야 감은 눈꺼풀 뒤로 눈알만을 이리저리 굴릴 뿐입니다. 즉, 행동은 내면의 경험에 대해 아무것도 말해주지 않습니다.

이와 반대로 의식 없이 복잡한 행동을 하는 경우도 상상해볼수 있습니다. 실제로 뇌전증 발작이나 몽유병 환자들은 무의식적 상태에서도 복잡한 행동을 수행합니다. 철학자들은 여기서 더 나아가, 겉으로는 의식이 있는 것처럼 행동하지만 내적으로는 아무 경험도 하지 않는 로봇과도 같은 존재의 가능성에 대한 의문을 던졌습니다.

이러한 존재는 **철학적 좀비**라고도 불립니다. 여기서 좀비는 부두교나 시체와는 무관합니다. 학자들이 공포 영화에서 좀비라는 용어를 차용한 이유는, 본디 좀비가 의식 없이 걸어 다니는 시체를 의미하기 때문입니다. 부두교에서 좀비는 살아 있는 시체를 마법을 사용해 노예로 부리는 것을 뜻합니다. 공포 영화에 등장하는 좀비는 마법이 아니라 바이러스나 외계인이 의식을 망가뜨리고 육신을 지배하여 만들어집니다. 어쨌거나 좀비는 자유 의지가 없고, 스스로가 누군지, 죽었는지 살았는지도 알지 못합니다(단, 부두교에서는 좀비가 소금을 먹으면 자기의 정체를 알아차려 주인에게 반기를 들고 무덤으로 되돌아간다고 말합니다).

의식과학과 심리철학에서, **좀비**는 복잡하고 지능적인 행동을 보여 겉으로는 마음이 있는 것처럼 보이지만 실제로는 의식이 전혀 없는 존재를 지칭합니다. 좀비 영화의 흥행이 보여주듯, 우리는 좀비의 존재를 쉽게 상상할 수 있습니다. 내부의 주관적 경험과 외부의 행동은 서로 별개이며 반드시 연관성을 가져야 하는 것도 아닙니다. 어쩌면 그리 머지않은 미래에 인간과 똑같이 생긴 로봇이 만들어질 수 있습니다. 하지만 그 로봇은 인간과 모습이 같더라도 내면세계를 전혀 경험하지 않고 그저 인간의 행동을 흉내 내는 데 그칠 것입니다.

좀비

부두교나 공포 영화에 등장하는 좀비는 무덤에서 되살아난 산 송장이다. 마음이 없으며, 살아있는 것들을 증오한다. 하지만 철학적 좀비는 보통 인간과 똑같이 생겼지만 의식이 없는 생명체를 가리킨다. 철학적 좀비 역시 *마음이 없다.*

현존하는 로봇이나 컴퓨터가 현상 의식이 있다고 믿는 이들은 거의 없습니다. 하지만 공상과학 작품에 등장하는 로봇은 어떨까요? 아이작 아시모프Isaac Asimov의 단편소설 『이백 살을 맞은 사나이』의 앤드루, 영화 「스타워즈」 시리즈의 의전儀典용 로봇 C-3PO, 영화 「터미네이터」에서 아놀드 슈워제네거가 연기한 사이보그는 아무것도 느끼지 못하는 좀비에 불과할까요, 아니면 나름의 방식으로 자신의 실존을 느끼는 존재일까요? 과연 이들에게 현상 의식이 있을까요?

겉으로는 의식이 있어 보이지만 실제로는 의식이 없는 존재가 철학적 좀비라면, 반대의 경우인 **역逆좀비**도 있습니다.[4] 역좀비는 외부 반응이나 행동을 보이지 않아 무의식적인 것처럼 보이지만 내면에서는 주관적 경험을 하고 있는 존재입니다. 이들은 머릿속 경험이 외부 행동으로 전혀 드러나지 않기 때문에 의식이 없는 것처럼 보이지요. 실제로 꿈꾸는 중에 우리는 역좀비가 됩니다.

최근 의학계에서는 더 극적인 사례가 보고되었는데, 바로 마취 중 각성입니다. 전신마취에 들었던 환자 가운데 일부가 깨어난 뒤에 수술실에서 있었던 일을 자각했다고 보고한 것입니다. 이들은 마취 중에도 생각을 했고, 의사들의 대화를 기억했으며, 심지어 고통까지 느꼈지만, 그 사실을 바깥으로 표현하지 못했습니다.

역좀비의 여러 사례 가운데 가장 놀라운 것은 감금 증후군입니다. 뇌가 심하게 손상된 환자들은 아무런 말이나 자극에도 반응하지 못하고 가만히 누워 눈을 계속 감거나 뜨고 있습니다. 간혹 스스로 눈을 깜박이기도 하지만 이들은 그 무엇도 보지도, 느끼지도, 이해하지도 못하는 것처럼 보입니다. 의사들은 이러한 식물인간 환자들이 깊은 무의식적 상태라고 진단했습니다.

하지만 역좀비에 관한 연구가 이어지면서, 식물인간 환자 중에도 역좀비가 있지 않을까 하는 의문이 제기되었습니다. 실제 병원에서는 눈을 떠 보라는 말이나 고통 자극에 대한 환자의 행동 반응을 보고 환자의 의식 유무를 판단합니다. 유의미한 반응을 보이지 못한 환자는 무의식적 상태로 진단됩니다. 그러나 이 환자가 역좀비일 가능성을 완전히 배제할 수는 없습니다. 내부적으로 의식이 남아 있는 환자를 무의식적 상태로 오진하는 경우를 막기 위해서는 외부 반응만으로 의식 유무를 진단하지 말아야 합니다. 뇌손상 환자 가운데는 행동 능력을 상실했지만 내부에 의식이 있는 경우가 분명 존재합니다. 물론 그와 반대의 경우도 있지요. 뇌전증 환자 중 일부는 발작 중에 현상 의식이 사라졌음에도 불구하고 철학적 좀비와 같이 특정 행동을 자동으로 수행하기도 합니다.

혼동하기 쉬운 개념

우리는 일상에서, 심지어 학술 대화에서도 여러 가지 개념을 뭉뚱그려 의식이라고 부릅니다. 그래서 이 개념들은 더욱 혼동하기 쉽습니다. 의식과학이 발전하고 기본 단어들이 명확히 정의되면서 기존의 오개념도 발견되었습니다. 의식과학을 탐구하는 우리는 무엇이 의식에 속하고 무엇이 속하지 않는지 세심하게 구별해야 합니다. 그래야 개념의 난맥상에서 벗어나 의식의 본질을 정확히 파악할 수 있을 것입니다.

자극에 대한 반응

임상에서는 단순한 자극을 가하고 반응을 측정하여 환자의 의식 상태를 진단합니다. 이때는 "환자분, 눈을 뜨세요!", "제 손을 누르세요!" 등의 언어 지시가 자주 사용됩니다. 언어 자극에 반응이 없을 때는 (무해한 수준의) 고통 자극을 가하기도 합니다. 여기에는 자극으로 인한 행동 반응이 의식의 유무를 드러낼 거라는 전제가 깔려 있습니다.

의사들은 다양한 물리 자극에 대한 환자의 반응을 점수로 환산하고, 이를 토대로 환자의 의식 수준을 완전한 무의식과 완전한 의식 중에서 추정합니다. 실제 병원에서 이 방법이 유용하게 쓰이고 있기는 하지만, 이는 의식과 외부 반응 능력을 동일시하는 잘못된 결과로 이어질 수 있습니다. 의식은 관찰 불가능한 내면의 현상이며, 행동과는 별개입니다. 무의식적 상태에서도 단순한 자극에 반응할 수 있습니다. 또한, 내면에 의식이 있더라도 자극에 반응하지 못하는 경우도 존재합니다. 역좀비의 존재가 발견된 이후, 외부 반응만을 고려한 정의와 측정법으로는 의식을 이해할 수 없다는 사실이 점차 받아들여지고 있습니다.

주의의 스포트라이트

인지심리학자들은 아주 최근까지도 의식 연구를 배척했지만, **주의**에 대해서만큼은 활발히 연구해 왔습니다. 그 이유는 주의라는 개념은 주관성을 배제한 채로 정보 처리의 관점에서 객관적으로 정의될 수 있기 때문입니다. 그래서 학자들은 주의에 관한 연구가 의식 연구보다 더 객관적이고 과학적이라고 생각했습니다.

주의는 더 상세히 처리할 정보를 선택하고, 그 외의 정보는 더 처

리되지 않도록 차단하는 것입니다. 만약 주의와 의식이 서로 같다면, **의식적 정보**는 주의가 가해진 정보, 더 자세하게 처리하기 위해 선택된 정보와 같을 것입니다. 주의에 의해 선택되지 않은 나머지 정보들은 무의식 상태로 남아 의식 바깥에서 처리될 것입니다. 그렇다면 구태여 의식과학이라는 새로운 학문 분야를 만들 필요도 없을 것입니다. 인지심리학과 신경과학이 이미 주의에 관한 연구를 포괄하고 있고, 주의 기능을 연구하면 자동으로 의식을 연구하는 셈이니 말입니다.

하지만 의식과 주의를 동일시하는 것은 상당한 오개념을 초래할 수 있습니다. 의식을 정보 선택 과정으로만 정의한다면 의식의 가장 중요한 특징인 주관성과 감각질을 설명할 수 없기 때문입니다. 또한, 이것은 실험 결과와도 어긋납니다. 뇌가 의식 속 정보뿐만 아니라 의식 바깥의 정보에도 주의할 수 있음을 보여주는 증거가 많이 있습니다. 우리는 주의하지 않은 정보를 의식하기도 하고, 주의했음에도 불구하고 의식하지 못하기도 합니다. 다시 말해, 정보가 의식되는데 반드시 주의가 필요하지도 않고, 주의가 가해진다고 해서 반드시 의식되는 것도 아니라는 겁니다.

더 상세히 처리할 정보를 선택하는 것(주의)과 정보의 주관적 경험(현상 의식)은 서로 밀접하게 연관되어 있지만, 따로 연구해야 하는 별개의 현상입니다. 이 두 개념을 동일시하거나 서로 혼동해서는 안 됩니다.

무언가에 대한 자각

사람들은 보통 자각 능력으로 의식을 정의합니다. 자기 자신과 주변을 자각할 수 있다면 의식이 있다는 식이지요. 그러나 자각은 *외부 세계의 대상*에 대해서만 가능합니다. 어떠한 정보를 자각하려면 그 정보가 외부 세계와 감각적·지각적으로 관계되어 있어야 합니다. 깨어 있는 의식 상태에서는 이 관계가 성립하지만, 그것이 의식의 필요조건은 아닙니다. 꿈이 대표적인 반례입니다. 꿈꾸는 동안 우리는 주변 세계는커녕 스스로가 잠자고 있다는 사실조차 자각하지 못합니다. 자신의 상태와 주변 환경을 완전히 자각하지 못하더라도 다양한 주관적 경험을 생생하게 겪을 수 있습니다. 꿈은 현상 의식이 외부 세계에 대한 자각 없이도 전적으로 내부적으로 일어날 수 있음을 보여줍니다.

무언가에 대한 자각은 주변 세계와의 감각적·지각적 접촉이나 연결을 전제하고 있습니다. 따라서 이는 순수한 현상 의식과는 다릅니다.

깨어 있음

일상 언어에서 의식은 잠에서 깨어 있는 것과 동일한 의미로 자주 사용됩니다. 이때 잠은 무의식적 상태로 취급됩니다. 이는 우리가 의식을 **무언가에 대한 자각**과 **행동 반응성**이 섞인 개념으로 간주하고 있다는 것을 보여줍니다. 하지만 위에서 살펴보았듯, 외부와의 접촉과 현상 의식은 완전히 별개의 현상이며, 둘을 혼동해서는 안 됩니다. 물론 보통의 경우 깨어 있는 동안 우리의 현상 의식이 외부와 연결되어 있지만, 반례도 존재합니다. 현상 의식이 없는 채로 깨어 있을 수도 있고(예: 뇌전증 환자의 결신 발작, 식물인간 상태), 잠들었다고 해서 반드시 무의식적 상태인 것도 아닙니다(예: 꿈). 특히 꿈은 현상 의식과 외부 세계가 행동적·지각적으로 분리되는 대표적인 사례입니다.

요약

의식이라는 용어는 명확하게 정의되지 않은 채로 일상생활에서 널리 쓰이고 있다. 의식을 과학적으로 탐구하기 위해서는 의식의 개념을 엄밀하게 정의해야 한다. 오늘날 과학자들은 의식을 현상 의식, 반성 의식, 접근 의식, 자의식 등 여러 가지로 분류하고 있으며, 의식의 상태와 내용 역시 구별하고 있다. 의식은 주의, 자각, 깨어 있음 등의 개념과 혼동하기 쉽다. 하지만 최근 들어 의식이 전보다 훨씬 더 명확한 과학적 개념으로 정의되면서, 심리학과 인지신경과학에서도 의식이라는 단어를 널리 사용하고 있다. 일상 용어의 모호함으로 인한 개념의 난맥상을 의식과학을 통해 해결할 수 있을 것으로 기대한다.

생각해 봅시다

- 좀비, 로봇, 외계인, 인공지능이 등장하는 영화와 TV 프로그램을 나열하고, 각 등장인물이 의식이 있을지 생각해 봅시다. 이들은 어떠한 종류의 의식(예: 현상 의식, 자의식 등)을 지니고 있을까요?
- 기계 의식은 가능할까요? 컴퓨터를 비롯한 디지털 시스템이 의식을 가지게 될까요? 그렇다면 어떠한 개념으로 그들의 의식을 설명할 수 있을까요?

식물인간의 의식

식물인간 환자에게는 어떠한 심리 기능이 남아 있을까? 이 질문에 답하기 위해 2006년 에이드리언 오언^{Adrian M. Owen} 연구진은 기발한 실험을 고안했다.[5] 이들은 교통사고로 심각한 뇌 손상을 입은 23세 여성의 인지 기능을 측정했다.

연구진은 식물인간 상태의 환자에게 *테니스 치기*와 *익숙한 장소 돌아다니기* 중 하나를 상상하도록 지시하고, 두 조건에서의 뇌 활성을 기능적 자기공명영상^{fMRI}(7장 참조)으로 비교했다. 정상인의 뇌에서는 테니스 치는 것을 상상하기만 해도 운동 영역이 활성화된다. 방 안을 걸어 다니는 상상을 하면 공간 지각을 관장하는 해마옆이랑이 켜진다. 그런데 환자의 신경 활성도가 정상인의 뇌와 유사했다. 그녀는 식물인간 상태임에도 불구하고 내면에 의식이 있으며 의사소통도 가능한 것으로 밝혀졌다.

그로부터 4년 뒤, 마틴 몬티Martin Monti 교수 연구진은 그것이 단발적인 사건이었는지 검증하기 위해 유사한 실험을 설계했다.[6] 환자들이 스스로 뇌 활성을 조절하여 "예", "아니요"로 응답하는 기법을 고안한 것이다. 54명의 환자 가운데 5명은 두 가지 뇌 영역 중 하나가 켜지도록 반응을 조절할 수 있었다. 더욱더 놀라운 부분은, 환자 중 한 명이 같은 실험 방법으로 "예", "아니요"를 답할 수 있던 것이다. 그 환자는 "예"를 말하고 싶으면 테니스를 상상하고, "아니요"를 말하고 싶으면 걸어 다니는 것을 상상함으로써 "형제가 있습니까?"와 같은 질문에 정확히 답할 수 있었다.

이 두 가지 결과는 식물인간 환자에게서 의식의 존재를 암시하는 뇌 활성이 나타날 수 있음을 보여준다. 즉, 이 환자들은 **식물인간 상태**로 오진되었던 것이다. 이들은 내면에 줄곧 의식이 있었지만, 어떠한 신체 활동으로도 그 의식을 표현할 수 없는 **감금 상태**에 놓여 있었다.

3장
의식의 철학

개요

- 의식과 뇌의 관계. 심신 문제를 다루는 다양한 철학 이론이 존재한다.
- 이론들 대부분은 이원론과 일원론으로 나뉜다.
- 일원론은 유물론(물리주의), 유심론, 중립적 일원론으로 나뉜다.
- 오늘날 의식과학계에서 가장 보편적인 이론은 창발 유물론, 범심론, 기능주의 등이다.
- 각 이론은 저마다의 장점과 치명적인 단점을 안고 있다.
- 주관성과 감각질은 의식의 여러 특징 가운데 설명하기 가장 어렵다.
- 설명적 간극과 어려운 문제는 의식을 과학적으로 규명하기 불가능할 수도 있음을 보여준다.
- 인간의 과학으로는 의식을 결코 규명할 수 없을 거라 주장하는 철학자들도 있다.
- 현재 수준의 과학에서는 불가능하지만, 언젠가는 의식을 이해할 날이 올 거라는 시각도 있다.

철학은 의식에 관한
근본 질문을 탐구한다

의식의 정체는 미스터리에 싸여 있습니다. 의식의 신비가 과학의 범주를 넘어서는 것처럼 보이기도 합니다. 그러므로 현재로서는 의식을 이해하기 위해 철학자들의 도움이 필요합니다.

심리학이 탄생하기 전, 의식 연구는 온전히 철학자들의 전유물이었습니다. 철학자들은 논증과 추론만으로 의식의 정체를 밝혀 내고자 했지요. 수 세기 동안 의식의 본질, 의식과 뇌의 관계에 대하여 수많은 철학 이론이 탄생했습니다.

철학자들은 과학의 근본적인 한계에 관해서도 생각합니다. 어쩌면 의식 문제는 과학이 해결하기에는 너무 어려운 문제가 아닐까요? 의식은 그 어떤 과학 분야도 다룰 수 없는 대상일지 모릅니다.

이번 장에서 우리는 의식의 정체와 관련한 여러 철학 이론을 살펴볼 겁니다. 의식의 기본적인 속성은 무엇이 있을까요? 이 우주에서 의식의 자리는 어디일까요? 의식과 물질의 관계는 무엇일까요? 의식과 우리의 몸, 뇌, 생명 현상은 서로 어떤 관계일까요? 이 질문들은 **심신 문제** 또는 **뇌-의식 문제**라고도 불립니다.

의식의 정체

지난 수천 년간 철학자들은 인간의 영혼, 마음, 의식의 본질에 관하여 무수히 많은 이론을 제시했습니다. 하지만 여기서는 그중 극소수만을 다룰 것입니다. 지금으로서는 이들 중 무엇이 정답일지(정답이 있기는 한지) 알지 못합니다. 그러니 우선은 열린 마음으로 각 이론을 살펴봅시다.

의식에 관한 이론은 크게 다음과 같이 나뉩니다.

- **이원론**: 세상이 서로 다른 두 가지 실체, 즉 물리적 실체(물질과 에너지)와 정신적 · 비물리적 실체(영혼, 마음, 의식, 생각 등)로 이루어져 있다는 주장. 과학은 물리적 실체만을 다룰 수 있으므로 현대 과학은 의식에 대하여 아무것도 말해줄 수 없다.
- **일원론**: 세상이 단 한 가지 실체로 이루어져 있으며, 만물은 하

나의 기본 실체에서 **유래한** 것이라는 주장. 그 실체가 무엇이냐에 따라 다시 세 종류로 나뉜다.

- **일원론적 유물론** 또는 **물리주의**: 우주 만물이 물질과 에너지로 만들어진, 전적으로 물리적인 현상이라는 이론. 인류는 지금껏 기본입자, 양자 장, 힘, 중력, 전자기력, 원자, 분자, 세포 등 자연과학의 여러 개념으로 우주의 본질을 설명해 왔다. 다른 모든 것이 물리적이라면, 의식 역시 물리적인 현상이 아닐까?

- **중립적 일원론**: 우주 만물이 물리적이지도 정신적이지도 않은, 제3의 중립적 실체로 이루어져 있다는 이론. 물리 현상과 정신 현상 모두 이 중립적 실체에서 유래하였다. 물질과 정신이 동전의 양면이라면, 중립적 실체는 동전 그 자체이다. 따라서 의식과 뇌는 겉보기에 다를지라도 그 근원은 같다. 일부 학자들은 모든 것이 결국 **정보**로 이루어져 있다고 주장한다. 정보라는 현상은 물리적이지도, 정신적이지도 않지만, 물질과 의식 둘 다 정보에 기반하고 있을 가능성이 있다. 실제로 오늘날 의식 연구계에서는 의식을 정보와 동일시하는 이론이 주목받고 있다.

- **유심론** 또는 **심적 일원론**: 우주 만물이 영혼, 정기,

의식과 같은 비물리적이고 정신적인 실체로 이루
어져 있다는 이론. 물질세계는 의식이 만들어 낸
환상과도 같다. 실재하는 것은 의식뿐이다.

이제 이들을 하나씩 살펴봅시다.

이원론: 기계에 깃든 유령

심신 이원론에서는 인간을 몸과 뇌라는 기계 장치에 갇힌 유령으로 바라봅니다. 이러한 관점은 다양한 전통과 종교에서 보편적으로 발견됩니다. 과연 이원론은 정당한 의식 이론으로 인정받을 수 있을까요?

이원론의 여러 형태 가운데는 데카르트가 제시한 상호작용 이원론이 가장 유명합니다. 이 이론은 그의 이름을 따 데카르트 이원론이라고도 불리는데 의식과 뇌가 전혀 다른 실체로 되어 있으며, 그럼에도 서로 인과적인 상호작용을 한다고 주장합니다.

데카르트는 앎의 본질을 탐구하는 과정에서 이 이론을 세웠습니다. 그는 "과연 우리가 절대적으로 확신할 수 있는 지식이 있는가?"라는 질문을 던졌고, 아래와 같이 결론 내렸습니다. 우리는 외부 세계에 대해서 감각에 이상이 생기거나, 잠깐 헷갈리거나, 꿈을 꾸거나, 환각을 보는 등 얼마든지 잘못된 지식을 가질 수 있습니다. 우리가 절대적으로 확신할 수 있는 지식은 단 하나, 자신의 의식 경험과 생각이 존재한다는 것뿐입니다. 내가 무언가를 경험하거나 생각한다면 나 역시 존재할 수밖에 없습니다. 이것이 그가

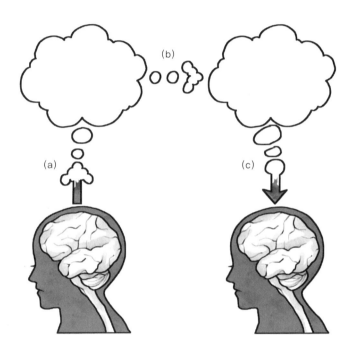

상호작용 이원론

뇌와 마음이 서로 인과적인 상호작용을 주고받고 있다. (a) 뇌 활동이 의식에 인과적 영향을 준다. (b) 여러 의식 내용이 서로 인과적 영향을 주고받는다(예: 의식적 지각물이 의식적 사고나 행위 의도를 일으킨다). (c) 의식 내용 가운데 일부가 뇌 활동에 인과적 영향을 미쳐 행동을 변화시킨다(예: 의식적 행위 의도가 운동 피질에 변화를 일으켜 행동이 개시된다).

"나는 생각한다, 고로 나는 존재한다"라고 말한 이유였습니다. 의식은 나의 실존에 대한 직접적이고 반박 불가능한 증명이자, 절대적으로 확실한 지식입니다.

그다음으로 데카르트는 우리가 존재를 절대적으로 확신할 수 있는 그것, 즉 의식의 속성을 분석했습니다. 의식은 물질과 달리 부분의 합이 아니며 하나로 통합되어 있습니다. 몸이나 뇌와 연관되어 있지만, 물리 공간 내 특정한 곳에 위치하거나 부피를 차지하지도 않습니다. 즉, 의식은 물질과 달리 물리적으로 연장延長될 수 없습니다. 뇌는 크기, 무게, 부피를 잴 수 있지만, 의식은 그것이 불가능합니다.

그래서 데카르트는 의식이 비물리적인 정신적 실체로 구성되어 있고, 사유思惟와 경험이 이 실체의 기본 속성이라고 결론지었습니다. 이 정신적 실체는 물리 공간을 점유하지 않습니다. 육체를 이루는 실체는 공간상에 위치하거나 부피를 차지할 수 있지만, 무언가를 사유하거나 경험할 수 없습니다.

즉, 데카르트 이원론에서는 서로 완전히 다른 두 가지 실체가 존재한다고 봅니다. 첫째, 정신적 실체는 사유, 경험, 통합이 특징이며, 공간을 점유하지 않고, 위치가 정의되지 않으며, 부분으로 쪼갤 수 없습니다. 이와 반대로 물리적 실체는 위치가 있고, 공간을 차지하며, 부분으로 나눌 수 있지만, 어떤 것도 사유하거나 경험하지 못합니다.

하지만 이 이론에는 한 가지 문제점이 있습니다. 인간의 물리적 실체인 육신과 비물질적 실체인 의식이 어떻게 서로 긴밀히 결합하고 있는지 전혀 설명하지 못한다는 점입니다.

이에 대해 당시 데카르트가 내놓은 답은 이렇습니다. 감각기에 들어온 정보는 뇌로 흘러들어 뇌의 활동(당시에는 뇌에 대해 잘 몰랐기 때문에 이를 **동물 정기의 움직임**이라 불렀음)에 변화를 일으킵니다. 그러면 뇌의 한가운데 **송과샘**이라는 작은 신경핵이 모종의 방법으로 그 정보를 의식에 전달합니다. 이러한 정보 교환이 일어날 때, 정보는 감각에 대한 주관적 경험으로 바뀐다는 것입니다.

이 설명에 따르면, 우리는 외부의 지각 정보에 대한 반응을 의식상에서 결정하고, 그 결정은 송과샘으로 되돌아와 뇌의 다른 부위로도 전달합니다. 그 신호는 근육과 연결된 신경섬유로도 전해져 몸이 움직입니다. 의식은 이러한 방식으로 신경계를 통해 몸을 의지대로 통제합니다.

노벨 생리의학상을 수상한 신경생리학자 존 에클스John Eccles 역시 1980년대에 이와 비슷한 상호작용 이원론을 제시한 바 있습니다. 에클스는 우리의 주관적인 의식 경험이 **사이콘**psychon이라는 비물리적인 원소로 구성되어 있으며, 이들이 뇌세포들과 상호작용한다고 주장했습니다. 각 사이콘은 하나의 경험에 해당하며, 사이콘이 많이 융합할수록 경험도 복잡해집니다.

데카르트 이원론은 수백 년간 많은 비판을 받았습니다. 사실 이 이론에는 허점이 많습니다. 첫째, 비물리적이고 미스터리한 정신적 실체(사이콘)의 존재를 상정한다는 점이 그렇습니다. 비물리적 실체를 도입하는 것은 의식의 정체에 관해 무엇도 설명할 수 없습니다. 의식 자체가 신비한 현상인데 또 다른 신비를 가져와 그것을 설명한다면 별반 달라질 게 없겠지요. 기껏해야 의식을 **비물리적 실체**라는 말로 다시 명명했을 뿐, 무엇인지는 여전히 알지 못합니다. 하나의 미스터리를 다른 미스터리로 대체하는 것은 별로 좋은 설명 방식이 아닙니다.

둘째, 데카르트의 이론은 물리적인 뇌와 비물리적인 의식이 어떻게 상호작용하는지 설명하지 못합니다. 비물리적인 존재는 그 정의상 **물리적이지 않습니다.** 따라서 질량, 밀도, 부피, 위치, 움직임, 전하량 등 그 어떠한 물리량도 지닐 수 없습니다. 그런데 어떻게 뇌의 뉴런처럼 물리적인 대상과 영향을 주고받는 것일까요? 물리적으로 존재하지 않는 무언가가 어떻게 뇌라는 허수아비 인형에 달린 끈을 잡아당길 수 있을까요?

기계에 깃든 유령ghost in the machine은 이렇게 뇌 어딘가에 숨어 있는 비물리적인 영혼을 일컫는 표현입니다. 만약 의식이 비물리적이라면, 의식은 유령들이 겪을 만한 곤경을 똑같이 겪을 것입니다. 일반적으로 유령은 육신을 떠나 자유롭게 돌아다니는 비물리적인 영혼을 가리킵니다. 유령은 사람의 눈에 보이지 않으며 벽이나 다른 물체를 통과하기도 하지요. 유령 자체는 물질세계와 상호작용할 수 없습니다.

1990년에 개봉된 영화 「사랑과 영혼」에서는 남자 주인공이 죽고 난 이후에도 그의 의식이 영혼의 형태로 돌아다니면서 자신의 살해 사건을 해결하려 합니다. 하지만 유령은 살아 있는 사람의 눈에 보이지 않기 때문에 그 과정은 녹록지 않습니다. 물질세계에서 비물리적인 유령으로 사는 것의 단점이 바로 이것입니다. 유령이 되어 아무리 크게 소리친다 해도 아무도 들을 수 없지요. 주인공의 영혼은 다른 사람들을 만지거나 자기 뜻을 전하려 하지만 그아무도 알아채지 못합니다. 사람들의 시선을 끌기 위해 물건을 옮겨 보려 해도, 유령의 몸은 모든 물체를 그대로 휙 통과해 버립니다. 유령은 원자나 분자로 만들어지지 않았기 때문에 어떠한 방식으로도 물체에 영향을 줄 수 없습니다(물론 영화에서는 때때로 이 원칙을 어깁니다. 안 그랬다면 엄청나게 따분하고 답답한 이야기가 되었겠지요).

데카르트 이원론의 세 번째 약점은, 의식이 뇌에 의존하고 있음을 보여주는 수많은 실험 증거들을 설명하지 못한다는 것입니다. 이원론이 사실이라면 의식은 뇌와 별개의 존재여야 합니다. 하지만 실제로는 뇌가 조금이라도 손상되거나 일시적으로 오작동하면 의식은 엄청난 타격을 입습니다.

의식은 때에 따라 갖가지 방식으로 왜곡되며, **뇌사**나 **코마** 상태에서는 영구적으로 사라지기도 합니다. 데카르트가 의식의 고유 기능이라 여겼던 지각, 기억, 의사 결정, 언어 등은 뇌가 손상되면 함께 손상됩니다. 약간의 뇌 손상도 의식에 이렇게나 큰 변동을 초래하는데, 뇌가 아예 없다면 의식이 어떻게 존재할 수 있을까요?

모든 의식 이론은 저마다 강점과 약점이 있습니다. 데카르트 이원론도 나름의 강점이 있지요. 첫째는 자연과학의 모든 결과를 수용한다는 점입니다. 자연과학이 틀린 것이 아니라, 단지 의식이 과학적 세계관에 속하지 않기 때문에 과학만으로는 부족하다는 입장이지요. 의식을 설명하기 위해서는 비물리적 실재를 도입해야 합니다. 비물리적 실재의 존재를 인정하면 어려운 문제와 설명적 간극은 저절로 해결됩니다. 의식은 물질로부터 출현하는 것이 아니라, 물질과 별개로 존재합니다. 어려운 문제와 설명적 간극은 물리학의 세계관에서 발생하는 문제일 뿐입니다.

둘째, 이원론은 의식의 미스터리한 특성을 잘 설명해 줍니다. 의식을 물리 이론으로 설명하기가 이렇게나 힘든 이유, 뇌 영상술 등의 과학적 접근법으로 의식을 측정할 수 없는 이유는 간단합니다. 의식이 뇌의 활동에 의해 만들어진 존재가 아니기 때문이지요. 뇌 스캐너와 같은 실험 장비는 물리적 대상만을 탐지할 뿐, 의식과 같은 비물리적 존재는 탐지할 수 없습니다. 그 어떠한 영상 장비로도 의식을 검출하는 것은 불가능합니다.

일부 이원론자들은 물질세계 자체가 이원론의 증거라고 말하기도 합니다. 암흑 물질과 암흑 에너지는 우리 우주의 구성 요소이지만, 그 정체는 아무도 모릅니다. 즉, 우리 우주에는 우리가 아는 일반적인 **물질**과 미스터리한 암흑 물질이라는 두 가지 종류의 물질이 존재하는 셈입니다. 어쩌면 암흑 물질이 의식의 특징을 설명할 수 있는 비물리적 실체의 일종일지도 모릅니다. 한편, 뇌가 의식을 **생성**하는 것이 아니라, 단지 물질세계와 정신세계 간의 정보 교환을 **중재**하는 수신기 역할을 한다는 의견도 있습니다. 그렇다면 뇌 손상이 왜 의식에 지대한 영향을 미치는지도 설명이 되지요. 뇌가 손상되면 정상적으로 정보를 교환할 수 없을 테니까요.

셋째, 데카르트 이원론은 임사 체험을 아주 손쉽게 설명할 수 있습니다. 임사 체험은 일반적으로 유체 이탈과 신비 체험을 거쳐 다시 육신으로 되돌아가는 순서로 진행됩니다. 임사 체험은 뇌가 작동을 멈추어도 의식의 흐름이 지속된다는 증거가 될 수 있습니다(자세한 설명은 10장 참조).

하지만 임사 체험에 관한 과학적 증거는 아직 부족한 데다가 논란의 소지도 많습니다. 임상적 사망 과정에서 정말 그러한 체험이 일어날까요? 과연 환자가 그 사건들을 정확히 기억할 수 있을까요? 아니면 뇌의 활동만으로도 체험의 내용을 설명할 수 있을까요? 어쩌면 임사 체험은 육신에서 떨어져 나온 영혼의 여행이 아니라, 죽어가는 뇌가 만들어 낸 평온한 꿈일지도 모릅니다.

이처럼 데카르트 이원론은 다른 모든 이론이 직면해야 하는 난해한 철학적 문제를 손쉽게 회피한다는 것이 명백한 강점입니다. 하지만 그 강점이 다른 약점들을 만회하기에 부족한 것도 사실이지요.

일원론적 유물론(물리주의)

일원론적 유물론은 현대의 과학적 세계관을 뒷받침하는 철학 이론입니다. 이 관점에서 우주 만물은 순전히 물리적인 현상이며, 비물리적인 현상은 애초에 존재하지 않습니다. 모래 알갱이부터 우리 몸의 세포, 뇌, 우주 반대편 어느 은하까지 우주 만물에는 동일한 물리 법칙과 기본 힘이 작용하며, 이를 구성하는 입자의 종류 역시 같습니다. 우리 우주가 완전히 물질적이고 물리적이라면 우리도 예외가 아니겠지요.

그렇다면 의식 역시 물리적인 현상이므로, 의식이 우주의 거대한 청사진 위에서 어디쯤 위치하는지 설명할 수 있어야 합니다.

바로 이 지점에서 유물론은 크게 환원주의 유물론과 창발 유물론으로 나뉩니다. 환원주의 유물론에서는 의식이 뇌에서 일어나는 보통의 신경생물학적 현상 중 하나에 불과하다고 주장합니다. 반면, 창발 유물론에서는 의식이 일반적인 물리 현상이 아니라 기존에 알려지지 않은 새로운 종류의 물리 현상이라고 주장합니다.

그렇다면 의식 문제에 대해 이 두 이론이 내놓은 답을 좀 더 살펴

볼까요?

환원주의 유물론

우리의 일상 언어에는 물, 소금, 빛, 온도 등 여러 물리 현상을 지칭하는 많은 단어가 있습니다. 하지만 우리는 그 단어들을 사용하면서 물리 현상의 본질에 관해서는 생각지 않습니다. 자연과학은 이러한 일상 단어의 기저에 자리한 심오한 물리적 실체들을 밝혀냈습니다. 각종 과학 이론은 이들을 훨씬 더 정확하게 기술하기 시작했지요.

그 결과, 물이라는 단어는 H_2O로, 빛은 400~700nm 파장의 전자기파로, 소금은 염화나트륨으로, 온도는 분자의 평균 운동 에너지라는 말로 대체되었습니다. 기존의 개념이 더 정확한 새로운 개념으로 환원된 것입니다.

환원주의 접근법은 자연과학의 다양한 분야에서 엄청난 성공을 거두었습니다. 과학자들은 우리의 몸과 뇌를 포함한 모든 것들이 100여 종의 원소로 이루어진 분자와 화합물이라는 사실을 알아냈습니다. 이것이 바로 **물질의 원자론**입니다. 환원주의는 생물학에서도 놀라운 위력을 발휘했습니다. 오늘날 우리는 모든 생명체가 세포로 구성되어 있다는 사실을 알고 있습니다. 각각의 세포는 그 자체로 하나의 작은 생명체이기도 합니다. 이것이 바로 **생명의 세포설**이지요.

사물이 분자와 원자로, 생명체가 세포(더 나아가 분자와 원자)로 환원될 수 있다면, 의식 역시 생물학적 현상이나 물리적 현상으로 환원될 수 있을까요?

만약에 의식이 무언가로 환원될 수 있다면, 아마도 다음과 같은 방식일 것입니다. 이미 우리는 색의 감각질과 관련된 대뇌피질 영역이 어디인지 알고 있습니다. 색 경험은 시각 피질 중 V4라는 영역의 신경 활동에 의해 발생하는 것으로 추측됩니다. V4가 손상되면 색 경험도 사라집니다. 그렇다면 파란색을 보는 경험과 빨간색을 보는 경험은 V4의 서로 다른 발화 패턴에 불과한 것일지도 모릅니다.

하지만 속단은 금물입니다! 환원주의자들의 달콤한 속삭임에는 한 가지 함정이 있습니다. 물이 알고 보니 H_2O였던 것은 그렇다 치더라도, 의식에는 환원주의적 전략이 먹히지 않는다는 점입니다.

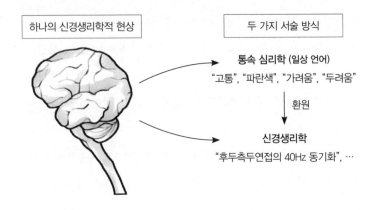

하나의 신경생리학적 현상

두 가지 서술 방식

통속 심리학 (일상 언어)
"고통", "파란색", "가려움", "두려움"

환원

신경생리학
"후두측두연접의 40Hz 동기화", …

환원주의 유물론

환원주의 유물론에 따르면, 심리학과 신경생리학은 동일한 현상을 다른 방식으로 기술한 것이다. 미래의 뇌과학은 통속 심리학(일상 언어)의 낡고 모호한 개념을 엄밀한 신경생리학 개념과 새로이 연관 지음으로써, 의식에 관한 모든 서술을 신경생리학으로 환원할 것이다. 의식이 뇌로 환원되면 의식과학 역시 신경생리학의 일부가 될 것이다.

신경과학자들이 여러분의 주관적 경험을 각종 뇌 부위의 신경 활동으로 서술했다고 상상해 봅시다. 하지만 그 설명에는 너무나도 중요한 성분인 그 경험 자체의 **느낌**이 빠져 있습니다. 또한, 왜 전체 신경이 아닌 일부 신경의 활동만이 주관적 경험을 만들 수 있는지도 말해주지 못합니다.

푸른 하늘을 바라보는 경험이 V4 영역의 44Hz 신경 동기화와 동일하다는 식의 설명은 경험의 감각질, 즉 파란 느낌에 대해 아무것도 알려주지 못합니다. 이는 마치 나비와 번데기가 동일하다거나, 사람과 DNA 서열이 동일하다고 말하는 것과도 같습니다.

번데기는 나비가 아니며, DNA 분자는 사람이 아닙니다. 뉴런 집단의 전기화학적 활동 역시 색을 보는 경험과 다릅니다.

우리는 번데기가 나비로 변태하는 메커니즘이나 DNA가 사람의 신체를 형성하는 기전은 어느 정도 알고 있지만, 신경 활동이 의식적 느낌으로 변하는 원리는 전혀 모릅니다. 뇌 활동에 대한 객관적 서술은 주관적 경험의 감각질을 포착할 수 없기 때문에 환원주의는 의식을 **설명**하지 못합니다.

농담을 좀 섞자면, 환원주의가 의식 문제를 해결하는 방식은 환자를 죽여놓고 수술이 성공했다고 말하는 것과 같습니다. 환원주의 의식 이론은 그럴싸하게 들리긴 하지만, 정작 문제의 본질을 제대로 건드리지 못합니다.

실재의 층위: 세상은 몇 단계로 이루어져 있을까?

환원주의자들은 모든 과학을 가장 낮은 단계, 즉 미시물리학(원자, 분자, 기본입자 등에 관한 물리학—옮긴이)으로 환원하고 싶어 합니다. 실재하는 것은 미시물리학적 대상뿐이며, 나머지 모든 것(우리가 살아가는 거시세계)은 인간의 지각이 만든 환상에 불과하다고 말하는 학자들도 있습니다.

이 주장은 **미시물리주의**라고도 불립니다. 여기에는 모든 존재가 결국에는 미시물리학이라는 하나의 평면 위에 놓일 수 있다는 가정이 깔려 있습니다. 즉, 우리 우주의 물리적 실재가 근본적으로는 **한 층**으로 되어 있다는 것이지요. 미시물리주의적 세계관에서, 인간이란 결국 전자, 양성자, 각종 기본입자의 구름이 중력장과 양자 장 속을 떠다니며 상호작용하는 것에 지나지 않습니다. 미시물리학이 모든 물리 현상의 궁극적인 본질이므로, 의식의 본질 역시 미시물리학으로 설명될 것입니다. 오직 물질세계만이 존재할 뿐, 그 외에는 아무것도 존재하지 않기 때문입니다.

하지만 물질세계가 하나의 층위로만 이루어져야 할 필연적인 이유는 없습니다. 왜 미시세계만 진짜이고 나머지는 다 환상이어야 할까요? 물질세계는 한 층이 아니라 여러 층으로 이루어진, 복잡한 **다층 구조**일 수도 있습니다. 카드를 쌓아 만든 집처럼 서로 다른 복잡도를 가진 구조가 층층이 쌓여 있는 것입니다. 단, 높은 층의 현상은 그보다 낮은 층이 없이는 존재할 수 없습니다. 세상에는 기본 입자, 원자, 분자, 세포, 다세포 생물 등 서로 다른 속성을 지닌 여러 층위가 존재하며, 이들은 모두 환상이 아닌 실제입니다.

실제로도 자연과학은 미시물리학, 화학, 생화학, 분자생물학, 세포생물학 등 각각의 층위에 해당하는 여러 분야로 나누어져 있습니다. 각 층은 모두 실재합니다. 이 모두를 하나의 층으로 납작하게 눌러 없애 버리려는 환원주의 접근으로는 실제 세계의 다층 구조를 담아내지 못할 것입니다.

창발 유물론

물질세계가 여러 겹으로 조직된 다층 체계라면, 의식이 가장 높은 층에 위치하고 있을 거라는 주장이 바로 **창발 유물론**입니다.

하위 단계의 존재들이 복잡한 방식으로 조직되면 더 높은 단계에서 새로운 현상이 나타날 수 있습니다. 이를 **창발**이라 부릅니다. 하위 수준에서는 보이지 않던 현상이 새로이 **출현**한 것이지요(창발의 영어 단어 *emergence*는 출현을 뜻하기도 한다─옮긴이).

생명은 창발의 가장 대표적인 예시입니다. 과학자들은 물질이 어떻게 스스로 생명을 만들어내고 유지하는지 밝혀냈지요. 죽은 육신에 생명력을 불어넣는 마법은 이 세상에 존재하지 않습니다. 낮은 단계의 물리 현상이 잘 조직되면 생물학적 현상이 모습을 드러내기 시작합니다. 생명의 가장 작은 단위인 세포는 매우 복잡한 기계 장치로, 각 부분만으로는 할 수 없는 여러 놀라운 기능을 수행합니다. 하지만 세포 역시 성장하고 분열하는, 살아 있는 존재입니다. 즉, 생명은 창발적인 물리 현상입니다.

과거 과학자들에게 생명은 미스터리한 현상이었습니다. 사람들은 죽어 있는 물질에 영혼과 같은 비물리적인 성분이 결합하여 생명이 탄생한다고 생각했지요. 물론 이러한 믿음은 모두 옛것이 되었습니다.

창발 유물론

뇌의 활동이 고도로 복잡해지면 상위 단계의 물리적 실체인 의식이 창발한다. 의식은 신경생리학보다 상위 단계이므로 신경생리학으로 환원될 수 없다. 의식은 하위 단계의 신경생리학적 시스템에는 존재하지 않는 감각질과 같은 상위 속성을 지닌다. 하지만 의식 역시 물리 현상이며, 물질세계의 일부이다. 단, 뇌과학이 의식의 창발을 설명할 수 있을지는 알 수 없다.

창발적 접근법은 생명의 신비를 해결하는 데 혁혁한 공을 세웠습니다. 과학자들이 의식 문제에도 창발적 접근법을 적용하려 하는 것이 무리는 아니지요. 혹자는 인간의 뇌가 온 우주에서 가장 복잡한 물리 체계라고 말하기도 합니다. 만일 그렇다면 인간의 뇌야말로 창발이 일어나기에 가장 적합한 장소이겠지요. 수십억 개의 뉴런이 하나로 모여 커다란 조직을 만들면 이들의 대규모 신경 활동이 주관적 의식과 같은 새로운 특성을 출현시키는 것도 불가능한 일은 아닐 것입니다.

어쩌면 설명적 간극은 의식을 창발시킨 신경 메커니즘에 대한 우리의 무지가 빚어낸 환상에 불과할지 모릅니다. 그렇다면 그 메커니즘이 밝혀지면 의식의 미스터리도 함께 사라질 것입니다. 이러한 희망적인 관점을 **약한 창발 유물론**이라 부릅니다.

하지만 지금으로서는 뇌라는 물리 체계에서 의식이 어떻게 창발할 수 있는지 상상조차 할 수 없습니다. 그래서 약한 창발 유물론은 근거 없는 낙관주의라고 비판받기도 합니다.

반대로 의식이 창발하는 이유와 기전을 절대로 설명할 수 없으리라는 **강한 창발 유물론**도 있습니다. 의식이 뇌에서 출현한다는 것 자체는 분명한 사실이지만, 의식이 해결 불가능한 수수께끼로 영원히 남아 있을 거라는 이러한 시각은 **불가사의론**이라 부르기도 합니다.

유심론

유심론은 유물론과 반대되는 이론입니다. 유심론에서는 의식 혹은 정신만이 실재하며, 물질은 그저 허상에 불과하다고 말합니다. 우주에 존재하는 모든 것은 의식적 정신 현상에 의해 만들어진 것입니다. 우리를 둘러싼 외부 세계는 꿈나라와 같습니다. 겉보기에는 진짜 같지만, 우리 자신 또는 누군가(모든 것을 아우르는 우주 의식이나 신적 존재)의 의식이 빚어낸 복잡한 이미지에 불과합니다.

어떤가요, 이 말이 그럴듯한가요? 우리는 물질세계를 너무도 생생하고 확고하게 느끼면서 살아가기 때문에 선뜻 유심론을 받아들이기 어렵습니다. 물질의 존재를 어떻게 손쉽게 부정할 수 있겠어요?

하지만 조금 더 고찰해 보면, 물질세계의 존재는 생각만큼 확실하지 않습니다. 현재의 과학적 세계관은 궁극적으로 과학자들의 관찰에 근거하고 있습니다. 그렇다면 **관찰**은 정확히 무엇일까요? 관찰이 물질세계의 존재를 **증명**할 수 있을까요?

우리는 망원경에 보이는 희끄무레한 반점을 은하라 부르고, 현미경에 보이는 덩어리를 세포라 부릅니다. 우리는 우리의 감각 의식의 범주에 포함된 주관적 경험의 패턴(색, 모양, 움직임 등)만을 관찰할 수 있을 뿐, 그 대상을 **직접** 볼 수는 없습니다.

물질세계 그 자체를 직접 본 사람은 아무도 없습니다. 감각적·지각적 이미지를 통해 간접 증거만을 얻을 뿐입니다. 즉, 우리는 의식 너머에 물질세계가 존재할 거라고 절대적으로 확신할 수 없습니다. 어쩌면 이 세상은 감각과 지각만으로 이루어져 있을지도 모릅니다. 데카르트도 이와 비슷한 결론에 도달했지요. 데카르트는 의식의 존재만이 절대적인 지식이며, 물질세계는 간접적이고 불확실하게만 알 수 있다고 말했습니다.

유심론자 가운데 가장 유명한 인물은 조지 버클리George Berkeley입니다. 버클리는 정신(의식 경험)만이 실재하며, 지각된 사물의 본질은 **지각 그 자체**에 있다고 주장했습니다. 즉, 어떤 것도 의식과 별개로 존재하지 않는다는 것이지요. 데카르트도 우리가 사는 세계가 진짜인지, 아니면 진짜처럼 **느껴지는** 꿈인지 알 수 없다고, 어쩌면 모든 것이 환상일 수 있다고 말했습니다.

어떤가요, 아직도 유심론이 허황된 이야기로만 들리시나요? 그런데 놀랍게도 양자역학에서 유심론의 증거들이 발견되고 있습니다. 양자역학은 현존하는 가장 근본적이고 정확한 과학 이론입니다. 그런데 양자역학에서는 전자와 같은 기본 입자의 속성이 관찰자에 의해 결정됩니다! 양자세계는 관찰자가 그것을 지각할 때만 존재하며, 그렇지 않을 때는 마치 유령과도 같은 확률의 구름으로 남아 있습니다. 만약 이 해석이 맞으면, 우리가 바라보기 전 양자세계는 무엇도 결정되지 않은 애매하고 비현실적인 상태로 존재합니다. 의식적 관찰자는 있는 그대로 세상을 관찰하는 것이 아닙니다. 세상은 관찰자가 바라보기로 결심할 때 **창조**되고, 눈을 돌리면 다시 사라집니다.

따라서 우리는 유심론을 선택지에서 함부로 배제할 수 없습니다. 최신 물리학이 이를 뒷받침하고 있기 때문이지요!

중립적 일원론

어쩌면 물질 또는 정신이 이 세계를 구성하는 기본 실체라는 가정 자체가 틀렸을 수도 있습니다. 진실은 그 사이 어딘가에 있을지도 모르지요. 우주가 물질도 정신도 아닌, 그 둘을 모두 아우르는 제3의 실체로 구성되어 있다는 주장이 바로 중립적 일원론입니다.

중립적 일원론의 한 분파인 **이중측면론**에서는 우주의 근본 실체가 정신적 측면과 물리적 측면을 동시에 지니고 있기 때문에 우주에 정신적 현상과 물리적 현상이 공존하고 있다고 설명합니다. 가장 밑 단계에서 보면 정신과 물질은 다르지 않으며, 하나의 실체가 서로 다른 방식으로 현현한 것에 불과합니다. 이 실체는 사건이나 사물 속에서 포착될 때 정신과 물질 중 하나의 형상을 띱니다.

어떤 이들은 이중측면론을 양자물리학의 입자-파동 이중성과 비교하기도 합니다. 양자 수준에서 보면 물질은 입자도 파동도 아닙니다. 물리학 실험에서 전자나 광자는 입자와 파동 중 하나의 형태로 나타날 뿐, 두 상태가 동시에 관찰되는 일은 결코 없습니다. 관찰자가 없을 때 이들은 파동도 입자도 아닌, 혹은 파동이면서 동시에 입자인, 중립적인 미결정 상태로 존재합니다.

의식의 경우는 어떨까요? 일인칭 시점에서 보면, 의식은 현상적 경험의 형태를 띠고 있습니다. 하지만 외부 관찰자가 삼인칭 시점에서 뇌를 들여다보면, 신경 구조나 전기화학 활성만이 관찰됩니다. 같은 관찰자가 의식을 일인칭과 삼인칭의 두 시점에서 동시에 관찰하는 것은 불가능합니다. 그렇다고 일인칭과 삼인칭 시점 중 어느 하나가 특별히 더 우월하거나 본질적인 것도 아닙니다. 이와 관련해서 심리학자 맥스 벨만스Max Velmans는 **재귀 일원론**을 주창하기도 했습니다.[1]

이중측면론 역시 심신 문제를 해소하지는 못합니다. 우주를 구성하는 그 **중립적 실체**가 무엇인지, 그 실체의 두 가지 측면이 뇌에서 어떻게 구현되는지 말해주지 못하기 때문이지요. 양자역학 역시 현대 과학의 미스터리이기 때문에, 입자-파동 이중성에 대한 비유로 의식의 미스터리를 해결할 수는 없습니다.

한편, **범심론**에서는 이 세상 모든 물질이(분자, 원자, 기본 입자까지도) 의식적·정신적 요소를 갖고 있다고 봅니다. 즉, 주관성과 감각질은 복잡한 물리 현상으로부터 창발한 것이 아니라 만물이 지닌 **기본 속성**인 것입니다. 전자나 원자를 비롯한 아주 작은 물질에도 아주 단순한 형태의 의식이 있습니다. 인간의 의식은 단순한 의식이 뇌 속에서 축적되어 복잡하게 조직화한 결과인 것이지요.

철학계에서는 차머스와 갈렌 스트로슨Galen Strawson이 범심론적 의식 이론을 내놓은 바 있습니다.[2,3] 최근 인지신경과학에서도 범심론이 유행하고 있습니다. 미국 위스콘신 대학교의 줄리오 토노니Giulio Tononi는 이른바 의식의 **통합 정보 이론**IIT, Integrated Information Theory을 발표했는데,[4] 이 이론은 신경과학자들 사이에서 광범위한 지지를 받고 있습니다. 의식 신경과학자의 대표 격인 크리스토프 코흐Christof Koch는 본래 환원주의 유물론자였으나, 현재는 IIT와 범심론을 지지하고 있습니다.[5] IIT에 따르면, 의식은 통합된 정보로 구성되어 있으며, 일정 수준 이상으로 정보를 통합할 수 있는 모든 물리계는 의식을 가집니다. 인간의 뇌는 정보를 통합하는 수준이 아주 높으므로 가장 발달한 형태의 의식이 나타납니다. 하지만 거의 모든 물리계가 미미할지라도 정보를 통합할 수 있으므로 저마다 단순한 의식을 지니고 있습니다. 정보를 높은 수준으로 통합할 수 있는 고성능 컴퓨터나 로봇에게는 기계 의식이 존재할 것입니다. 의식은 뇌의 생물학적 구조가 아닌, 물리계에 담긴 정보에 의해 결정됩니다. 그 물리계는 뇌가 될 수도, 컴퓨터가 될 수도 있습니다.

IIT는 여러 가지 방법으로 검증이 가능합니다. 예를 들어, 의식적인 뇌가 무의식적인 뇌보다 정보를 훨씬 더 잘 통합하는지 확인해 보면 됩니다. 하지만 IIT에도 반론이 존재합니다. 첫째, 모든 것에 의식이 있다면 우리는 왜 의식을 완전히 잃을까요? 우리가 보통 무의식적이라고 부르는 상태에서도 뇌는 여전히 다양한 정보를 통합합니다. 그런데 우리는 왜 그것을 경험하지 않을까요? 둘째, 전자, 원자, 컴퓨터, 스마트폰, 인터넷 등이 일정 수준의 의식을 지니고 있다는 주장은 직관적으로 말이 되지 않을뿐더러 실험적으로도 검증할 수도 없습니다. 셋째, IIT는 설명적 간극을 해결하지 못합니다. 통합된 정보가 무엇이 특별하길래 의식 현상, 느낌, 경험을 일으킬까요?

범심론의 장점은 뇌의 물리적 활동에서 의식이 어떻게 창발하는지 설명하지 않아도 된다는 것입니다. 범심론은 의식이 창발한 것이 아니라 줄곧 거기에 있었다고 말합니다. 단, 기본적인 의식의 파편이 쌓이고 쌓여 우리가 경험하는 복잡하고도 통합된 의식을 이루는 원리에 대해서는 반드시 설명이 필요합니다.

한편으로 범심론은 매우 허무맹랑한 이론처럼 보이기도 합니다. **모든 것에 의식이 있다**는 말을 어떻게 믿어야 하며, 또 어떻게 검증할 수 있을까요? 그렇다면 바나나, 태평양, 두루마리 휴지, 달은 도대체 무얼 느끼고 경험할까요? 이러한 문제까지도 의식과학의 몫으로 만드는 이론은 진지하게 고려할 가치가 없을 것도 같습니다.

범심론자들은 의식이 우주의 기본 특성이자 기초적인 요소라고 주장합니다. 우리가 들이쉬는 공기, 우리가 밟고 선 땅을 비롯해 우주 만물 어디에든 늘 의식이 있다고 말합니다. 그러나 범심론은 의식의 존재를 전혀 설명하지 못할 뿐 아니라, 모든 것에는 나름의 의식이 있다는 자신들의 핵심 주장에 대해서도 아무런 증거를 내놓지 못합니다. 범심론자들은 그저 자신들의 주장을 믿으라고 강요할 뿐입니다.

범심론은 인간이 어떻게 의식을 갖게 되었는지, 의식과 뇌의 관계는 무엇인지 설명하지 못합니다. 범심론은 문제를 풀기는커녕 온 우주에 흩뿌릴 뿐입니다. 우리 인간뿐만 아니라 우주 만물이 똑같은 문제를 떠안게 되었으니, 그게 위안이라면 위안일지도요!

기능주의

일반적으로 기능주의는 중립적 일원론으로 분류되지 않습니다. 하지만 기능주의는 의식을 물질도 영혼도 아닌 기능과 동일시하기 때문에, 중립적 일원론의 한 갈래로 보는 것이 타당합니다. 더 정확히 말하자면, 기능주의는 복잡하고 추상적인 **인과 관계**가 인간 심리의 본질이라고 말합니다. 심리 상태를 정의하는 것은 존재의 물질적 또는 비물질적 속성이 아닌, 그들 간의 **관계**입니다. 뇌신경계든 데카르트의 영혼-육신 체계든, 이론적으로는 똑같은 기능을 구현할 수 있습니다. 하지만 기능주의자 중 대다수는 유물론자이기도 하므로, 마음을 구성하는 기능적 관계가 물질세계 속에서 발생한다고 봅니다. 이들은 컴퓨터와 로봇도 자신만의 심리 상태와 마음을 가질 수 있다고 주장합니다.

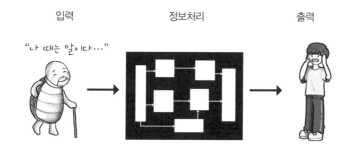

입력　　　　　　　정보처리　　　　　　　출력

"나 때는 말이다…"

기능주의

마음(커다란 검은 상자)은 컴퓨터 프로그램과 유사한 여러 정보 처리 기능(함수)으로 구성되어 있다. 마음은 감각 정보(말소리)를 입력 신호로 받아들이고, 그 정보는 여러 단계(작은 흰색 상자)에 걸쳐 처리된다. 각 단계에서 특정한 정보 처리(주의, 인식, 기억, 계획 등)가 일어나며, 마음은 그에 따라 행동(귀를 틀어막기)을 출력한다. 이러한 기능주의적 서술에는 뇌에 관한 구체적인 지식이 필요치 않다. 마음의 기능은 뇌의 신경생리학적 특성이 아닌, 추상적 수준의 대상이기 때문이다.

　심리 상태는 정보 처리 체계의 **기능**이자 **함수**입니다(function은 기능을 뜻하기도 하고, 함수를 뜻하기도 한다─옮긴이). 함수란 시스템에 유입되는 입력 신호와 시스템이 내놓는 출력 신호의 관계, 즉 입력과 출력 간의 변환 규칙입니다. 우리의 행동 역시 입출력 관계로 표현할 수 있습니다. 빠르게 날아드는 야구공을 보면(지각 입력) 손을 뻗어서 잡아내고(행동 출력), 두통이 느껴지면(입력) 진통제를 먹습니다(출력). 역에 들어서는 기차를 보면(입력) 올바른 승강장에서 탑승을 기다립니다(출력).

　마음이 심리 기능을 수행하면 감각 입력값이 행동 출력값으로 변환됩니다. 이러한 심리적 입출력 변환 수식은 계산이나 알고리즘, 프로그램 코드로도 표현될 수 있습니다. 뇌(마음)는 이 프로그램을 실행하여 주어진 입력에 알맞은 출력값을 결정합니다.

이는 컴퓨터의 작동 방식과 완전히 똑같습니다. 컴퓨터는 입력값(키보드 신호)을 정확한 규칙(실행된 프로그램)에 따라 출력값(화면에 나타난 컴퓨터의 행동)으로 변환하지요. 만약 컴퓨터를 인간의 마음과 똑같이 행동하도록 잘 설계한다면, 인간 수준의 인공지능이나 기계 의식을 구현할 수도 있을 것입니다.

기능주의에 의하면 마음은 뇌의 존재에 구애받지 않습니다. 마음이 프로그램의 일종이라면, 컴퓨터에 그대로 이식할 수 있기 때문이지요. 프로그램 파일은 다른 컴퓨터로 복사할 수도, 복사본을 다시 백업할 수도, 클라우드에 업로드할 수도 있습니다. 프로그램의 본질은 물질이 아니라 컴퓨터 코드 속 추상적 규칙이지요.

1950년대 이후, 인간의 전유물이던 지적知的 기능을 컴퓨터가 수행할 수 있게 되면서 기능주의가 주목받기 시작했습니다. 학자들은 마음과 뇌의 관계를 소프트웨어와 하드웨어의 관계와 동일시하였고, 인간의 마음을 컴퓨터 프로그램과 같은 추상적 기능의 집합으로 간주했습니다. 인간, 컴퓨터, 로봇, 어느 외계 생명체의 마음조차도 한꺼번에 설명할 수 있는, 이른바 *마음의 대통일* 이론이 머지않아 완성되리라는 기대도 함께 무르익었습니다.

컴퓨터, 로봇, 혹은 다른 뇌로 나의 마음을 복제하여 육신의 감옥에서 해방되고자 하는 바람도 생겨났습니다. 마음과 의식을 정기적으로 클라우드 서버에 백업하면 불의의 사고에 대비할 수도 있을 것입니다. 그러한 기술이 개발된다는 전제하에, 기능주의는 우리에게 불멸을 약속합니다. 우리의 마음은 하드 디스크, 플래시 메모리, 인터넷 클라우드 속에서 디지털 복제본의 형태로 영생을 누릴 것입니다. 죽음이란 단어 역시 옛말이 되겠지요. 죽음은 오래된 노트북의 하드 디스크가 고장 나는 것과 같은 사소한 말썽거리가 되어버릴 것입니다. 영혼 클라우드 *서버*에서 사본을 내려받아 새로운 로봇에 설치하기만 하면, 마치 터미네이터처럼 그 몸에서 다시 태어날 수 있을 것입니다. 죽음은 오히려 최신형 육체로 업그레이드할 계기가 되겠지요.

이 아이디어에서 영감을 받아 만들어진 영화가 바로 2014년에 개봉한 「트랜센던스」입니다. 영화에서 천재 컴퓨터 과학자(조니 뎁)는 자신의 의식을 최신 양자 컴퓨터에 업로드하여 죽음의 위기에서 벗어납니다. 영화는 우리에게 컴퓨터화된 의식이 원래의 의식과 같다고 말할 수 있는지, 아니면 원래 의식의 좀비 버전 또는 시뮬레이션에 불과한 것인지 질문을 던집니다. 기능주의자들과의 생각과는 달리, 영화에서는 모든 것이 통제를 벗어나 버리는 것으로 묘사되지만요.

기능주의가 맞다면, 우리는 데카르트 이원론의 형이상학적 골칫거리를 해결하지 않고도 영혼의 불멸이라는 어마어마한 축복을 누릴 수 있습니다. 그러한 세상이 온다면 그야말로 지상낙원이나 다름없을 것입니다.

하지만 믿기 어려울 정도로 달콤한 이야기들은 늘 의심해보아야 합니다. 1950~1960년대 기능주의는 많은 인지과학자와 심리철학자들의 지지를 받았습니다. 하지만 1980년 이후, 기능주의가 인간의 마음에 대한 이론으로 적합하지 않음이 점점 명확해졌습니다. 기능주의에는 가장 중요한 무언가가 빠져 있기 때문이지요. 그게 무엇일까요? 바로 의식입니다.

기능주의는 우리의 주관적·질적 경험에 대해서 여태껏 아무것도 설명하지 못했으며, 앞으로도 그러할 것입니다. 주관적 느낌과 마음의 질적 속성은 정보의 입출력 변환 규칙으로 표현할 수 없기 때문입니다. 쉽게 말해, 의식은 프로그램 코드가 아니란 겁니다.

기분 좋은 향수 냄새, 기쁨의 환희, 어둠을 뚫고 보이는 푸른 빛 한 줄기를 떠올려 보세요. 이들의 질적 속성이 단순히 정보와 행동의 입출력 변환 규칙이라는 주장은 납득하기 어렵습니다. 의식 상태의 내용을 프로그램 코드에 담아내는 것이 과연 가능할까요? 의식 경험은 입출력 관계가 아니므로 기능주의로 서술이나 설명이 불가능합니다.

기능주의의 세계관에 의식이 설 자리는 없습니다. 컴퓨터나 단순 신경계의 작동을 기술하기에는 기능주의가 유용할지 모릅니다. 하지만 인간에게는 의식적 정신세계가 있지요. 기능주의가 의식의 존재를 부정하는 한, 로봇의 마음을 설명할 수 있을지는 몰라도 인간의 마음을 설명하는 이론이 되기는 힘들 것입니다.

심신 문제의 철학적 핵심

앞서 보았듯, 철학자들은 갖가지 방법으로 의식의 정체를 규명하기 위해 노력해 왔습니다. 하지만 수백 년에 걸친 노력에도 불구하고 의식의 *진짜* 정체를 말해주는 이론은 아직 발견되지 않았습니다. 의식을 설명하기란 왜 이렇게 힘든 것일까요?

현상 의식의 두 가지 고유한 속성인 **감각질**과 **주관성**이 문제의 핵심입니다. 이 둘이야말로 현상 의식의 본질이라 말할 수 있지요. 사실 현상 의식은 **통합된 질적 주관성**의 다른 표현에 지나지 않습니다. 현상 의식 속에서 우리는 **실존하는 느낌**과 **정신세계의 흐름**을 경험할 수 있습니다. 의식 이론이 설명해야 할 단 하나의 개념이 있다면, 그것은 바로 질적 주관성일 것입니다. 그러나 앞에서 소개한 이론 가운데 그 무엇도 이 문턱을 넘지 못했습니다.

이 문제가 해결 불가능하더라도, 적어도 문제가 무엇인지는 알아야겠지요. 첫째, 의식 경험이 **질적**이라는 것은 그 경험을 겪는 느낌이 존재한다는 것을 뜻합니다. 느낌은 저마다의 특질, 즉 현상적 특징을 지닙니다. 둘째, 의식 경험이 **주관적**이라는 것은 느낌을 경험하는 *주체*가 존재함을 의미합니다. 이 주체는 일인칭 시점에서 모든 현상을 경험합니다. 그러나 현재 과학은 경험의 질적 속성과 주관성 중 어느 하나도 설명하지 못하고 있습니다.

둘 중에 주관성을 조금 더 살펴봅시다. 의식 경험의 주체는 일인칭 시점에서 특정한 질적 속성을 느낍니다. 하지만 그 경험은 경험자를 제외한 다른 모두에게는 어떠한 느낌도 가져다주지 않습니다. 오직 경험자만이 경험을 느끼고 스스로 존재를 자각할 수 있습니다. 다른 모두는 그 경험을 느낄 수도, 볼 수도, 탐지할 수도 없습니다. 두 사람이 의식을 합쳐서 서로의 경험을 직접 느끼는 것도 불가능합니다. 우리는 다른 이의 의식에 절대로 접근할 수 없습니다. 삼인칭 시점에서 의식 경험을 관찰하면 아무것도 보이지 않습니다. 기껏해야 행동을 기록하거나 뇌 활성을 측정할 수 있을 뿐, 경험 그 자체를 보는 것은 불가능합니다.

모든 과학은 삼인칭 시점, 외부자의 객관적 관점에서 이루어집니다. 어느 과학자가 은하의 초신성 폭발을 관찰하여 보고하면, 다른 학자들도 같은 현상을 관찰하여 그 사람의 해석이 맞는지 검증합니다. 초신성 폭발은 자유롭게 측정하거나 관찰할 수 있는 객관적인 물리 현상이기 때문입니다. 하지만 경험자의 현상적 느낌은 그렇지 않습니다. 외부인은 느낄 수도, 관찰하거나 측정할 수도 없습니다. 심지어 그 느낌의 존재를 입증하는 것도 불가능합니다. 단한 명의 관찰자가 보고한 바를 그대로 믿을 수밖에 없습니다. 경험 그 자체를 연구하는 것은 불가능하며, 기껏해야 경험자의 서술을 연구할 수 있을 뿐입니다.

의식의 주관성은 "모든 과학적 현상은 어느 관찰자든 관찰할 수 있어야 한다"는 과학의 대원칙과 완전히 상충합니다. 선택된 관찰자만이 볼 수 있는 현상은 과학의 탐구 대상이 아닙니다. 지금도 많은 사람이 자신이 외계인의 텔레파시를 받고 있다든가, 무덤가에서 귀신을 봤다든가, 사람들 주위에 아우라가 보인다고 주장합니다. 하지만 과학은 이들의 말에 귀를 기울이지 않습니다. 왜냐면 이들이 경험하는 것은 다른 사람이나 측정 장비가 아닌 오직 그들의 눈에만 보이기 때문이지요. 적어도 과학의 관점에서는 타인의 눈에 보이지 않는 현상은 존재하지 않는 것과 다름없습니다.

이러한 과학의 대원칙을 의식 연구에 엄밀히 적용한다면, 의식도 존재한다고 말할 수 없습니다. 우리는 의식의 존재를 주관적으로는 확실히 알 수 있지만, 과학적으로는 알 수 없기 때문입니다. 의식 연구는 외계인에 의한 납치를 연구하는 것과도 비슷합니다. 납치된 사람과 외계인이 함께 탄 UFO가 발견되면 과학자들이 외계인을 실험실로 데려가 직접 관찰하고 연구해서 그들의 *실제* 정체를 밝혀낼 수 있을 텐데, 오직 외계인이 자신을 납치했다는 *이야기*만이 무성합니다.

의식도 마찬가지입니다. 의식 경험은 단 한 번도 사진이나 동영상에 포착된 적이 없습니다(따지고 보면 UFO나 외계인보다도 증거가 더 희박한 셈이지요!). 그 어느 과학자도 의식을 시험관에 뽑아낸다거나, 현상적 특질을 객관적으로 측정하지 못했습니다. 우리에게 주어진 것은 자신의 주관적 경험에 관한 이야기뿐이지요. 이 이야기 뒤에 숨은 경험적 실체를 과학으로는 잡아낼 수 없습니다.

경험의 감각질은 손에 잡히지 않는 유령과도 같습니다. 새파란 하늘, 장미의 향기, 초콜릿, 맥주, 와인의 맛, 사랑하는 이를 떠나보낼 때의 감정, 파도가 일렁이는 소리, 살갗에 닿는 바람의 느낌…. 모든 경험은 외부의 물리적 원인이나 자극에 의해 유발되지만, 그 감각질은 과학의 손아귀를 벗어나 있습니다.

색깔을 예로 들어 봅시다. 사물이나 빛 자체에는 색깔이 없습니다. 우리는 종종 **빨간** 빛, **파란** 빛, **노란** 빛의 파장이 얼마인지 이야기하지만, 파장 그 자체는 색을 보는 경험과 조금도 닮지 않았습니다. 빛은 서로 다른 파장대를 가진 광자로 이루어져 있습니다. 각 파장대의 광자는 아무 색깔도 없으며, 단지 서로 다른 주파수의 전자기파일 뿐입니다.

색을 보는 경험은 빛 에너지가 뇌의 신경 활동으로 변환된 이후에 만들어집니다. 그렇다면 감각질은 뇌 속에 있는 것일까요? 색 경험과 뇌의 활동 변화가 모종의 방식으로 연관되어 있는 것만은 분명합니다. 우리가 색깔을 의식적으로 경험할 때, 뇌에서는 특정 뉴런이 특정 방식으로 발화합니다. 하지만 신경 활동 자체에 색깔이 있지는 않습니다. 세포에서 화려한 잉크가 뿜어져 나온다든가 하는 일은 벌어지지 않지요. 우리는 감각질이 어떻게 생겨나는지, 왜 하필 전체 신경 활동 중 일부와만 연결되어 있는지 전혀 모릅니다.

경험의 감각질은 물리적 실체가 없습니다. 이것이 유물론에 바탕을 둔 현재의 뇌과학 이론으로 의식을 설명할 수 없는 이유입니다.

어려운 문제와 설명적 간극

심신 문제의 핵심에는 바로 **의식의 어려운 문제**[1]와 **설명적 간극**[6,7]이 자리하고 있습니다.

임의의 물리계(뉴런, 신경 활동, 뇌에서 일어나는 물리 과정)가 어떻게 주관적 · 질적 경험을 형성하거나 야기할 수 있는지 우리가 전혀 모른다는 것. 이것이 **어려운 문제**의 가장 일반적인 정의입니다.

설명적 간극은 어려운 문제가 *왜 어려운지* 더욱 명확히 보여줍니다. 다른 물리 현상을 설명할 때 쓰던 방식을 의식에는 적용할 수 없습니다. 가령 수소와 산소가 만나 물 분자가 된다는 설명은 어렵지 않게 이해할 수 있습니다. 대기압의 물이 0℃와 100℃ 사이에서 액체 상태로 존재하는 이유 역시 명백합니다. 이 온도 조건에서 분자들이 서로 자유롭게 이동할 수 있기 때문이지요. 온도가 영하로 떨어지면 분자 간의 자유로운 이동이 불가능해지고 물은 얼음이 됩니다. 이러한 설명에는 조금의 미스터리도 없습니다.

얼음의 딱딱함과 물의 유동성은 온도에 따른 분자의 행동에서 자연히 유도되는 결과물입니다.

그러나 현상적 경험은 뇌의 물리적·신경학적 속성과 완전히 다릅니다. 그 무엇도 객관적인 물리 과정을 주관적·질적 느낌으로 바꿀 수 없습니다. 이는 마치 맹물에서 와인을 짜내는 것과도 같지요. 하지만 불행히도 (마법의 힘을 빌리지 않는 이상) 물이 와인이 되는 자연적 메커니즘은 존재하지 않습니다.

제대로 된 의식 이론은 물 분자의 운동으로 물의 유동성을 설명한 것처럼, 주관적 경험과 객관적 뇌 활동 간의 관계를 명확하게 서술할 수 있어야 합니다. 그러나 객관적인 생명 현상으로 주관적인 의식 현상을 설명하기란 불가능해 보입니다. 경험과 신경 활동은 너무도 무작위적으로 서로 연관되어 있습니다. 도대체 왜 하필 특정 신경 활동이 특정 경험을 일으키는 것일까요?

우리가 A라는 신경 활동이 **언제나** P라는 현상적 경험을 일으킨다는 사실을 안다고 하더라도, 설령 A가 P를 일으킨다는 것이 확고부동한 자연법칙일지라도, 우리는 A와 P 간에 연관성이 있다는 사실만을 알 뿐, 그 이유와 원리, 기전은 이해할 수 없을 것입니다. 화살표를 그어 A → P라고 표시하는 것은, "여기서 기적이 일어난다"라거나 "여기서 비물리적 존재인 영혼이 신경 활동과 합쳐진다"고 말하는 것과 별반 다를 바가 없습니다. 물질세계와 현상세계를 이으려는 모든 시도는 메울 수 없는 설명적 간극으로 귀결될 수밖에 없습니다.

여기가 과학의 한계일까?

어려운 문제와 설명적 간극에 맞닥뜨린 많은 철학자는 인간이 의식의 정체를 영영 설명할 수 없을 거라는 비관적인 결론에 도달했습니다. 과학에는 한계가 있으며, 의식은 그 한계 너머에 있다는 것이지요.

설령 그것이 사실일지라도, 최소한 그 한계가 존재하는 이유는 짚고 넘어가야겠지요. 1974년, 미국의 철학자 토머스 네이글은 「박쥐가 되는 것은 어떤 느낌일까?」라는 유명한 논문을 발표했습니다.[8] 이 논문에서 그는 동물 의식을 예로 들며 과학에 한계가 있음을 지적했습니다. 언젠가 과학자들이 박쥐의 행동과 신경 구조를 완벽히 기술하게 되더라도, 박쥐의 의식에 대한 이해는 전혀 진전되지 않을 거란 게 네이글의 주장이었습니다. 과학적 방법론으로는 박쥐의 주관적 경험의 특질을 포착할 수 없으므로, 과학은 박쥐가 되는 느낌에 대해서 아무것도 말해 주지 못한다는 것입니다.

네이글은 과학의 한계가 언어의 한계와 궤를 같이한다고 말합니다. 세상에는 기존의 모든 개념으로도 표현하거나 설명할 수 없는 것이 존재할 수 있습니다. 그렇기 때문에 박쥐의 의식을 포함한 여러 가지 의식을 과학으로 서술하고 설명하는 것은 영원히 불가능합니다.

인류 진화의 역사를 살펴보면 인간의 이해력에 한계가 있는 것이 당연합니다. 인간은 아프리카 사바나에 살았던 유인원 중 한 종입니다. 인간의 뇌가 진화한 것은 우주 만물의 본질을 이해하기 위해서가 아니라, 어디까지나 수렵 채집 생활 속에서 벌어지는 문제들을 해결하기 위해서였습니다.

우리는 다른 동물 종에 대해 생각할 때 이들의 지능에 한계가 있음을 쉽게 인정합니다. 햄스터는 화학에 대해 아무것도 모르지만, 씨앗을 저장하는 데 선수입니다. 웜뱃은 자연 선택이나 DNA의 구조를 이해하지 못하지만, 호주에서 어떻게 살아남아야 하는지는 잘 알지요. 인간을 제외한 동물 중 가장 지능이 높은 침팬지, 고릴라, 오랑우탄조차 원소 주기율표, 상대론, 양자역학은 결코 이해할 수 없을 것입니다. 이들의 뇌는 우주의 본질 따위를 이해하도록 진화하지 않았기 때문입니다. 이는 인간의 뇌 역시 마찬가지입니다. 따라서 언젠가 우리는 결코 넘을 수 없는 벽을 반드시 마주하게 될 것입니다.

1991년, 철학자 콜린 맥긴Colin McGinn은 뇌-의식 문제가 인간의 지적 능력의 한계 바깥에 있다고 주장했습니다.[9] 인간은 의식 문제에 대하여 **인지적으로 닫혀 있다**는 것입니다. 쉽게 말해, 우리가 의식을 이해하기에는 너무 멍청하다는 거지요. 다람쥐가 천체물리학을 이해할 수 없는 것처럼 말입니다.

과학의 미래에 대한 이러한 비관적인 관점은 **불가사의론**이라고도 불립니다. 불가사의론자들은 의식이 과학의 영원한 미스터리로 남을 거라 말합니다. 그러나 불가사의론에 반대하는 사람도 적지 않습니다. 이들은 철학자들이 불가사의론을 내세운 것이 과학적 설명보다 영원한 신비를 더 좋아하기 때문이라고 말합니다. 모든 것이 낱낱이 밝혀진 삶보다 적당한 미스터리가 있는 삶이 더 설레는 건 사실이지요. 그래서 불가사의론은 제대로 된 의식 이론이 아닐지도 모릅니다. 어쩌면 불가사의론은 미스터리를 사랑하지만 과학의 발전은 가벼이 여기는 이들의 마음을 대변한 주장일지도 모르겠습니다.

과학의 발전은 예측 불가능합니다. 또한, 미래의 혁신이 어디서 찾아올지는 아무도 알 수 없습니다. 비관론에 빠진 어느 철학자가 의식이 영원히 미지의 영역일 거라고 주장한들, 과학의 미래에는 아무 영향도 주지 않을 것입니다. 여태껏 과학에서 일어났던 혁신을 동시대 철학자나 과학자들이 미리 예견하거나 상상했던 경우는 드물었습니다.

요약

철학자들은 수백 년간 의식 문제를 해결하고자 노력해 왔다. 현재 의식과학계에서는 이원론이 거의 사장되었으며, 창발 유물론, 범심론, 기능주의를 지지하는 이들이 대부분이다. 하지만 이 이론들 모두 의식의 가장 핵심적인 특성인 주관성과 감각질을 제대로 설명하지 못한다. 어려운 문제와 설명적 간극 논증은 과학이 뇌–의식 문제를 영원히 해결하지 못할 거라는 믿음을 많은 이들에게 심어주기도 했다. 하지만 아직 단념하기는 이르다. 의식에 대한 실증적 연구는 이제 갓 걸음마를 뗐다. 언젠간 의식과학이 뇌와 의식의 관계를 규명해 내는 데 성공할지도 모른다.

생각해 봅시다

- 과학이 언젠가 의식을 설명할 수 있을까요, 아니면 영원한 미스터리로 남아 있을까요?
- 본문에 소개된 이론 중 가장 그럴듯한 이론은? 그 이유는 무엇인가요?

박쥐가 된다는 것은?

철학 이론과 과학 이론은 서로 먼 친척인 경우가 많다. 의식과 학계에서 이미 고전이 된 한 논문이 있다. 1974년 철학자 토머스 네이글이 발표한 「박쥐가 되는 것은 어떤 느낌일까?」라는 제목의 논문이다.[8] 언뜻 보면 이상한 질문 같지만, 네이글은 이 질문이 의식의 본질을 관통하는 아주 중요한 문제임을 보여 주었다.

논문은 환원주의를 논박하면서 시작된다. 네이글은 환원주의가 의식 탐구 방법으로서 부적절하며, 오히려 문제를 감출 뿐이라고 주장한다. 그는 의식 경험을 **해당 의식적 존재(동물, 인간 등)로서 살아가는 느낌을 정의할 수 있는 것**으로 정의한다. 우리는 모두 각자로서 살아가는 느낌이 무엇인지 말할 수 있다. 즉, 의식 경험은 고유한 특질(감각질)을 수반한다.

이후 네이글은 박쥐의 감각계와 생활사에 관해 이야기한다. 박쥐가 의식 경험을 한다는 것은 대체로 이견이 없다. 박쥐는 고주파 소리를 내뿜은 뒤 주변 환경에 반사되어 돌아온 메아리를 해석하고 의미를 부여하는 소위 반향정위 능력이 있다. 반면 인간은 반향정위 능력이 거의 없다. 그렇다면 소리로 세상을 보는 박쥐의 의식을 어떻게 상상할 수 있을까? 박쥐의 의식을 상상하는 것이 불가능하다면, 과학이 박쥐의 내면세계를 전부 설명할 수 있다고 어떻게 단언할 수 있을까?

네이글은 생물학적 지식(시력이 나쁘다, 거꾸로 매달려 있다 등)을 기반으로 박쥐의 삶을 상상하는 것이 박쥐의 의식을 이해하는 데 도움이 되지 않는다고 지적한다. 그는 그것이 단지 박쥐의 경험을 상상하고 있는 인간의 경험을 반영할 뿐이라고 말한다. 인간은 언어와 개념의 손아귀에서 벗어날 수 없으며, 그것이 인간의 지식과 이해의 궁극적 한계라는 결론으로 논문은 끝을 맺는다. 우리는 박쥐에게 의식 경험이 있다는 것은 알 수 있지만, 박쥐가 정확히 무엇을 경험할지는 알 수 없다. 인간과 전혀 다른 생명체의 의식 경험을 파악하는 것은 불가능하다.

4장
심리학 속 의식의 역사

개요

- 의식과학의 역사는 크게 세 시기로 나뉜다.
- 첫 번째 황금기(1860~1920년대)에는 감각, 지각, 주의 등 기초적인 의식 과정에 관한 수많은 실험이 이루어졌다. 이 당시 심리학은 **의식의 과학**과 다름없었다.
- 이후 암흑기(1920~1980년대) 동안 의식은 심리학을 포함한 과학의 전 분야에서 외면받았다.
- 1990년대 들어 철학, 심리학, 뇌과학이 서로 협업하여 의식과학에 대한 이론과 실험 결과를 내놓기 시작하면서 두 번째 황금기가 도래하였다.
- 각 시대에 활동했던 심리학자와 학파를 시간순으로 나열하면 다음과 같다.

  첫 번째 황금기
    ○ 정신물리학: 구스타프 페히너
    ○ 내성주의: 구조주의 – 빌헬름 분트, 에드워드 티치너,
              의식의 흐름 – 윌리엄 제임스
    ○ 게슈탈트 심리학과 의식의 통합 장場: 베르트하이머, 쾰러, 코프카

  암흑기
    ○ 정신분석학과 무의식: 지그문트 프로이트
    ○ 행동주의와 의식에 대한 배척: 존 왓슨
    ○ 인지과학, 컴퓨터 프로그램으로서의 마음

  두 번째 황금기
    ○ 인지신경과학: 마음과 뇌의 과학
    ○ 의식과학: 철학, 심리학, 뇌과학

서론

지금 우리는 21세기의 전반기를 살고 있습니다. 훗날에는 지금 이 의식과학의 부흥기로 기억될 것입니다. 오늘날 의식은 과학과 철학의 주요 탐구 주제 중 하나입니다. 세계 최고의 과학 학술지에서 의식 연구를 정기적으로 싣고 있고, 의식을 다루는 국제 학회도 세계 곳곳에서 개최되고 있지요. 각 대학에서 의식과 관련한 세미나나 수업이 열리는 모습도 심심찮게 목격됩니다. 이처럼 오늘날 학계에서는 의식의 난제와 미스터리에 관하여 허심탄회한 담론이 오가고 있습니다. 여러분 손에 이 책이 쥐어진 것 자체가 의식이 심리학의 주류를 차지했음을 보여주는 확실한 증거입니다.

하지만 (그다지 멀지 않은) 과거에는 지금과 상황이 매우 달랐습니다. 20세기 내내 의식 연구계는 그야말로 폐허와 다름없었지요. 의식은 비과학이라는 오명을 뒤집어쓴 채 심리학의 영역에서 내쫓기듯 버려졌습니다. 의식을 극도로 적대시하는 사람들이 심리학과 철학의 주류를 이루었고, 신경과학자들은 의식의 존재조차 몰랐습니다. 신성한 과학의 전당에서 의식이라는 단어를 내뱉는 행위는 의식 연구자들을 조롱하기 위한 경우를 제외하고는 전부 이단으로 취급되었지요. 다시는 심리학 주위에 얼씬도 못 하도록, 형이상학과 철학이라는 감옥 가장 깊숙한 곳에 영원히 갇히는 것이 의식의 슬픈 운명일 것만 같았습니다.

하지만 심리학자 중에는 의식과학의 번영기에 대한 기억을 비밀리에 간직한 이들이 있었습니다. 이들은 20세기 초 이미 스러진, 의식과학의 황금기에 관한 이야기를 몰래몰래 퍼뜨렸습니다. 옛 전설에 따르면, 원래는 의식 연구가 심리학을 실험 과학으로 도약하게 만든 주역이었습니다. 그런데 적대 세력이 재빨리 세를 규합하여 반란을 일으켜서 의식을 심리학의 왕좌에서 쫓아냈다는 것입니다. 의식과학이 암흑기를 겪는 와중에도 언젠가 의식이 심리학으로 돌아와 자신의 자리를 되찾기를 바라는 이들이 적잖았습니다. 바로 그 일이 21세기에 이르러 비로소 일어났습니다. 의식과학의 두 번째 황금기가 도래한 것입니다!

이 장에서는 첫 번째 황금기와 이후의 암흑기에 무슨 일이 있었는지, 의식이 어떻게 심리학으로 귀환하는 데 성공했는지 고고학자나 역사학자의 마음으로 면면히 살펴볼 것입니다. 의식과학의 역사는 그야말로 반전의 연속입니다. 오늘날 의식과학이 심리학의 핵심을 차지한 이유를 제대로 이해하기 위해서는 과거의 흔적을 되짚어 볼 필요가 있습니다.

황금기 이전 시대:
의식의 과학은 존재할 수 없다

 과학과 의식은 시작부터 복잡한 애증의 관계에 놓여 있었습니다. 1600년경에 시작된 과학 혁명은 기존의 세계관을 송두리째 뒤바꾸어 놓았습니다. 과학이 발달하기 전, 유럽인들은 종교적인 의미로 세상을 해석했습니다. 신이 목적을 갖고 창조한 이 신성한 세상의 중심에 인간이 서 있다는 것이지요. 반면 과학과 합리주의는 기계론적 세계관을 창조했습니다. 과학적 세계관에 의하면, 우주는 자연법칙을 따르는 요소들로 이루어진 거대한 기계 장치와 같습니다. 인간은 우주의 중심이 아니라, 기계 장치의 변두리 어딘가에서 우연히 태어난 존재에 불과합니다. 우주라는 기계 장치를 이해하고 설명하려면, 정량적 측정과 수학적 서술로 작동 원리를 밝혀야 합니다.

 데카르트가 심신 이원론을 주창한 것도 바로 이때였습니다(3장 데카르트 이원론 참조). 데카르트 역시 인간의 신체를 포함한 모든 물질세계를 일종의 기계 장치로 취급했습니다. 그러나 오직 단 하나, 인간의 의식(또는 영혼)은 그 세계관에 들어맞지 않았지요. 그래서 데카르트는 인간의 영혼을 신성한 영적 세계에 속한 비물질적 존재로 정의했습니다. 영혼은 측정할 수도, 관찰할 수도, 위치를 특정할 수도, 쪼갤 수도, 수학적으로 기술할 수도 없습니다. 따라서 의식의 과학이라는 것 역시 존재할 수 없습니다. 인간의 영혼은 철학이나 종교의 논의 주제가 될 수는 있어도, 과학적 연구 대상은 아닌 겁니다.

또 다른 유명 철학자 임마누엘 칸트Immanuel Kant도 데카르트와 비슷한 결론에 도달했습니다. 칸트는 의식을 수학적으로 기술하는 것은 불가능하므로, 의식 연구는 과학이 될 수 없다고 여겼습니다. 한술 더 떠서, 칸트는 내성으로는 의식을 있는 그대로 관찰할 수 없다고 주장했습니다. 칸트는 인간의 영혼에 두 가지 측면이 있다고 보았습니다. 첫째는 의식 내용의 형태로 경험할 수 있는 경험적 측면이고, 둘째는 아무 내용이 없는 순수한 경험 그 자체인 초월적·선험적 측면입니다. 내성으로는 의식의 경험적 측면을 파악할 수 있지만, 선험적 측면을 파악할 수는 없습니다. 그래서 칸트는 의식의 과학이 애초에 불가능하다고 보았습니다.

의식과학의 서곡:
의식을 과학적으로 측정하다

　이러한 이유로, 과학 혁명이 불어닥쳐 사람들의 인식이 기계론적 세계관으로 교체되는 와중에도 의식만은 홀로 그 광풍에서 벗어나 있었습니다. 의식을 제외한 모든 것이 자연법칙을 따르고 수학적 측정과 서술이 가능한 상황에서 의식은 **기계에 깃든 유령**, 그러니까 우주라는 거대하고도 무정한 물리적 기계 장치 속에 갇힌 외로운 영혼으로 여겨졌습니다. 많은 철학자의 주장처럼 의식과학의 전망은 매우 어두워 보였습니다.

　다행히도 실험 과학자들은 철학자들의 우울한 예언을 별로 심각하게 받아들이지 않습니다. 과학자들은 불가능한 일에 도전하고 그 결과를 담담히 받아들이지요. 데카르트와 칸트가 틀렸음을 보여준 첫 번째 인물은 독일의 물리학자 구스타프 테오도어 페히너Gustav Theodor Fechner입니다. 페히너는 의식을 연구하기 전에 색 지각을 연구했습니다. 페히너는 잔상 현상을 실험하느라 태양을 너무 오래 쳐다보아서 눈을 다쳤고, 통증과 시력 문제로 강단에서도 물러났습니다. 그는 시력을 회복하기 위해 어두운 독방에서 은둔하며 수년의 시간을 보내야 했습니다. 이때 마음과 물질의 관계를 고찰하기 시작했고, 아주 독창적인 결론에 이르렀습니다. 의식적 영혼이 모든 곳에 존재하고, 물질과 의식은 동전의 양면과도 같다는 것이었습니다.

페히너는 물리 자극을 통제하면 의식을 간접적이나마 조작하거나 측정할 수 있다고 생각했습니다. 의식 자체는 눈에 보이지 않지만, 최소한 물리 자극과 의식 경험의 **관계**는 측정할 수 있다는 것이지요. 첫째, 빛과 소리 등의 물리 자극은 정확한 측정이 가능합니다. 자극은 일정 규모의 물리 에너지를 감각 기관에 전달합니다. 둘째, 그로 인해 발생하는 의식 경험은 직접 측정할 수는 없지만, 다른 세기의 자극으로 인한 경험과 대조함으로써 분석할 수 있습니다.

이러한 방식으로 우리는 의식 경험을 일으키는 데 필요한 물리 자극의 세기를 잴 수 있습니다. 경험을 야기할 수 있는 가장 약한 자극은 **최소 식별 자극**, 그 자극의 세기는 **지각 역치**라 부릅니다. 지각 역치를 넘어선 자극은 의식적 감각을 일으키고, 역치를 넘지 못한 자극은 의식에 영향을 주지 않습니다.

그뿐만 아니라, 종류와 세기가 조금씩 다른 소리나 색 자극을 피험자에게 연속해서 제시하고, 그 자극이 일으킨 의식 경험을 비교하도록 지시할 수도 있습니다. 두 자극이 야기하는 경험이 같은지 다른지 판단하게 하는 것이지요. 두 물리 자극 간의 의식적으로 알아차릴 수 있는 가장 작은 차이는 **최소 식별 차이**라고도 불립니다.

실제로 페히너는 물리 자극의 세기와 경험의 세기 간에 일정한 관계가 있음을 발견했습니다. 자극에 대한 경험의 세기가 자극의 물리적 세기의 로그값에 비례했던 것입니다. 이것이 오늘날 **베버– 페히너 법칙**입니다.

예를 들어 소리가 2배 커졌다고 느끼게 하려면 고막을 때리는 음파의 에너지는 10배 증가해야 합니다. 음향 장비의 음량을 로그 단위인 데시벨^{dB}로 표현하는 것 역시 베버–페히너 법칙이 반영된 결과입니다. 스피커의 음량을 조절하는 것은 물리 자극의 강도를 직접 제어하는 것이며, 여러분의 의식 경험은 페히너의 법칙에 따라 변화합니다. 자극의 에너지와 주관적 경험의 관계는 페히너가 찾아낸 수학적 법칙을 따릅니다.

그는 이러한 발견을 정리하여 1860년 『정신물리학의 기초』를 출간했습니다.[1] 페히너의 발견은 의식 연구가 순수한 사변 철학의 영역에서 실험 과학을 향해 한 발짝 내딛게 만든 사건이었습니다. 페히너는 물리 현상과 주관적 현상의 관계를 체계적으로 측정·정량·조작하고, 그 결과를 다른 과학 분야에서처럼 수식으로 정확히 기술할 수 있음을 보여줌으로써 의식에 관한 실험 연구가 불가능하다는 데카르트와 칸트의 주장이 틀렸음을 증명했습니다.

이렇게 창시된 학문 분야인 **정신물리학**은 오늘까지도 실험심리학
이라는 이름으로 명맥이 이어지고 있습니다.

빌헬름 분트: 실험심리학의 아버지

　페히너가 마음에 대한 과학의 장을 연 뒤 곧이어 또 다른 독일 과학자 빌헬름 분트Wilhelm Wundt가 의식을 객관적으로 측정하는 페히너의 방법론을 받아들였습니다. 분트는 본래 의학과 생리학을 전공하였고, 화학 및 생리학 실험에 능숙한 훈련된 실험 과학자였습니다. 분트는 화학과 생리학에서 익힌 방법론과 원리를 철학적 주제에 적용하였고, 그 결과 인간의 마음을 과학적 방법론을 사용하여 체계적으로 연구하는 심리학이라는 새로운 분야를 탄생시켰습니다.

　19세기 심리학자들은 자신의 학문을 **의식에 관한 연구**로 정의했습니다. 심리학의 영어 단어인 *psychology*의 앞에 붙은 *프시케psyche*는 그리스어로 영혼이라는 뜻이지요. 물론 심리학은 영혼이라는 개념을 인정하지 않았지만, 학자들은 프시케를 인간의 의식을 뜻하는 말로 새로이 정의했습니다. 그리하여 심리학은 의식을 연구하는 과학이 되었습니다.

분트는 실험심리학의 아버지입니다. 그는 1879년 독일 라이프치히에 세계 최초로 실험심리학 연구실을 세웠고, 제자들과 함께 정신물리학에 기초한 실험 기법을 적용하여 페히너가 연구한 것보다 훨씬 다양한 정신 현상을 탐구했습니다.

분트는 1860년부터 1920년까지 장장 60년에 걸쳐 실험심리학을 주름잡은 심리학 최초의 과학적 접근법인 **내성주의**를 창시한 것으로도 유명합니다. 내성은 감각을 **경험**한 뒤 그 경험에 **주의**를 기울여 **언어로 서술**하는 것이며, 내성주의란 **내성법**으로 의식을 탐구하는 것을 의미합니다. 분트는 내성이 의식의 내용을 포착할 수 있는 유일한 방법이며, 내성이 빠진 심리학은 다른 실험과학과 다를 바가 없다고 여겼습니다.

분트는 치밀한 계획과 통제하에 실험을 수행했습니다. 내성 외에 반응 시간 측정 등 다른 여러 기법도 함께 사용되었습니다. 피험자로는 스스로 의식 경험을 자세하고 정확하게 서술하는 고강도 훈련을 받은 이들이 참여하였습니다.

유럽과 북미 각지에서 많은 이들이 분트의 제자가 되기를 청했고, 그의 실험실은 200명에 달하는 어마어마하게 많은 박사를 배출했습니다. 이들은 심리학이라는 신대륙을 개척한 첫 세대가 되었지요.

의식의 원자: 티치너와 구조주의

분트의 제자 가운데 가장 주목해야 할 인물은 바로 에드워드 티치너Edward Titchener입니다. 미국 코넬 대학에 세워진 티치너의 실험실은 분트의 내성주의 실험심리학 방법론을 북미에 전파하는 교두보 역할을 했습니다. 티치너는 매우 다양한 실험을 시행했을 뿐만 아니라, 내성주의 방법론을 극한의 수준으로 끌어올려 자신만의 의식 이론인 **구조주의** 이론을 세우기도 했습니다.

그가 활동한 시기에 의식과학의 첫 번째 황금기는 절정에 달했습니다. 얼마 지나지 않아 급격한 몰락이 찾아왔지만 말입니다.

티치너는 마음을 정신 과정의 흐름으로 정의했습니다. 우리는 탄생에서 죽음까지의 흐름을 주관적으로 경험합니다. 다시 말해 한평생 경험하는 정신 과정의 총합이 바로 마음입니다. 그렇다면 마음과 의식은 같은 것일까요? 티치너는 의식을 **지금 나의 경험을 이루는 정신 과정의 총합**으로 정의했습니다. 즉 의식은 현재 시점의 마음이자, 마음을 시간축에 대하여 자른 단면과도 같습니다. 또한 티치너는 의식에 특정한 구조가 있으며, 매우 단순하고 기본적인 의식 경험이 조합되어 우리가 일반적으로 경험하는 의식을 구성한다고 믿었습니다. 그렇기 때문에 티치너는 다음 세 가지를 심리학의 목표로 꼽았습니다.

1. 심적 경험을 가장 단순한 요소로 쪼개어 분석하는 것
2. 이 요소들이 복잡한 심적 내용물로 조합되는 원리를 이해하는 것
3. 심적 경험과 생리적·신체적 과정의 연관성을 설명하는 것

티치너의 이론이 구조주의라 불리는 까닭은 그가 의식의 **원자론적 구조**를 찾고자 했기 때문입니다.

분석적 내성법: 의식과학의 현미경

티치너는 원자론과 같은 물리학의 성공에서 영감을 받아 이를 심리학에 도입하였습니다. 그는 심리학이 화학과 같이 되어야 한다고 생각했습니다. **분석화학**이 물질을 여러 기본 요소들로 나누어 설명했던 것처럼, 심리학도 **분석적 내성법**을 통해 전체 경험을 단순한 특질로 분해해야 한다고 믿었습니다.

예를 들어, 보라색은 빨간색과 파란색이 섞인 색깔입니다. 보라색을 보는 경험에 분석적 내성법을 적용하면 빨간색과 파란색이

라는 두 가지 원색을 뽑아낼 수 있고, 이로부터 우리는 보라색을 보는 것이 두 가지 경험이 섞인 복합적 경험임을 알 수 있습니다. 이런 식으로 시각 경험을 분석하면 모든 색 경험에 대하여 파란색과 빨간색이 각각 얼마큼 섞여 있는지 파악할 수 있을 것입니다. 하지만 파란색을 보는 경험은 아무리 열심히 분석한들 다른 색을 뽑아낼 수 없습니다. 파란색은 파란색 그 자체일 뿐, 다른 특질로 구성되어 있지 않습니다. 파란색은 원색이자, 기본 경험(티치너가 찾고자 했던 의식의 원자)이기 때문입니다. 이처럼 분석적 내성법을 이용하면 현미경을 들여다보듯 의식의 가장 기본적인 특징, 즉 **의식의 원자**를 찾을 수 있다는 것이 티치너의 생각이었습니다.

의식의 주기율표가 맞닥뜨린 문제

보라색은 빨간색과 파란색으로 이루어져 있고, 파란색은 파란색 그 자체라는 것을 받아들이기는 그리 어렵지 않습니다. 하지만 경험이 복잡해질수록 그 경험의 원자를 찾는 것은 점점 더 어려워집니다. 의식의 원소를 전부 찾아내겠다는 구조주의자들의 포부는 예상치 못한 난관에 맞닥뜨렸습니다. 각 실험실마다 찾아낸 원소의 숫자가 전혀 달랐던 것입니다! 티치너의 연구실은 4만 개가 넘는 원소를 찾아낸 데 반해, 1만 개를 겨우(!) 넘긴 곳도 있었습니다.

화학에서는 두 실험실이 찾은 원소의 개수가 다르다면 최소한 두 곳 중 하나가 틀렸다고 말할 수 있습니다. 같은 실험을 여러 곳에서 재현하거나 실험 방법을 달리하여 결과를 비교함으로써 검증할 수 있지요. 하지만 분석적 내성법은 누가 맞고 틀렸는지 말하기 어렵습니다. 분석적 내성법이 의식을 들여다보는 유일무이한 방법인데, 누가 어떻게 그 방법을 사용하느냐에 따라서 매번 결과가 달라진다면, 누구의 결과가 가장 정확한지를 판단하기란 불가능합니다.

그래서 분석적 내성법은 의식을 관찰하는 과학적 방법론으로 적절하지 않은 것으로 결론 났습니다. 구조주의자들이 사용한 주관적 현미경이 그리 믿을 만하지 않았던 것이지요. 우리 모두는 자신만의 현미경을 가지고 있고, 누구도 아닌 자기 자신만이 그 현미경을 들여다볼 수 있습니다. 각 실험실은 저마다 고도로 숙련된 피험자들과 함께 실험을 진행하였는데, 피험자들이 지닌 마음속 현미경의 배율이 서로 다 달랐기 때문에, 보이는 것도 달랐던 것입니다.

이쯤 되자 의식에 원자가 있다는 발상 자체가 의심받기 시작했습니다. 만약 의식이 원자론적 구조로 되어 있지 않고, 심리학을 화학처럼 만드는 것이 불가능하다면, 각 실험실에서 몇 개의 원소를 찾았든 전부 아무 의미 없는 헛수고일 것입니다.

그래서 내성주의 심리학은 구조주의의 흔적을 걷어내기 시작했습니다. 의식이 원자론적 현상이 아닌 **전체론적 현상**이라는 주장이 대두된 것입니다.

역동적 흐름과 전체론적 의식 장^場

하버드 대학의 철학 및 심리학 교수였던 윌리엄 제임스^{William} ^{James}는 미국 심리학의 아버지이자 현대 의식과학의 시조로 여겨지는 인물입니다. 그의 저서 『심리학의 원리』(1890)는 의식과 심리학에 관한 모든 책 가운데 오늘날까지 손꼽히는 역작입니다.[2]

심리학이 가장 단순한 심적 원소인 감각에서 출발해야 한다는 구조주의의 주장에 제임스는 동의하지 않았습니다. 제임스는 **단순감각**(티치너가 그토록 찾아헤맸던 의식의 원자)이란 것 자체가 애초에 존재하지 않는다고 생각했습니다.

제임스에게 의식은, 전체론적이고, 역동적이며, 끊임없이 변화하는 경험의 흐름이었습니다.

[의식은] 결합된 것이 아니다. 의식은 흐른다. '강'이나 '흐름'이야말로 의식에 대한 가장 자연스러운 은유다. 이것을 *생각의* 흐름,

의식의 흐름, 또는 주관 세계의 흐름이라고 부르고자 한다.

(제임스, 『심리학의 원리』 1권 239쪽)

제임스는 의식의 원자를 부정했을 뿐, 의식의 존재 자체를 부정하지는 않았습니다. 오히려 그것을 긍정했지요. 제임스는 의식 상태가 존재한다는 것이 의심할 여지가 없는 사실이자, 심리학의 가장 근본적인 명제라고 믿었습니다. 의식을 과학적으로 연구하기 위한 방법론으로 그는 내성 관찰을 꼽았습니다.

내성 관찰은 우리가 그 무엇보다도 믿고 의지해야 할 기법이다. 내성이라는 단어의 의미는 정의할 필요조차 없을 정도로 자명하다 —자신의 마음을 들여다본 뒤 찾아낸 바를 보고하는 것이 바로 내성이다. 우리 모두는 내성을 통해 의식의 여러 상태를 발견한다.

(제임스, 『심리학의 원리』 1권 185쪽)

이처럼 제임스는 구조주의를 거부하면서도 내성주의를 지지했습니다. 의식을 탐구하려면 내성을 반드시 활용해야 하지만, 의식은 전체론적인 흐름이며 원자로 쪼개질 수 없기 때문에 티치너의 분석적 내성법을 사용해서는 안 된다고 생각했습니다.

제임스는 실험 과학자보다는 이론가에 가까운 인물이었습니다. 제임스는 분트나 티치너와는 달리 의식적 지각을 체계적으로 탐구하는 작업에 별 흥미를 느끼지 못했습니다. 제임스는 그러한 방식이 지루하고 무의미하다고 여겼습니다. 대신 그는 변성 의식 상태, 신비 체험, 종교 체험 등에 더 관심을 보였습니다. 그의 저서 『종교 체험의 다양성』(1902)은 이미 해당 분야의 고전이 되었지요.[3] (더 자세한 내용은 10장 참조)

그 무렵 독일에서도 구조주의에 대한 비판이 제기되었습니다. 20세기 초 독일에서는 의식을 원자들의 결합이 아닌 장場과 유사한 전체론적인 현상으로 정의하는 **게슈탈트**Gestalt **심리학**이라는 새로운 접근법이 등장했습니다.

게슈탈트 심리학은 막스 베르트하이머Max Wertheimer, 쿠르트 코프카Kurt Koffka, 볼프강 쾰러Wolfgang Köhler, 이렇게 세 명의 독일 심리학자에 의해 탄생했습니다. 이 접근법은 1910년대와 1920년대를 지나면서 독일 심리학계에서 상당한 입지를 획득했습니다. 하지만 1930년대 독일이 나치 치하에 들면서 게슈탈트 심리학자 가운데 상당수가 미국으로 망명해야 했고, 이후 게슈탈트 심리학은 과거의 지위를 영영 되찾지 못했습니다.

게슈탈트 심리학은 윌리엄 제임스와 마찬가지로 구조주의의 원자론적 관점을 비판하며, 전체론적인 접근을 추구합니다. 의식은 단순 감각의 작은 조각들이 모자이크 그림이나 화면의 화소처럼 결합한 것이 아닙니다. 개별 감각 경험이 이를 둘러싼 전체 맥락에 의해 달라지기 때문입니다. 독립된 감각의 원자들이 모여 의식이 되는 것이 아니라, 각 부분이 전체에 의존하고 있는 것입니다.

이러한 원리는 여러 착시 현상에서 찾아볼 수 있습니다. 착시를 유발하는 그림에서는 배경에 무엇이 있느냐에 따라 그림의 어느 한 부분이 휘어지거나 실제보다 크게, 또는 작게 보이기도 합니다. 개별 사물이 전체 시각 장場에 영향을 주면, 이것이 거꾸로 그 사물이 보이는 모습에 영향을 줍니다. 이처럼 의식에는 개별 원자란 것이 존재하지 않습니다. 모든 것이 서로 연결되어 하나의 전체를 이루고 있지요.

게슈탈트 심리학자들은 **통합된 전체**로서의 감각적 · 지각적 세계를 연구했습니다. 그래서 이들은 통제된 실험 조건보다는 자연적 상황을 더 선호했습니다. 의식은 매 순간 우리가 직접 보고 느끼는 것이지, 실험실에서 수년간 내성을 훈련해야만 도달할 수 있는 무언가가 아닙니다.

게슈탈트 심리학자들은 의식과 뇌의 관계에 대해 한 가지 이론을 제시했습니다. 의식 경험의 장이 실제로는 뉴런의 전기 활동으로 발생하는 전기장과 동일하다는 것이었습니다.

안타깝게도 이 전기장 이론은 오랫동안 극히 사변적思辨的인 수준에만 머물러 있었습니다. 당시에는 뇌 속에 그러한 전기장이 실재하는지 측정할 수가 없었기 때문이지요. 하지만 오늘날 인지신경과학 실험에서 이 이론이 아주 틀리지는 않았음을 보여주는 결과들이 속속 발견되고 있습니다. 지각 의식이 뇌의 대규모 신경 활성 패턴과 관련되어 있다는 것이 그 예입니다.

첫 번째 황금기의 흥망성쇠

 의식과학의 첫 번째 황금기 동안 이론적 진전이 이루어지면서 학자들은 원자론적 접근에서 전체론적 접근으로 완전히 돌아섰습니다. 내성주의를 지지하는 모든 이들은 뇌에도 지대한 관심을 보이고 있었고, 의식의 심리학이 결국에는 뇌과학이나 생리학과도 연결되리라 여겼습니다. 지금 뒤돌아보면 당시 상황은 의식의 심리학이 발전하기에 더할 나위 없이 좋은 출발점이었습니다. 그 흐름이 그대로만 이어졌더라면 지금쯤 눈부신 성과가 있었을지도 모르지요. 그러나 1910년 이후 첫 번째 황금기는 빠르게 막을 내렸습니다. 이제 갓 세상에 태어난 의식과학은 20세기 내내 심리학을 군림했던 두 가지 사조에 의해 세상 빛도 제대로 보지 못한 채 죽임을 당했습니다. 의식은 심리학뿐만 아니라 과학 전반에서 추방당하여 형이상학의 맨 귀퉁이로 내쫓겼습니다. 1990년대까지 의식을 연구하는 이들은 극소수의 철학자뿐이었지요.

당시에는 심리학 자체가 의식의 본질을 탐구하는 학문이었고, 심리학을 창시한 이들조차 의식을 중시했었는데, 어떻게 의식이 심리학에서 떨어져 나갈 수 있었을까요? 심리학에서 의식이 추방당한 일은 과학사에서 유례를 찾기 힘든 사건이었습니다. 당시 학자들이 의식 연구를 비판하기 위해 가져다 쓴 논리들을 살펴보면 그 정황을 어느 정도 이해할 수 있습니다.

행동주의와 정신분석학이 의식을 몰아내다

첫 번째 황금기 동안 정신의학과 실험심리학의 두 영역에서 의식과학의 반대파가 세를 규합하기 시작했습니다. 이들은 심리학이 의식의 과학이 아니며, 또 그래서는 안 된다고 주장했습니다. 그렇다면 심리학은 무엇의 과학이어야 할까요?

의식 연구의 첫 번째 적은 프로이트의 정신분석 이론이었고, 두 번째 적은 존 B. 왓슨John B. Watson의 행동주의 접근법이었습니다. 1920년대 의식과학은 이미 하락세였고, 이 두 학파가 높은 인기를 구가하기 시작했습니다. 1927년 내성주의 학파의 마지막 노장인 티치너가 60세를 일기로 사망하면서 구조주의 학파는 심대한 타격을 입었습니다. 이제는 티치너의 연구를 이어나갈 학문적 후계자가 남아 있지 않았습니다. 게슈탈트 심리학자들도 제2차 세계대전을 전후로 미국으로 망명하면서 학문적 지위를 잃어버린 상황이었습니다.

심리학이 의식의 과학이 될 수 없는 이유

프로이트와 정신분석학

심리학자 하면 많은 사람이 프로이트의 이름을 떠올립니다. 그런데 사실 프로이트는 현대 심리학과 별 관계가 없습니다. 프로이트의 이론 중 대다수는 이미 폐기되었습니다. 그의 이론은 입맛대로 취사선택한 빈약한 근거에 기반하는 것으로 드러났고, 그의 데이터 수집 및 탐구 방법 역시 과학적으로 유효하지 않다고 간주되고 있습니다.

그러나 프로이트가 20세기에 걸쳐 심리학과 주변 학문에 지대한 영향을 끼친 것은 부정할 수 없습니다. 내성주의의 전성기였던 1900년, 그는 저서 『꿈의 해석』을 발간하여 인간 심리에 대한 그의 이론의 윤곽을 드러냈습니다.[4] 프로이트의 급진적인 발상은 학자들 사이에서 들불처럼 번져나갔습니다.

프로이트는 꿈, 최면 등 정신 신경질환과 관련된 여러 의식 상태에 주목했고, 독창적인 이론으로 이러한 의식 상태를 설명하고자 했습니다. 그런데 프로이트의 이론은 내성주의와 정면으로 충돌할 수밖에 없었습니다. 내성주의자들은 마음과 의식을 동일시하여 단순 자극을 이용한 실험만으로 의식적 마음을 탐구해 왔는데, 프로이트는 마음 깊은 곳에 존재하는 **무의식**을 고려하지 않고서는 꿈과 신경증을 비롯한 **변성된 마음 상태**를 설명할 수 없다고 주장했기 때문입니다. 프로이트는 무의식이야말로 인간 정신의 본질이며, 의식은 빙산의 일각에 불과하다고, 따라서 심리학이란 어디까지나 **무의식의 과학**이어야 한다고 생각했습니다.

프로이트의 관점에 의하면, 내성법으로는 마음을 탐구할 수 없습니다. 무의식은 우리 각자의 마음 깊은 곳에 숨겨져 있기 때문에 우리는 자신의 무의식을 직접 경험할 수도, 그 내용을 서술할 수도 없기 때문입니다.

하지만 무의식은 의식의 내용에 다양한 방식으로 영향을 줍니다. 무의식은 유의미한 행동을 이끌어 내기도 하고, 꿈이나 다른 변성 의식 상태에 등장하기도 합니다. 정신분석학자는 마치 탐정처럼 행동의 파편을 수집하고 그 속에서 무의식을 읽어냅니다. 무의식이야말로 진정한 심리적 실체이며, 따라서 심리학은 무의식 연구에 방점을 두어야 한다고 프로이트는 생각했습니다.

또한 프로이트는 의식의 기능이 아주 미미하다고 보았습니다. 그는 의식이 **정신적 특질을 지각하는 내부 감각기**이자, 오직 겉표면만을 볼 수 있는 **마음의 눈**과 같다고 주장했습니다.[4]

프로이트는 20세기 내내 임상심리학과 정신의학을 비롯한 수많은 학문에 지대한 영향을 끼쳤습니다. 의식 연구도 예외가 아니었지요. 꿈 연구와 정신병리학은 프로이트의 사변적인 무의식 이론에 완전히 잠식되었습니다. 프로이트의 이론과 방법론은 실험적 입증이 불가능하므로 전혀 과학적이지 않습니다. 또한 그의 이론은 매우 모호한 상징 해석에 의존할뿐더러 선택적·편향적·비체계적인 사례 연구에 기반하고 있습니다. 그러므로 프로이트 이론이 지배하던 분야에서는 의식과학이 전혀 발전할 수 없었습니다.

신기하게도 실험심리학 분야만큼은 프로이트가 거의 아무런 영향도 끼치지 못했습니다. 그렇다고 의식 연구에 기회가 주어진 것도 아니었습니다. 그곳에는 더 강력한 적수인 행동주의가 도사리고 있었으니까요.

왓슨과 행동주의

행동주의자 가운데 의식 연구에 일격을 날린 인물은 바로 미국의 동물심리학자 왓슨이었습니다. 내성으로는 동물의 마음을 절대로 탐구할 수 없습니다. 쥐, 비둘기, 개에게는 주관적 의식에서 무엇을 겪고 있는지 물어볼 수 없기 때문입니다. 아니, 애초에 그들이 의식이 있는지조차 알 수 없지요. 동물의 의식이란 것은 증명되지 않은 가정에 불과합니다. 그래서 왓슨은 의식을 아무짝에도 쓸모없는 사변적인 개념으로 취급했습니다.

왓슨은 심리학 전 분야에 걸쳐 의식에 대한 비판을 제기하기 시작했습니다. 1913년 「행동주의자가 본 심리학」이라는 논문에서 왓슨은 심리학이 객관적인 자연과학에 속하며, 인간과 동물의 행동을 예측하고 통제하는 것이 심리학의 최종 목표라고 주장했습니다.[5] 또한 그는 내성법을 더 이상 사용하지 말 것과 의식을 비롯한 모든 주관적 개념을 폐기할 것을 주문하기도 했습니다.

왓슨의 주장을 좀 더 설명하자면 이렇습니다. 그는 측정 불가능한 주관적 대상을 지칭하는 개념을 심리학에서 모두 제거해야 한다고 생각했습니다. 의식은 시험관에 넣거나, 현미경으로 보거나, 공개적으로 관찰하거나, 물리적으로 기술할 수 없습니다. 따라서 의식은 그 어느 과학 분야에도 속할 수 없습니다. 왓슨은 의식에 관한 연구가 케케묵은 영혼이란 개념을 심리학에 밀반입하려는 속임수와 같다고 여겼습니다. 의식이나 영혼의 존재는 과학적으로 입증할 수도, 객관적으로 관찰할 수도 없는, 순전히 형이상학적인 추측에 불과합니다. 과학의 시선에서 의식과 영혼은 존재하지 않는 것이나 다름없지요.

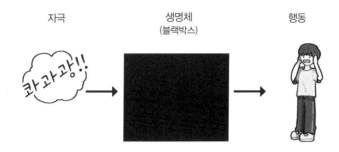

자극　　　　　　　生命体　　　　　　　行動
　　　　　　　　　(블랙박스)

행동주의

생명체의 마음과 뇌는 행동주의 심리학의 탐구 대상이 아니다. 인간과 동물은 일종의 블랙박스로 취급되며 그 내부에 대한 탐구는 이루어지지 않는다. 행동주의 심리학은 외부에서 관찰 가능한 행동, 특히 객관적인 물리 자극과 그로 인해 발생하는 행동의 관계만을 다룬다.

　행동주의가 득세하면서 기존에 심리학을 뒷받침하던 기본 가정은 모두 무너지고, 심리학은 **행동의 과학**으로 돌연 재단장하게 됩니다. 심리학의 근본 질문 역시 **행동을 어떻게 예측하고 통제할 것인가**로 대체되었습니다.

인지과학: 의식을 배제한 마음의 과학

1950년대 들어 인지주의 접근법이 행동주의를 위협하기 시작했습니다. 인지주의는 1960~1970년대 세를 떨치다 그때를 기점으로 점차 약화·변형되었지만, 아직도 심리학의 주요 패러다임으로서의 지위를 유지하고 있습니다. 현재 인지주의는 생물학적 접근법과 함께 인지신경과학과 진화심리학의 주축을 담당하고 있지요.

인지과학은 외부 자극과 행동만을 중시하는 행동주의를 거부하며, 생명체의 심적 상태를 이론적으로 탐구하는 것이 가능하다고 봅니다. 예를 들어, 여러분은 2+2라는 수식을 보면 "4"라고 답할 것입니다. 행동주의자들은 이것이 2+2라는 자극과 "4"를 말하는 반응 간의 관계가 학습되었기 때문이라고 해석합니다. 반면 인지과학자들은 이를 **암산**이라는 내부적 정신 작용으로 설명합니다. 자극과 행동뿐만 아니라 과제를 이해하고, 숫자를 더하고, 답을 내리기 위해 필요한 내면의 심적 사고 과정을 이해해야 이 과정을 온전히 이해할 수 있기 때문입니다. 즉 인지과학은 **정신 작용의 과학**입니다.

하지만 인지과학도 의식이나 주관성과는 거리가 멉니다. 오히려 인지과학은 마음과 뇌의 관계를 소프트웨어와 하드웨어의 관계로 바라보는 **마음의 컴퓨터 은유**에 그 뿌리를 두고 있습니다. 컴퓨터와 마찬가지로 마음도 입력 정보를 내부에서 처리하고, 이를 기억에 저장하거나, 반응이나 행동으로 출력한다는 것이지요. 인지과학자들은 마음을 정보 처리 시스템으로 정의하며, 마음의 작동 원리를 컴퓨터 프로그램과 같은 방식으로 해독할 수 있다고 주장합니다. 이러한 관점은 심리철학의 여러 이론 가운데 **기능주의**에 해당합니다(3장 참조).

인지과학의 관점에서 우리는 의식이 없는 정보 처리 로봇과 다르지 않습니다. 그래서 의식을 설명함에 있어서는 인지과학도 행동주의보다 별반 나은 점이 없습니다. 인지과학은 마음과 뇌, 심리학과 뇌과학을 잇는 교두보로는 적합하지 않습니다.

본래 인지과학자들은 뇌과학이 마음과 거의 무관하다고 생각했습니다. 그도 그럴 것이, 하드웨어(뇌)를 이해하지 않고도 마음이라는 프로그램(생명체의 행동을 결정하는 정보 처리 과정)을 추상적이고 계산적인 수준에서 서술할 수 있다는 것이 바로 기능주의의 핵심이니까요. 하나의 프로그램은 장치의 물리적 구성과 상관없이 여러 장치에서 실행될 수 있습니다. 그렇다면 우리가 탐구해야 할 것은 마음이라는 프로그램의 내부 계산 구조일 것입니다. 바로 거기에 지능이 깃들어 있겠지요. 그래서 인지과학자들은 뇌 과학 연구가 마음에 대해 무언가 말해줄 거라고 기대하지 않았습니다.

하지만 뇌 손상 연구가 신경심리학자들 사이에서 의식에 관한 논의를 이끌어 내는 도화선이 되었고, 다른 분야의 학자들도 이 흐름에 올라타면서 마침내 의식이 심리학에 복귀하는 발판이 마련되었습니다.

새로운 황금기를 향해

1970~1980년대 신경심리학자들은 새로운 현상을 여럿 발견하였는데, 이들은 의식 문제를 수면 위로 끌어올리는 기폭제가 되었습니다. **분리뇌** 현상이 그 예입니다. 뇌전증 발작을 치료하기 위해 좌뇌와 우뇌를 잇는 신경섬유를 절단했더니, 각 뇌반구가 완전히 별개의 의식을 가진 듯한 행동이 일어났던 것입니다. 이 실험 결과로 인해 학자들은 의식과 자아의 본질, 의식과 뇌의 관계에 대해 논의하기 시작했습니다.

맹시盲視 현상도 큰 역할을 했습니다. 맹시는 주관적 경험 없이 시각 정보를 지각하는 현상을 뜻합니다. 일차 시각 피질(V1)이 손상되면 환자는 손상 부위에 해당하는 시야 영역을 더 이상 보지 못합니다. 그런데 그 부분에 시각 자극을 제시하고 그 자극을 손가락으로 가리키게 했더니, 환자들은 놀라우리만치 정확하게 자극의 위치를 짚어 냈습니다. 자극의 시각 정보가 의식을 우회하여 손가락의 움직임을 유도한 것이지요.

1980년대 말, 맹시를 비롯한 여러 현상을 연구하던 신경심리학자들은 의식을 빼놓고는 자신들의 결과를 설명할 수 없다는 결론에 도달했습니다. 의식적 정보 처리와 무의식적 정보 처리가 어떻게 다른지 설명하는 이론이 필요했지요. 그 소식을 접한 철학자들도 의식 문제가 단순한 사고 실험만으로는 해결될 수 없으며, 여러 실험 결과를 발 빠르게 수용해야 한다는 것을 깨달았습니다.

의식과학이라는 학문 분야가 정확히 언제 탄생했는지는 아무도 모르지만, 1990년에서 2000년 사이인 것만은 분명합니다. 1990년대에는 특히 많은 사건이 있었습니다. 『의식과 인지Consciousness and Cognition』, 『의식 연구 저널Journal of Consciousness Studies』이라는 동료 평가 학술지가 각각 1992년과 1994년에 창간되었고, 의식과학을 주제로 한 국제 학회가 1990년대 중반에 처음으로 열렸습니다(TSC와 ASSC를 가리킴—옮긴이). 이로써 의식과학이라는 학문이 비로소 그 모습을 갖춘 것입니다.

의식과학은 수많은 학문 분야와 맞닿아 있지만, 그중에서도 가장 밀접한 학문을 꼽자면 그것은 인지신경과학일 것입니다. 인지신경과학은 의식과학과 거의 동시대에 창시된 분야로, 마음의 심리적 특성과 뇌의 생물학적 특성의 관계를 연구하는 학문입니다. 뇌-의식 문제는 본래 인지신경과학의 범주하에 있는 셈이지요.

2000년을 기점으로 의식과 뇌의 관계를 밝히는 것이 과학의 최대 과제라는 인식이 널리 퍼졌고, 의식과학은 심리학, 철학, 뇌과학을 포괄하는 학제적 연구 분야로 당당히 발돋움했습니다.

의식과학이 암흑기를 겪는 동안 심리학은 다양한 형태로 변모하였습니다. 그래서 이제는 심리학을 의식에 관한 연구로 한정 짓기는 어렵습니다. 하지만 의식이 현대 심리학의 주된 연구 주제임은 분명합니다.

이 책을 쓰는 현재, 우리는 의식과학의 새로운 황금기를 목도하고 있습니다. 자신들의 업적이 한 세기가 지난 뒤 재조명될 것을 알았다면 분트, 티치너, 제임스, 그 밖의 게슈탈트 학자들이 얼마나 기뻐했을까요? 반면 프로이트, 행동주의자, 초기 인지과학자들은 의식을 심리학에서 내쫓은 자신들의 처사가 이를 바로잡는 데 100년이나 걸린 심리학 최대의 실책임을 알았다면 아주 불쾌했겠지요.

생각해 봅시다

- 의식과학이 자리잡기가 왜 이렇게 어려웠을까요? 오늘날 의식과학이 각광받고 있는 이유는 무엇일까요?
- 의식의 원자론과 전체론 중 무엇이 더 사실에 가까울까요?

5장
의식과학의 방법론

개요

- 의식은 어떠한 실험 도구로도 직접 관찰하거나 측정할 수 없다.
- 의식은 행동 표현을 통해서만 간접적으로 측정할 수 있다.
- 기술적 내성법을 통해 의식의 내용과 특징을 담은 데이터를 얻을 수 있다.
- 기술적 내성법은 오류의 소지가 많으며, 사용 시 각별한 주의가 필요하다.
- 기술적 내성법으로 얻은 데이터는 주로 주관적인 구두 보고의 형태이다.
- 내용 분석은 꿈 보고서와 같은 구두 보고를 수치로 변환하여 통계 분석을 가능케 한다.
- 꿈 연구에서, 내용 분석을 통해 꿈의 내용을 더 정확히 기술함으로써 여러 이론을 검증할 수 있다.
- 경험 표집법은 특정 순간 떠오르는 의식의 내용을 무작위로 수집하는 기법이다.
- 설문지는 의식 내용에 대한 기억을 수집한 데이터이다. 기억은 틀리거나, 편향되거나, 왜곡될 수 있으므로 주의가 필요하다.
- 시각 의식 실험에서는 차폐와 역치 부근 자극을 활용해 의식적 정보 처리와 무의식적 정보 처리를 비교할 수 있다.
- 시각 실험에서는 경험의 특질에 대한 척도 검사를 통해 의식적 지각에 관해 단순하면서도 체계적인 보고를 얻기도 한다.
- 변화맹과 부주의맹 현상으로 의식과 주의의 관계를 탐구할 수 있다.

의식을 과학적으로 측정하는 방법

모든 경험 과학은 체계적인 관찰과 측정에 기초하고 있습니다. 관찰과 측정의 결과물을 우리는 **데이터**라 부르지요. 타당하게 수집된 데이터는 탐구하고자 하는 현상을 반영합니다. 과학자들은 다량의 데이터를 수집하고 그 데이터로 모델과 이론을 구축하여 현상의 기능과 상호작용을 파악합니다.

의식과학이 경험 과학으로 인정받기 위해서는 커다란 산을 하나 넘어야만 합니다. 그것은 바로 의식을 체계적으로 관찰하거나 측정하는 것입니다. 의식의 질적 속성은 물리적인 실험 장치에 보이지 않습니다. 감각질을 관측할 수 있는 관찰자는 단 한 명, 그 의식의 주인뿐입니다.

그 결과, 주관적 의식 경험을 정확하고 체계적으로 관찰·측정하는 방법을 찾는 일이 의식과학의 과제가 되었습니다. 의식의 정의상 의식을 측정하는 것이 불가능하다는 의견도 많습니다. 가령 데카르트는 의식이 비물리적 존재이므로 과학의 범주가 아니라고 말했습니다. 또한 행동주의자들은 의식이 과학자가 관찰할 수 없으므로 존재하지 않는 것과 다름없다고 주장하기도 했습니다.

이러한 의식의 주관성 때문에 아직도 의식과학을 의심의 눈초리로 바라보는 학자들이 많습니다. 하지만 의식 경험을 체계적으로 관찰하는 것은 충분히 가능합니다. 그렇지 않았다면 의식과학이라는 것 자체가 존재하지 않았을 것이고, 필자가 이 책을 쓰는 일도 없었겠지요.

실재하는 무언가가 실험 장비에 검출되지 않는 상황은 과학사에서 그리 드문 일이 아닙니다. 자연과학에는 직접 관찰할 수 없는 현상이 무수히 많습니다. 전자 등의 아원자 입자, 블랙홀, 공룡, 빅뱅, 암흑 물질, 암흑 에너지 등이 그 예입니다. 그러나 과학자들은 이 개념들을 아주 자세하게 연구하고 있습니다. 이들이 우주에서 최소한 어느 한 시점에는 실재했을 거라 믿으면서 말입니다.

직접적 관찰이 불가능하더라도 보통은 간접적 관찰이 가능합니다. 현상 자체를 볼 수 없으면 그것의 흔적이나 다른 현상에 미친 효과를 보면 됩니다. 블랙홀은 주변의 물체에 매우 실질적인 변화를 가져다줍니다. 공룡은 인간이 나타나기 수천만 년 전 이미 멸절했지만 화석이라는 명확한 흔적을 남겼지요. 한때 전 지구에 공룡이 서식하고 있었다는 가정 없이는 공룡 뼈 화석이 전 세계에서 발견되는 것을 설명할 수 없습니다.

마찬가지로 우리는 의식의 주관적·질적 속성을 제삼자의 뇌에서 직접 관측할 수 없지만, 그 의식 경험이 남긴 물리적 효과와 흔적을 관찰할 수는 있습니다. 의식적 지각(현상 의식)은 인간의 행동에 다양한 효과를 줍니다. 사실 대부분의 행동이 현상 의식의 내용에 의해 결정됩니다. 우리는 의식적 정보를 바탕으로 사물에 다가가기도 하고 회피하기도 합니다. 또한 그것을 명명하거나, 기억하거나, 설명하기도 합니다. 이를 통해 의식의 내용을 타인에게 표현할 수 있습니다.

우리는 의식이 행동에 주는 영향을 관찰하여 의식 경험에 관한 데이터를 수집하고 각종 모델과 이론을 세울 수 있습니다. 데이터의 이면에 의식이 존재한다는 가정만 받아들이면, 의식도 물리학의 다른 관측 불가능한 현상과 다를 바 없습니다. 의식은 보이지 않지만 실재하는 **뇌의 암흑 에너지**입니다.

심리학에서는 주관적 경험을 간접적으로 보여주는 다양한 데이터 수집 기법을 사용합니다. 하지만 심리학자들은 그 기법을 굳이 **의식 측정법**이라 부르지는 않지요. 이는 의식 연구를 금기시했던 행동주의의 풍조가 아직도 남아 있기 때문입니다. 심리학자들은 의식 측정법보다는 **자기 보고, 주관적 구두 보고, 행동 반응** 등의 표현을 훨씬 선호합니다. 실제로는 자신들의 데이터가 의식 경험의 내용과 특징을 담고 있는데도 말이지요.

의식을 탐구하는 방법은 사실상 단 하나, 피험자의 의식 내용을 내성과 구두 보고, 행동 반응을 통해 연구자에게 전달하는 것뿐입니다. 페히너, 분트를 비롯한 고전 내성주의자들은 이 사실을 잘 알고 있었지요.

하지만 티치너와 구조주의자들이 수행하던 분석적 내성법을 사용해서는 안 됩니다. 분석적 내성법은 심각한 문제를 안고 있었고, 이는 결국 내성주의의 몰락을 불러왔습니다. 분석적 내성법은 잘못된 이론에 근거하고 있으므로 타당한 연구 방법이 아닙니다.

오늘날 의식과학에서는 **기술**記述**적 내성법**이 주로 사용됩니다. 경험한 의식 내용을 **최대한 정확히** 서술 · 기록 · 전달하는 것이 기술적 내성법의 목표입니다. 의식의 원자를 찾기 위한 추가 분석은 필요치 않습니다. 단지 주관적 경험을 일어난 그대로 자세히 기술하는 것만으로도 충분하지요.

기술적 내성법은 현대 심리학에서 널리 사용되고 있지만, 기술적 내성법이라는 이름으로 불리는 경우는 극히 드뭅니다. 대신 심리학자들은 구두 보고, 자기 보고, 구조화된 면담, 심리검사, 질문지, 주관 평가 등의 표현을 사용합니다. 하지만 그 과정에서 피험자는 내성을 사용하여 자신이 보고, 듣고, 상상하고, 기억하고, 생각하고, 느낀 바를 보고합니다. 의식의 주관적 내용을 설명하고, 평가하고, 명명합니다. 좋든 싫든, 또 어떤 이름으로 부르든 간에, 기술적 내성법이 현대 심리학을 떠받들고 있는 것은 분명한 사실입니다!

하지만 대다수 심리학자는 기술적 내성법을 활용하면서도 자신이 의식을 연구한다고는 생각지 않습니다. 이들은 자신이 의식이나 주관적 경험이 아니라 감정, 정서, 꿈, 백일몽, 행복, 주관적 안녕, 지각 역치 등을 연구한다고 말합니다. 하지만 이 모두는 의식상에서 일어나는 현상이기 때문에, 의식을 들여다볼 수 있는 데이터와 측정법을 요하는 것이지요.

가장 확실한 예시가 바로 꿈 연구입니다. 꿈은 잠잘 때 발생하는 주관적 경험입니다. 하지만 행동적·신경생리학적 데이터만으로는 꿈이 발생한 시점이나 내용을 객관적으로 파악할 수 없습니다. 수면 중 의식의 내용에 관한 데이터를 수집하는 유일한 방법은 피험자가 깨어난 직후 꿈의 내용을 구두로 보고하게 하는 것입니다.

주관적 구두 보고: 꿈 연구

꿈은 변성 의식 상태 가운데 하나입니다. 꿈에 관해서는 여러 미스터리가 존재합니다(8장 참조). 꿈은 왜 꾸는 것일까요? 꿈속에서는 무슨 일이 일어날까요? 왜 꿈속에서 우리는 꿈인 걸 의식하지 못할까요? 그런데 왜 또 간혹 꿈임을 알아차리기도 할까요? 자각몽 도중에는 뇌와 의식에서 무슨 일이 발생할까요?

이 질문들에 답하기 위해 꿈 연구자들은 수면 중 발생하는 주관적 경험을 체계적·과학적으로 연구하고 있습니다. 꿈 연구자들은 피험자에게서 꿈 경험에 대한 구두 보고를 최대한 정확하게 수집합니다. 꿈에 대한 구두 보고는 깨어난 직후에, 기억이 허락하는 범위 내에서만 가능합니다. 이렇게 수집한 데이터가 원래 꿈 경험과 정확히 같지는 않을 것입니다. 잠을 깨우는 과정에서 꾸던 꿈이 달라질 수 있고, 기억 속에 남은 꿈의 흔적을 회상하여 경험을 재구성하는 중에 오류가 생길 수도 있기 때문입니다. 무엇보다도 꿈이라는 의식의 흐름을 언어적 서사의 형태로 변환하는 이상, 원래의 경험을 완벽히 재현하기란 불가능합니다.

이처럼 우리가 탐구하는 **현상**과 그 현상에 대한 **데이터** 사이에는 아주 현격한 차이가 있습니다. 꿈은 감각·지각·감정·인지·사회·운동 경험의 복합체입니다. 꿈속 세계에서 우리는 여러 사건을 목격하거나 거기에 휘말리기도 하지요. 반면 구두 보고라는 데이터는 어디까지나 단어의 나열입니다. 꿈 경험의 핵심 요소를 보존하고 있기는 하지만, 세부 묘사는 매우 부족하지요. 하지만 이 단어들이 우리에게 주어진 유일한 흔적입니다. 따라서 우리는 꿈 보고서(데이터)만으로 꿈의 의식 경험(현상)을 탐구할 수밖에 없습니다.

비유를 들어 볼까요? 꿈과 꿈 보고서의 차이는 「아바타」와 같은 3D 영화를 관람하는 경험과 영화 감상평 간의 차이와도 같습니다. 꿈을 연구하는 것은 마치 포스터 한 장 없이 관객들이 쓴 감상평만을 읽고서 영화 속 세계(「아바타」의 판도라 행성)를 탐구하는 것과도 같지요. 그런데 현실은 이보다 더 열악합니다. 꿈이라는 영화를 보고 감상평을 남길 수 있는 사람은 전 세계에서 오직 꿈꾼 사람 한 명뿐입니다. 심지어 같은 꿈을 두 번 이상 꾸는 것도 불가능하지요. 꿈에는 한 번의 경험만으로 다 기억하기 힘든 세부 사항이 너무나 많은데 말입니다.

꿈 과학자들은 잠든 피험자의 의식에서 일어나는 이른바 **꿈 경험**이라는 현상을 탐구합니다. 이 현상이 진행되는 동안 피험자는 자신의 경험이 꿈이라는 사실도, 깨어난 후에 그 경험을 기억해 내어 언어로 자세히 서술해야 한다는 사실도 인지하지 못하지요. 그러다 피험자는 자신의 침대에서 스스로 혹은 실험실 시계의 알람을 듣고 잠에서 깨어나고, 그 즉시 의식 속에서 흘러가던 꿈 경험을 기억해서 이를 연구자에게 보고합니다. 피험자의 내성을 통해 **꿈 경험**은 **꿈 기억**으로, 다시 **꿈 보고서**로 변환됩니다. 비록 꿈 연구자들은 **꿈 보고서** 데이터만으로 연구에 임하지만, 이는 궁극적으로 **꿈 경험**이라는 현상을 이해하기 위함입니다.

기술적 내성법의 문제점

기술적 내성법은 어떤 방법론적 문제점을 지니고 있을까요? 과연 잠에서 깬 직후 피험자의 진술은 수면 중 의식 내용을 정확히 반영할 수 있을까요? 데이터 수집법으로서 기술적 내성법은 다양한 잠재적 위험성과 약점이 있습니다. 기술적 내성법을 활용하려면 반드시 이 점을 숙지하고, 회피책을 최대한 모색해야 합니다.

첫 번째 문제는 기억의 **망각**입니다. 꿈 경험과 꿈 보고서 사이에는 시차가 있을 수밖에 없습니다. 기억 인출과 구두 보고 과정에서 피험자는 꿈 경험 중에 있었던 여러 일화와 각종 세부 사항을 최대한 정확히 상기해 내어 이를 시간순으로 정렬해야 합니다. 하지만 꿈을 떠올리는 일은 쉬운 일이 아닙니다. 꿈은 기억에서 아주 빨리 흐려집니다. 어쩌면 우리가 잠에서 깬 후에 기억할 수 있는 것은 꿈의 파편뿐일지도 모릅니다. 실제 사람들의 꿈 보고서에서도 "확실하진 않지만…", "이다음에 일어난 일은 모르겠음",

"다른 사람도 있었던 것 같음"처럼 기억의 불완전성을 보여주는 표현이 자주 관찰됩니다. 피험자의 서술만을 봐서는 본래 꿈 경험 자체가 불명확했는지 아니면 기억이 불명확했는지 판단하기 매우 어렵습니다.

다행스럽게도 꿈을 기억하는 능력은 훈련이 가능합니다. 꿈 연구 참여자들은 불과 며칠 만에 자신이 꿈을 이전보다 더 잘 기억해 낸다는 사실에 놀라곤 하지요. 살면서 꿈을 기억한 적이 한 번도 없었던 사람들도 꿈이 가장 자주 일어나는 렘REM 수면 중에 강제로 깨우면 꿈을 생생하게 기억합니다.

의식 내용에 관한 구두 보고를 수집하는 연구에서는 기억의 결함으로 인한 영향을 최소화하는 훈련이 필요합니다. 이는 간단한 지시사항을 주는 것만으로도 충분히 가능합니다(오른쪽 페이지 박스 참조).

기억과 관련하여 구두 보고 수집 중에 생길 수 있는 문제점은 망각만이 아닙니다. 인간 기억의 **구성적 특성** 역시 문제가 될 수 있습니다. 인간은 과거 경험을 일관된 하나의 줄거리로 엮어 내려는 경향이 있습니다. 기억은 캠코더와 달라서 과거 경험을 정확히 복제하여 저장하지 않습니다. 우리는 이미지, 회상, 느낌 등 경험에서 수집된 정보의 조각들을 이어 맞추어 하나의 논리적인 이야기를 **구성**하지요.

하지만 이 과정에서 사건의 순서가 뒤바뀌거나 일어나지 않았던 내용이 이야기에 추가될 수 있다는 점이 문제입니다. 이러한 경험의 재구성 중에는 오류가 부지불식간에 쉽게 일어납니다.

여러분이 잠에서 깨어났을 때 꿈속 이미지나 사건을 총 네 개 떠올렸다고 가정해 보지요. 하지만 이들의 관계는 확실치 않은 상황입니다. 잠에서 깬 여러분의 반성 의식은 이미지를 관찰하여 그럴싸한 이야기를 지어낼 것입니다. 이 과정에서 애초에 없었던 사건이 포함될 수도 있고 사건의 순서가 뒤바뀔 수도 있습니다. 또한 사건 간의 연결 고리를 기억하지 못하는 경우에는 가상의 사건을 끼워 넣는 일도 일어납니다. 이 가상의 사건은 사실상 상상의 결과물이지만 여러분은 이를 실제 꿈의 일부로 믿게 되지요.

이 문제를 없애려면 논리적인 세부 사항을 덧붙여 그럴싸한 이야기를 만들고 싶어 하는 마음의 속성을 피험자와 실험자 모두가 충분히 유념해야 합니다. 특히 피험자가 실제로 일어난 사건만을 보고할 수 있도록 세심한 지도가 필요합니다. 본래의 경험을 충실히 반영하기만 한다면 불완전하거나 앞뒤가 안 맞는 이야기라도 문제가 되지 않는다는 점을 피험자에게 주지시켜야 합니다.

꿈 일기: 꿈속 세계를 향한 지름길

자신의 꿈 경험을 잘 기억해 내어 기록으로 남기고 싶다면 다음 사항을 따라해 보자(실제 꿈 연구에서도 유사한 방법이 사용됨).

1. 목표 설정

당신의 목표는 향후 1~2주 동안 최대한 많은 꿈을 최대한 자세하게 떠올려 기록에 남기는 것이다. 잠들기 전에 이 목표를 상기하자. 자기 자신에게 말해 보

자. "오늘 밤에는 꿈을 기억할 거야!"

2. 준비

머리맡에 필기구를 둔다. 명심하자. 밤이든 아침이든, 깨어난 직후에 가장 먼저 해야 할 일은 꿈을 기억해 내는 것이다.

3. 잠에서 깬 후에는 꿈 회상에만 집중

깨어난 직후엔 일어나지도, 조명을 켜지도 말고 눈을 감고 침대 속에서 오직 꿈만을 생각하자. "내가 무슨 꿈을 꾸고 있었더라?" 스스로 묻고 꿈 이미지가 마음에 떠오를 때까지 기다리자.

4. 회상과 메모로 꿈 보고서 작성하기

꿈 이미지가 떠오르면 최대한 많이 기억해 냈다는 확신이 들 때까지 꿈의 주요 내용을 반복적으로 훑어본 뒤, 꿈속 주요 사건을 핵심 단어나 마인드맵의 형태로 메모지에 적어 두자. 이를 바탕으로 자리에서 일어난 즉시 꿈 보고서를 완성하자. 실제로 기억나는 것과 보고서를 쓰면서 덧붙인 생각을 명확히 구분할 것.

5. 연습만이 살 길!

위 사항을 잘 따른다면 며칠 뒤부터는 꿈이 점점 더 자세히 기억나기 시작할 것이다. 최소 2주 이상 꿈 일기를 작성한 뒤, 자주 등장하는 특정한 사건, 장소, 주인공 등이 있는지 주의깊게 살펴보자.

상사를 살해하는 꿈, 직장 동료와 성관계하는 꿈, 개인적 비밀에 관한 꿈 등등 기록하기 민망한 꿈을 꾼다면 의도적으로 자기검열을 할 가능성이 큽니다. 자신의 도덕성과 온전한 정신 상태를 의심케 할 것 같은 꿈을 보고하기 싫은 건 너무도 자연스러운 심리입니다.

하지만 이를 예방할 방법도 존재합니다. 누구나 때로는 괴상한 꿈을 꿀 수 있다는 사실을 피험자에게 주지시키는 것이지요. 사회 관습과 도덕 규범은 꿈에 적용되지 않습니다. 그뿐만 아니라, 꿈을 꾸는 도중에는 우리의 고등 정신 기능이 온전히 작동하지 않습니다. 실제로 학자들 가운데는 꿈이 일종의 정신병이나 착란과 같다고 주장하는 이들도 있습니다. 그러므로 무슨 꿈을 꾸었는가를 놓고 누군가를 도덕적으로 판단할 수 없는 것이지요. 자기검열을 막는 가장 효과적인 방법은 꿈 보고서를 익명으로 수집하는 것입니다. 이것만으로 검열을 완전히 막을 수는 없지만, 연구에 미치는 영향을 최소화하는 것은 가능합니다.

그런데 꿈 연구에 참가하기 전과 후에 꿈의 종류가 달라지지 않으리라고 어떻게 확신할 수 있을까요? 꿈을 보고해야 한다는 과제 요구사항이 수면을 방해하는 등 모종의 방식으로 꿈의 내용에 영향을 줄 수 있습니다. 피험자 중 일부는 꿈을 기억해야 한다는 생각에 사로잡힌 나머지 잠들지 못하고 밤을 꼬박 새우기도 합니다. 이 경우 정상적으로 꿈을 꿀 수가 없겠지요. 이처럼 **관찰 및 측정 행위가 대상 현상에 영향을 주는 것**은 과학의 보편적인 문제입니다. 관찰 결과에는 자연 상태 그대로가 아니라, 과학자나 측정 장비의 영향이 가미되어 있을 수 있습니다. 꿈 연구의 경우, 자신의 꿈을 관찰하고 보고하려는 피험자의 노력이 꿈이라는 현상 자체에 영향을 줄 수 있습니다.

이 문제는 실험실에서 이루어지는 수면 연구에서 특히 두드러집니다. 낯선 연구자들에 둘러싸인 채로 머리에 전극을 달고 실험실 침대에 누워 누군가 머잖아 나를 깨울 거란 사실을 알면서도 잠을 청해야 한다면, 이는 수면 패턴과 꿈의 내용에 반드시 영향을 줄 것입니다. 실험 첫날에는 많은 사람이 연구실에 관한 꿈을 꿉니다. 연구에 참가하고 있다는 사실이 꿈의 내용에 막대한 영향을 준 것이지요. 물론 본인의 집 침대에서 자게 하면 실험실 꿈을 꾸는 문제는 막을 수 있겠지만, 피험자의 모습을 촬영하거나 뇌 활동을 측정하거나 기상 시간을 통제할 수 없다는 것이 문제입니다.

또한 피험자는 연구의 목적을 모르는 채로 실험에 임하는 것이 좋습니다. 연구를 통해 규명하고자 하는 바를 알고 있다면 그것이 꿈의 내용에 영향을 줄 수 있기 때문이지요. 여러분이 꿈 연구에 참가했는데 그 연구가 꿈에서 사랑이 어떻게 나타나는지에 관한 실험임을 알게 되었다면, 여러분은 사랑의 요소가 가미된 꿈 줄거리를 생각해 낼 것입니다. 사랑하는 사람, 짝사랑 상대, 옛 애인, 평상시 애착 있던 물건들, 최근에 본 멜로 영화 등이 그 대상이 될 것입니다. 이러한 생각은 사랑에 관한 꿈이 발생할 확률을 증가시킵니다. 연구 주제를 몰랐다면 그런 꿈을 꾸지 않았을 텐데 말이지요. 꿈을 보고할 때에도 사랑과 연결된 것에 집중하거나, 이를 과장하여 보고하기 쉽습니다.

피험자 중 대다수는 원하는 데이터를 제공하여 연구자를 기쁘게 하는 착한 피험자가 되고 싶어 합니다. 하지만 이러한 선의가 때로는 표본을 왜곡하기도 하지요. 피험자가 자신의 경험을 최대한 자세히 보고하게 하되, 연구의 목표와 가설을 비롯하여 데이터에서 찾고자 하는 바는 비밀에 부치는 것이 의식 데이터를 수집하는 최선의 방법입니다. 그렇지 않으면 피험자들이 연구자들의 기대에 부응하는 편향된 결과를 내놓기 때문이지요.

사실 기술적 내성법의 가장 심각한 문제점은 **독립적으로 검증할 방법이 없다**는 것입니다. 연구자는 피험자의 말을 액면 그대로 받아들일 수밖에 없지요. 이것이 행동주의자들이 내성이라는 기법 자체를 비과학적이라 치부한 이유이기도 합니다. 의식 내용에 독립적 · 객관적으로 접근할 수단이 없는 이상, 연구자는 피험자의 보고(데이터)가 실제 경험(현상)을 제대로 반영하고 있는지 검증할 수 없습니다. 제삼자가 볼 수 있도록 꿈을 녹화하는 장비는 존재하지 않습니다. 여러 사람이 동일한 꿈을 경험하게 해서 개별 진술을 확보하는 것도 불가능하지요. 경험자의 말을 전적으로 믿는 것밖에는 달리 방도가 없습니다.

하지만 특정한 꿈의 내용을 검증할 수는 없더라도, 많은 사람에게서 수백, 수천 건의 꿈 보고서를 체계적으로 수집하는 것은 얼마든지 가능합니다. 이를 통해 사람들에게서 반복되는 꿈의 보편적인 특징이나 패턴을 파악할 수 있습니다. 이러한 특징에 기초하면 인류 전체 수준에서 꿈의 정체를 이해할 수 있습니다. 모든 사람이 꿈 기억을 똑같은 방식으로 창작, 혼동, 검열, 망각하지는 않을 테니 말이지요.

구두 보고의 내용 분석

피험자들이 꿈 보고서를 제출하고 나면 이 데이터를 분석하는 것은 연구자들의 몫입니다. 꿈 보고 데이터를 연구 목적으로 사용하려면 체계적인 분석이 필요합니다. 주관적인 구두 보고를 분석하는 기법 중 하나가 바로 **내용 분석**입니다. 내용 분석이란, 보고서 속 단어와 문장을 수치화하여 의식 경험에서 특정 내용이 등장하는 빈도를 파악하는 것을 뜻합니다.

예를 들어 꿈에 보통 몇 명의 인물이 등장하는지와 날아다니는 꿈을 얼마나 자주 꾸는지를 알고 싶다면, 우선 등장인물과 날아다니는 꿈을 내용 분석 척도의 분류 기준으로 정의합니다. 그다음에는 각 부류에 부합하는 꿈 보고서를 일일이 추려낸 뒤, 전체 꿈 보고서의 수 대비 등장인물의 수와 날아다니는 꿈의 빈도를 계산합니다. 추가적으로 성별이나 연령대에 따른 비교도 가능하겠지요.

꿈에 관한 이론 중 일부는 나이, 성별, 트라우마 유무에 따라 특정 꿈 내용의 발생 빈도가 어떻게 달라질지 예측할 수 있습니다. 여기에 내용 분석 데이터를 적용하면 예측력이 가장 뛰어난 이론을 찾아낼 수 있지요. 데이터를 설명하고 정확하게 예측하는 것이 모든 과학적 이론의 필수 조건이지만, 오래된 꿈 이론 가운데 대다수는 과학적 이론이라 하기엔 다소 사변적이고 모호합니다.

꿈의 내용 분석에는 홀-캐슬 체계가 가장 널리 활용되고 있습니다.[1] 이 체계는 꿈의 각 내용에 대한 다양한 하위 척도를 제공합니다. 사람들이 일반적으로 무엇에 관해 얼마나 자주 꿈을 꾸는지 알고 싶다면, 홀-캐슬 체계를 이용한 연구들을 살펴보면 됩니다.

경험 표집법

경험 표집법은 주관적 경험을 발생 즉시 포착, 기록하는 방법입니다. 이때 망각 등 기억의 영향을 방지하려면 경험의 발생과 보고 사이의 시간차(**경험-기억 간극**)를 최소화하는 것이 중요하지요. 실제 수면 연구소에서 꿈을 연구할 때 이러한 원리가 사용되고 있습니다. 꿈을 꾸고 있는 피험자를 곧바로 잠에서 깨우는 것은 경험-기억 간극을 최소화하여 아침에 일어났다면 완전히 잊어버렸을 꿈 경험을 보고할 수 있게 하기 위함입니다. 대개 꿈은 즉시 잊히기 때문에 우리는 보통 깨기 직전의 꿈 하나만을 기억할 수 있습니다.

이러한 대규모 망각 현상은 꿈이 아닌 일상 경험에서도 똑같이 발생합니다. 하나의 의식적 장면이 지속되는 시간을 1~3초로 잡는다면, 하루 동안 우리는 2만~6만 개나 되는 의식적 순간을 경험하는 셈이지요! 하지만 이 순간들 중 극소수만이 장기 기억에 저장됩니다. 깨어 있는 의식의 내용에 대한 표본을 수집하기 위해서는 발생한 직후의 의식적 순간을 계속해서 수집해야 합니다.

이것이 바로 **경험 표집법** 또는 **삐삐 기법**입니다. 경험 표집 연구 참가자들은 삐삐(요즘에는 스마트폰 앱)를 들고 다니다가 임의의 시간에 알람이 울리면 녹음기를 켜고 그 순간의 장소, 행동, 지각, 느낌, 생각, 함께 있었던 사람 등 의식 내용을 상세히 보고합니다. 2005년 한 연구팀은 이를 이용하여 깨어 있는 동안의 경험과 그날 밤 꿈 경험을 비교하기도 하였습니다.[2]

경험 표집 연구는 보통 감정 경험, 행복감, 안녕감, 마음에 떠오르는 잡상의 내용 등을 대상으로 합니다. 이 경우 피험자들에게는 주관적 경험의 내용과 특질과 관련한 좀 더 구체적인 질문이 주어집니다. 예를 들면 "지금 무슨 느낌이 드나요?"라는 질문에 대해 100점 만점으로 점수를 내는 것입니다. 특히 행복 경험 연구에 이러한 질문이 주로 사용됩니다.[3]

생각대로 말하기

의식에 관한 정보를 기억의 개입 없이 실시간으로 수집하는 것이 과연 가능할까요? 사실 경험 표집법에서도 알람이 주어지기 직전 발생했던 생각을 포착하는 과정에서 단기 기억이 사용됩니다. 의식의 자연적인 흐름은 알람에 의해 무너질 수밖에 없습니다. **관측이 현상을 바꾸는 문제**가 다시금 발생하고 만 것입니다.

생각대로 말하기thinking out loud 기법을 사용하면 경험이 발생한 동시에 이를 수집할 수 있습니다. 방법은 간단합니다. 과제를 수행하면서 무슨 경험을 하고 있는지 참가자가 계속해서 입 밖으로 이야기하도록 하고 그 발언을 녹음한 후 분석하는 것입니다. 물론 꿈연구에는 이 기법을 쓸 수 없겠지만, 잡념이나 공상空想 등을 연구하기에는 이 기법이 적합합니다. 하지만 이때도 공상하기와 말하기라는 두 가지 과제를 동시에 수행하면서 간섭이 일어날 수 있습니다.

후향 설문

대규모 집단을 대상으로 경험 표집법이나 구두 보고법을 실시하고 분석하는 것은 시간과 노력이 너무 많이 듭니다. 그래서 연구자들은 후향 설문이라는 방법으로 의식의 내용을 수집합니다. 꿈 연구를 예로 들자면, 여러 꿈의 주제(하늘 날기, 추격전, 성관계, 약속에 늦기 등)를 제시하고 각 주제에 해당하는 꿈을 꾼 적이 있는지, 지난 1년간 몇 번 꿨는지를 묻는 것이지요. 감정적 안녕감에 대한 연구에서는 여러 가지 감정(행복, 슬픔, 흥미, 분노, 차분함, 불안함 등)을 나열한 후에 지난 24시간이나 지난 1주일간 각 감정을 얼마나 자주, 강하게 느꼈는지 조사할 수 있습니다.

후향 설문의 가장 큰 장점은 수백~수천 명에게서 대량으로 쉽게 데이터를 수집할 수 있다는 점입니다. 단점은 역시나 의식 경험 그 자체가 아니라 과거 경험을 축약하고 재구성한 기억을 탐구할 뿐이라는 것이지요.

경험 표집법 데이터와 후향 설문 데이터를 비교해 보면, 과거 경험에 대한 우리의 기억과 평가가 얼마나 부실한지 잘 알 수 있습니다. 후향 설문을 해 보면 꿈이 아예 기억나지 않는다거나 애초에 본인이 꿈을 꾼 적이 한 번도 없다고 믿는 사람들이 있는데, 실험실에서 이들을 재운 뒤 강제로 깨워 보면 다들 꿈을 잘 기억해 냅니다.

이와 비슷하게 지난 1년간 악몽을 얼마나 많이 꿨는지 조사하면 사람들은 거의 꾼 적이 없다고 답합니다. 그런데 몇 달간 꿈 일기를 쓰게 하면, 자신의 기억보다 5~10배 더 자주 악몽을 꾼다는 사실을 확인할 수 있습니다.

노벨 경제학상을 수상한 심리학자 대니얼 카너먼Daniel Kahneman 역시 경험 표집과 후향 설문 사이에 엄청난 차이가 있음을 지적하였습니다. 경험 표집법에서는 피험자가 주관적 경험을 발생 즉시 보고하지요. 카너먼의 표현을 빌리자면, 이때 포착되는 것은 **경험하는 자아**의 의식입니다. 그러나 과거의 경험을 회상하여 요약할 때는 경험하는 자아가 했던 경험이 아니라, **기억하는 자아**가 매우 편향적으로 왜곡하여 재구성한 기억이 포착됩니다. 실제로 경험한 의식의 내용을 탐구하려면 기억하는 자아를 믿어서는 안 되며, 경험하는 자아가 즉시 보고할 수 있도록 해야 한다는 것이 카너먼의 주장입니다.

이처럼 우리 인간은 과거에 겪었던 경험을 거의 기억하지 못합니다. 그래서 의식 내용을 연구할 때는 과거 경험을 요약하거나 추측하는 후향 설문법에 너무 의존해서는 안 됩니다.

기타 의식 실험 기법

실험실에서는 참가자에게 제시할 자극을 완벽히 통제할 수 있습니다. 이때 피험자가 할 수 있는 반응은 간단한 말이나 키 누르기 등 객관적으로 기록될 수 있는 행동으로 한정됩니다.

그렇게 보면 자극의 유무나 차이를 느낄 수 있는지 탐구하는 페히너의 정신물리학 접근법이 현대 실험심리학에서도 일정 부분 유효한 것입니다.

불빛, 색깔, 사진과 같은 단순한 물리적 자극을 피험자에게 제시했을 때 그 물리적 정보가 의식에 도달하는지 여부를 어떻게 측정할 수 있을까요? 바로 이것이 의식적 지각 연구의 핵심 질문입니다.

의식을 실험으로 연구하기 위해서는 의식적 처리와 무의식적 처리를 따로 취급해야 합니다. 그러려면 같은 자극을 여러 번 제시하고, 자극이 의식되기도 하고 의식되지 않기도 하는 상황을 마련해야 하는데 이게 생각보다 만만치 않습니다.

한 가지 방법은 **역치 부근 자극**을 사용하는 것입니다. 약하거나 짧아서 지각하기 힘든 자극을 반복적으로 제시하면, 자극의 물리적 속성이 동일함에도 불구하고 피험자가 지각하지 못하는 경우가 발생합니다. 다른 한 가지 방법은 **차폐**를 이용하는 것입니다. 차폐는 원래 자극과 무관한 또 다른 자극(차폐 자극)을 시공간상에 가깝게 한꺼번에 제시하는 것입니다. 차폐 자극의 위치와 시차를 잘 조절하면 원래 자극이 의식화되는 것을 차단할 수 있습니다. 자극이 의식에 도달하기 전에 차폐 자극이 이를 차폐하는 것이지요.

차폐에 관한 연구는 이미 광범위하게 이루어져 있습니다. 그래서 어떤 자극을 제시하면 대상 자극이 의식에서 차폐되는지, 또는 차폐되지 않는지 잘 알려져 있습니다. 따라서 우리는 자극이 차폐되는 실험을 손쉽게 설계할 수 있습니다. 자극의 위치와 시차가 아주 조금만 달라져도 대상 자극의 지각 여부는 엄청나게 달라집니다.

가장 흔한 차폐는 **역행 차폐**로, 대상 자극이 사라진 뒤 1초 이내에 바로 그 자리에 다른 자극을 제시하는 것입니다. 이외에도 대상 자극 주변에 차폐 자극을 제시하는 **메타대비 차폐, 대상대체 차폐** 등의 기법도 있지요. 이러한 차폐 기법을 적절히 활용하면 대상이 의식에 진입하는 것을 막을 수 있습니다.

이러한 방식으로 확률적으로 지각되는 자극을 반복적으로 제시할 때, 피험자에게는 자극의 유무("무언가 보았나요?")나 종류 ("빨간색이었나요, 초록색이었나요?")를 판별하는 과제가 주어집니다.

그런데 피험자가 자극을 지각했는지 어떻게 확신할 수 있을까요? 한 가지 방법은 **강제 선택 패러다임**을 사용하는 것입니다. 강제 선택 패러다임은 각 자극이 주어진 이후에 피험자가 두 가지 응답 중 하나("보았음" 대 "못 보았음", "빨간색" 대 "초록색")를 반드시 고르도록 하는 것을 말합니다. "모름"이라는 선택지는 없습니다. 피험자는 주관적으로 아무것도 보지 못했거나 그 자극이 무엇인지 모르겠어도 반드시 두 가지 답변 중 하나를 선택해야 합니다.

단, 이때 피험자에게는 피험자의 주관적 경험이 아닌, 객관적인 물리 자극에 관한 질문이 주어집니다. 따라서 피험자 스스로 아무것도 보지 못했더라도 자극에 관한 무의식적 정보에 기반하여 정답을 추측하는 상황이 벌어질 수 있습니다. 즉 강제 선택 테스트로는 피험자가 실제로 자극을 보았는지(자극이 의식에 진입했는지), 아니면 무의식적 정보에 기반하여 정답을 추측한 것인지 구분할 수 없습니다. 자극을 의식하지 못했더라도 무의식적 지각이 직감이나 느낌을 줄 수 있기 때문이지요.

피험자가 자극을 의식적으로 경험하지 못했다면 피험자는 (정답률이 얼마나 높든 간에) 자신이 추측에만 근거해서 답을 내리고 있음을 느낄 것입니다. 피험자의 의식 경험을 파악하기 위해서는 피험자가 자신의 선택을 얼마나 확신하는지 **신뢰도**도 측정해야 합니다. 다시 말해 피험자에게 지금의 추측이 완전히 어림짐작인지, 또는 그 자극을 실제로 봤고 선택이 맞다고 확신하는지 물어야 합니다. 일반적으로 피험자의 신뢰도는 순전한 추측(0점)에서 절대 확신(4점)까지 보통 4~5단계로 나누어집니다. 신뢰도가 높으면 명확한 의식 경험에 근거하여 응답한 것이고, 신뢰도가 낮으면 아무것도 보지 못했고 어림짐작이나 무의식적 과정에 따라 반응한 것이지요. 선택에 대한 신뢰도는 자극이 의식화되었는지 보여주는 척도로 활용될 수 있습니다.

일부 과제에서는 정답률이 100%에 가까운데도 신뢰도가 매우 낮게 기록되기도 합니다. 이 경우에는 무의식적 과정이 주로 관여하고 있으리라 추측할 수 있습니다. 무의식적 과정은 부지불식간에 올바른 응답을 이끌어 냅니다. 무의식적 과정의 신기한 능력에 관해서는 6장과 7장에서 더 살펴보겠습니다.

주관적 보고 척도

의식에 관한 실험을 수행하는 데 있어 가장 직접적인 방식은 경험의 내용을 서술하게 하는 것입니다. 하지만 피험자의 장황한 서술을 전부 수집하기는 사실상 불가능합니다. 그 대신 단순한 보고 척도를 활용하면 피험자가 스스로 경험을 간명하고 정확하게 서술할 수 있습니다.

시각 의식 연구에 주로 활용되는 지각 자각 척도[PAS]가 대표적인 예입니다. PAS 실험에서는 시각 자극을 짧게 제시한 뒤, 피험자가 그 시각 경험의 특질을 총 4단계의 척도로 보고합니다. 1단계는 아무것도 경험하지 못한 상태, 2단계는 아주 짧게 깜박이는 것을 본 상태, 3단계는 이미지를 거의 확실하게 지각한 상태, 4단계는 이미지를 완전히 지각한 상태에 해당합니다. 이처럼 피험자가 직접적인 내성을 통해 경험을 보고하는 것이 지각 의식의 내용을 연구하는 최상의 방법입니다.[4] 신뢰도를 묻는 것은 보다 간접적인 방식이라 말할 수 있지요. 신뢰도는 의식적 지각물이 얼마나 명료한지에 달려 있기에, 주관적 경험 자체를 정확하게 반영하지는 못하기 때문입니다.

변화맹

여러분의 눈앞에 사진 한 장이 나타났다고 상상해 봅시다. 사진의 중앙에는 유적지와 기념비가 있고, 배경에는 나무, 꽃, 잔디 등이 있는 꽤 복잡한 사진입니다. 여러분은 형형색색의 모든 세부 사항을 시각적으로 경험할 것입니다. 몇 초 뒤 사진이 사라지고 1초 미만의 짧은 시간 동안 새하얀 배경이 번쩍인 뒤 같은 사진이 다시 나타납니다. 그런데 지금 사진은 아까 전 사진과 무언가 달라졌다고 합니다. 과연 여러분은 어디가 바뀌었는지 알아챌 수 있을까요?

사람들의 예상과는 달리 나무, 건물, 사람, 그림자, 구름 등 어느 사물 하나가 사라지거나, 위치가 바뀌거나, 새로 생기더라도, 그것을 알아채기란 불가능에 가깝습니다. 사람들은 두 사진이 완전히 똑같다고 느낍니다. 연속적으로 제시된 장면의 커다란 변화를 알아채지 못하는 이 놀라운 현상은 변화맹^{CB}이라 불립니다.[5]

학자들은 변화맹을 유도하여 의식과 주의의 관계를 탐구해 왔습니다. 장면의 변화를 알아채는 유일한 방법은 변화할 사물에 정확히 주의의 스포트라이트를 두는 것입니다. 변화 지점에 대한 암시가 미리 주어지면 시각계는 자연히 그곳을 주목하기 때문에 자동으로 변화를 감지해 냅니다. 또한 두 장면 사이에 깜박임과 같은 차폐 자극이 없다면 시각계는 너무도 손쉽게 변화를 알아차립니다. 사라지거나 나타난 요소가 곧바로 드러나 주의를 끌기 때문이지요.

하지만 변화 지점에 주의가 가해지지 않도록 차폐를 하면 장면이 아주 크게 변화하더라도 전혀 알아차리지 못합니다. 우리 눈에는 그저 똑같은 사진으로만 보이지요. 몇 번이나 두 사진을 번갈아 보여주고 나서야 변화를 알아차립니다. 재밌게도, 이 변화는 한번 알아차리고 나면 오히려 무시하기가 힘이 들게 됩니다.

변화맹은 의식과 주의를 연구하는 주요 기법으로 활용되고 있습니다. 변화맹을 활용하면 자극의 변화가 처음에는 주의의 부재로 인해 의식적으로 지각되지 않다가, 이후에 주의가 가해짐에 따라 생생히 의식되게 유도할 수 있습니다. 이를 통해 시각 자극의 무의식적 처리와 의식적 처리의 차이를 탐구하고, 주의와 의식의 관계도 규명할 수 있습니다. 이와 유사한 현상이 하나 더 있는데, 바로 부주의맹입니다.

부주의맹

여러분이 한 실험의 피험자로 참여한다고 상상해 봅시다. 컴퓨터 화면에 십자가가 잠깐 표시되었다 사라집니다. 여러분이 해야 할 일은 가로선과 세로선 중에 무엇이 더 긴지를 판단하는 것입니다. 몇 번의 실험이 순조롭게 진행되던 중 별안간 실험자가 당신에게 묻습니다. 혹시 화면상에 십자가 말고 다른 것을 보았느냐고.

사실 여러분이 십자가를 볼 때 근처에 수백 밀리초 동안 또 다른 물체가 표시되고 있었으나, 여러분은 십자가 이외에 아무것도 볼 수 없었을 것입니다.[6]

이처럼 대상 자극과 같은 화면에 과제와 무관하게 갑자기 제시된 자극을 보고하지 못하는 현상을 우리는 **부주의맹**이라 부릅니다. 자극의 시각적·의미적 특성이나 위치에 따라 다르지만, 대략 25~75%의 피험자들이 이러한 부주의맹을 경험합니다.

부주의맹과 유사한 현상은 실험실 밖에서도 일어납니다. **우리 곁의 고릴라**Gorillas in Our Midst라는 아주 유명한 실험이 그 예이지요.[7] 농구 선수들 사이를 오가는 농구공에 몰두하다 보면, 우리는 고릴라 인형탈을 쓰고 경기장을 가로지르는 사람을 놓치게 됩니다.

요약

의식에 관한 경험 과학을 수립할 수 있는가는 전적으로 의식의 측정 가능성에 달려 있다.[8] 의식을 측정하는 방법론은 여러 가지가 있다. 잠에서 깬 직후 꿈의식의 내용을 보고받거나, 일상생활 중에 드는 생각을 수집하거나, 감정 경험의 특질이나 강도를 조사하거나, 여러 형태의 시각 자극이 의식에서 어떻게 지각되는지를 탐구할 수도 있다.

의식을 측정하는 모든 기법은 결국 기술적 내성법으로 수렴한다. 타인에게 자신의 경험을 정량적·정성적으로 전달하기 위해서는 (기억의 도움에 힘입어) 현상 의식의 특정 내용에 주의의 스포트라이트와 반성 의식을 가하여 문장이나 점수를 만들어 내야 한다. 의식과학의 데이터는 어디까지나 이러한 내성 행위의 결과물이다.

기술적 내성법은 *의식을 향한 지름길*이자, 어쩌면 유일한 통로일지 모른다. 기술적 내성법은 역사적으로 심하게 비판받은 내력이 있고 방법론적·철학적 문제점이 있는 것도 사실이지만, 그 한계점이 극복 불가능한 것은 아니다. 기억에 대한 과도한 의존 등의 잠재적 오류 요인을 잘 통제한다면 내성 데이터도 다른 데이터처럼 현상(경험한 의식 내용)을 완벽하지는 않아도 상당히 정확하게 기술할 수 있다.

무언가를 완벽하게 측정하는 것은 불가능하다. 이는 다른 과학적 측정에 있어서도 매한가지다. 두피에 전극을 달아 측정하는 뇌파도 실제 현상(의식)을 전혀 반영하지 못한다. 잡음이 섞인 흐릿하고 불완전한 정보만이 주어질 뿐이다. 탐구하고자 하는 현상에 도달하기 위해서는 데이터가 실제 현상을 어느 정도 정확하게 반영해야 한다. 이를 토대로 과학자는 현상에 대한 모형, 이론, 예측, 설명 체계를 구축한다.

기술적 내성법 역시 흐릿하고 불완전하지만, 활용이 불가능할 정도는 아니다. 내성 데이터는 실제로 의식의 주관적 내용에 대한 정보를 담고 있으며, 다른 객관적 방법론과 결합할 경우 의식에 대한 이론 모형을 구축하는 데 충분히 활용될 수 있다.

의식과학의 급속한 성장은 의식의 측정이 가능하다는 방증이다. 오늘날 우리는 의식이 행동이나 뇌 활동에 미친 영향을 간접적으로만 포착할 수 있다. 하지만 이러한 간접적 측정법은 다른 여러 과학 분야에서도 널리 쓰이고 있다. 즉 의식과학을 다른 학문 분야와 비교해 **덜 과학적**이라 여길 이유가 없다.

앞으로 의식과학에서는 **의식을 좀 더 직접적으로 측정하는 방법**이 중요한 화두로 떠오를 것이다. 의식 내용을 3차원 화면으로 보여주는 뇌 스캐너(마인드 스캐너)를 만들거나, 마음의 질적 주관성을 측정하여 객관적 데이터의 형태로 변환하는 것이 가능할까? 이는 분명 논란의 여지가 있다. 의식이 물리적이라면, 아직 그 방법을 찾지 못했을 뿐 직접적 측정이 가능할 것이다. 이에 대한 해결책으로 필자는 의식에 관한 데이터를 뽑아내어 타인의 의식을 대신 보거나 경험할 수 있는 드림 캐처Dream Catcher라는 차세대 뇌 스캐너의 개념을 제안하기도 했다.[9]

생각해 봅시다

- 여러분은 꿈을 얼마나 잘 기억하나요? 꿈을 많이 꾸는 편인가요, 적게 꾸는 편인가요? 보통 무엇에 관한 꿈을 꾸나요?
- 자신만의 꿈 실험을 설계해 봅시다. 어느 방법론을 사용하는 게 좋을까요?
- 기억에 살을 붙여 논리적인 이야기를 만든 적이 있나요?
- 부주의맹을 경험한 적이 있나요? 언제, 어떤 상황이었는지 설명해 봅시다.

6장
신경심리학과 의식

개요

- 뇌 손상 연구는 의식의 요소마다 그것을 관장하는 뇌 영역이 있음을 보여준다.
- 의식의 통합 상태는 갖가지 방식으로 붕괴될 수 있다.
- 뇌 손상 질환 가운데는 물체를 인식하지 못하거나(실인증), 색상을 구별하지 못하거나(완전색맹), 공간을 파악하지 못하는(무시 증후군) 경우가 있다.
- 의식적 시각 능력을 잃어버렸더라도 뇌는 여전히 무의식적으로 정보를 처리할 수 있다(맹시).
- 기억상실증은 자의식과 과거나 미래를 떠올리는 능력을 손상시킨다.
- 분리뇌 환자는 좌뇌와 우뇌가 수술로 인해 분리되어 있다. 두 뇌반구는 각자만의 현상 의식이 있는 것으로 추측된다. 그중 좌뇌만이 반성 의식과 자의식을 할 수 있다.

서문

　의식과학의 실험적 증거는 여러 곳에서 얻을 수 있습니다. 다른 과학 분야와 마찬가지로 의식 연구에서도 **수렴적 증거**, 즉 다양한 곳에서 수집된 파편적 증거들이 하나의 결론을 가리키는 사례를 찾아야 합니다.

　의식과 뇌의 관계에 대한 직접적인 증거는 주로 아래의 두 분야에서 발견됩니다.

　1. 뇌 병변으로 인해 의식의 일부 요소가 손상된 환자에 관한 연구
　2. 특정한 의식 현상을 경험하는 정상인의 뇌 활동 측정

　앞으로 살펴볼 다양한 실험 증거들은 각각의 뇌 영역이 관장하는 의식의 요소가 있음을 보여줍니다. 뇌의 특정 부분이 손상되면 환자의 주관적 경험은 특정한 방식으로 손상·변형됩니다. 반대

로 정상인 피험자가 해당 경험과 관계된 과제를 수행할 때는, 그 뇌 부위에서 활성이 관찰됩니다. 즉, 뇌의 손상은 의식의 특정 요소를 사라지게 할 수 있습니다. 이처럼 우리는 **정상인의 뇌 활동**과 **뇌병변 환자의 뇌 활동**이라는 독립된 두 가지 증거로부터, 특정 뇌 영역이 관장하는 의식의 요소에 대한 일관된 결론을 얻을 수 있습니다.

이 장에서는 신경심리학 속 의식과학의 실험적 증거들을 살펴볼 것입니다. 신경심리학적 환자들은 대개 뇌의 일부가 손상되어 있는데, 이로 인해 의식의 특정 요소가 사라지거나 뒤틀려 환자들의 주관적 경험이 놀라우리만치 변형되기도 합니다.

이 장에서 다룰 신경심리학적 증거들은 크게 세 가지입니다. 첫째는 (시각) 의식의 통합성과 그 통합 상태의 붕괴에 관한 것입니다. 둘째는 의식적 정보 처리와 무의식적 정보 처리의 차이입니다. 셋째는 뇌 손상으로 인한 자의식의 왜곡입니다.

신경심리학과 시각 의식의 통합성

인간의 시각 의식은 다양한 사물이 하나로 통합된 3차원 시각 공간의 형태입니다. 우리가 지각하는 각 사물은 색상·형태·움직임 등 여러 요소가 고유하게 조합되어 하나의 묶음으로 일관되게 결합한 결과입니다. 즉 우리의 시각 세계는 **전체적 통합**(사물들이 있는 전체 공간의 통합)과 **지역적 통합**(각 사물의 통합)이 동시에 일어납니다. 지각 세계는 아무런 수의적 노력 없이도 자연스럽게 통합되며 일관적으로 조직됩니다. 눈을 뜨기만 하면 우리의 눈앞에는 선명한 시각 세계가 펼쳐지지요.

의식 경험을 통합하기 위해서는 뇌가 끊임없이 다양한 정보를 취합해야 합니다. 하지만 뇌가 정확히 어떻게 모든 정보를 결합하는지는 아직 미스터리입니다. 우리는 뇌의 시각 피질이 최소 30~40개의 영역으로 나뉘며, 이들이 각자 서로 다른 시각 정보를 처리한다는 사실을 압니다. 그러나 이 정보들이 어떤 방식으로 결합하여 시각 세계를 통합하는지는 알지 못합니다. 이는 **결합 문제**Binding Problem라고도 불립니다.

뇌졸중, 교통사고, 또는 다른 이유로 인해 시각 피질이 손상되면 시각 의식의 통합 상태는 붕괴합니다. 서로 결합하고 있던 정보들이 각자 분리되어 더 이상 의식할 수 없게 되지요. 이때 의식에서 사라진 지각 정보와 손상 영역의 위치를 대조하면 그 정보가 어디에서 생성되는지 유추할 수 있습니다.

색과 시각 의식: 완전색맹의 사례

시각 세계는 형형색색의 사물로 가득합니다. 파란 하늘, 푸른 초목, 붉은 석양 등 우리는 색깔을 외부 세계에 존재하는 실체처럼 느끼고 사물의 고유한 특성이라고 여깁니다. 하지만 우리가 경험하는 모든 색깔은 뇌가 만들어낸 것에 불과합니다. 믿기지 않는다고요? 꿈을 꿀 때 외부의 물질세계에서 감각 자극이 주어지지 않더라도 색깔을 볼 수 있다는 점을 생각해 보세요.

완전색맹은 시각 피질의 손상으로 인해 색 지각 능력을 급속도로 완전히 잃어버리는 질병입니다. 시각 세계 자체는 그대로 존재하지만, 모든 색깔이 사라진 끔찍하고도 칙칙한 흑백의 세계로 변해버립니다. 더 이상 사물을 쉽게 구별할 수도 없게 되지요.

저명한 신경학자 올리버 색스Oliver Sacks는 한 환자의 사례를 통해 이 증상을 매우 사실적으로 기술했습니다.[1] 이 환자는 전체 시야가 완전색맹이 되었을 뿐 아니라, 본래 화가였고 색에 대한 이해가 깊었다는 점에서 아주 특별한 사례였지요. 색 경험이 과거 삶에서 커다란 부분을 차지하고 있었기 때문에, 이 환자는 색맹으로 인해 자신이 잃어버린 것을 그 누구보다도 뚜렷하게 자각할 수 있었을 것입니다.

이 시기 동안 그는 자신이 단순히 색을 지각하고 상상하는 능력이 아니라 그보다 더 심오하고 정의하기 힘든 무언가를 상실했음을 점차 깨달았다. 그는 이성적으로는 색에 관해 너무나 잘 알고 있는 것처럼 보였다. 하지만 그는 그의 존재의 일부였던 색에 대한 기억과 내면적 지식을 잃어버렸다. … 색깔을 볼 수 있던 그의 과거는 영영 빼앗긴 것 같았다. 색깔에 관한 지식은 아무런 흔적도 남기지 않고 완전히 삭제된 것 같았다. 이제는 색깔이란 것이 존재했었다는 아무런 내적 증거도 남지 않았다.

(색스,『화성의 인류학자』10쪽)

그러나 그에게는 그를 24시간 사방으로 둘러싼 흑과 백만이 실재하고 있었다. … '회색'이나 '납빛'이라는 말로는 그가 경험하는 세계를 표현할 수 없었다. 그의 말에 따르면 그는 '회색' 세계를 경험하는 것이 아니었다. 그의 지각 세계는 그 어떤 일반 경험이나 일반 언어와도 대응하지 않았다.

(색스,『화성의 인류학자』8쪽)

이 환자는 자신이 경험하는 무채색의 세상이 괴기하다 못해 메스껍게 여겼습니다. 토마토 주스가 엔진 오일처럼 새까맣게 보여서 일말의 식욕도 느끼지 못했지요. 기르던 갈색 개의 모습도 너무 이상해 보여서 차라리 달마티안을 키우는 게 나을 것 같다고 말했습니다!

완전색맹은 시각 피질 중 V4 또는 색 영역이라는 곳이 손상되면 발생합니다. 정상인도 유채색 자극을 보면 무채색을 볼 때보다 V4의 활동이 증가한다는 사실이 여러 뇌 영상 연구에 의해 입증되었습니다.

V4와 색 경험 간에 상관관계가 존재한다는 사실은 명백하지만, 한 가지 의문은 여전히 남아 있습니다. V4의 신경 활동이 어떻게 의식의 현상적 색 경험으로 변환되는 것일까요? 색이라는 현상적 특질을 만들어 내는 물리학적·생물학적 신경 메커니즘은 무엇일까요? 과학이 이러한 질문들에 답하는 날, 의식을 둘러싼 설명적 간극도 비로소 메워질 것입니다.

시각 실인증: 시각적 사물의 일관성이 사라지다

정상적인 뇌는 색상, 윤곽 등의 기본적인 현상적 특질을 세밀하게 종합하여 3차원 사물을 구성합니다. 우리가 보는 모든 사물은 이러한 일관성을 갖춘 **지각적 완전체**입니다. 우리는 아무런 노력 없이 일관된 사물로 구성된 시각 세계를 경험합니다. 그래서 시각계가 이렇게 세계의 표상을 만드는 것이 사실 엄청나게 힘들다는 사실을 간과하고는 하지요. 시각 피질의 특정 부분이 손상되면 시각 세계를 구성하는 여러 감각질의 통합 상태가 무너질 수 있습니다. 온갖 색깔, 명암, 윤곽이 잘게 조각나 시야 전체에 아무렇게나 흩뿌려지고, 일관적으로 합쳐져 있던 정보, 즉 사물은 더 이상 존재하지 않게 됩니다.

시각 실인증 환자의 증상이 바로 이렇습니다. 가장 심각한 종류의 실인증이 통각統覺 실인증인데, 이 환자들은 눈에 보이는 시각적 감각질을 전혀 이해하지 못합니다. 공이나 책과 같은 단순한 시각적 형태나 사물도 식별하지 못합니다. 환자들은 시각을 주로 사용해야 하는 상황에서 특히 큰 곤란을 느낍니다. 눈앞 사물의 이름을 말하지도, 따라 그리지도 못합니다. 여러 물건이 널브러져 있으면 방을 가로지르지 못하고 이내 어느 가구 귀퉁이에 부딪히고 말지요. 하지만 이들은 실명한 것도, 시력이 나빠진 것도 아닙니다. 세부 요소는 여전히 잘 보입니다. 문제는 그 세부 요소들을 하나의 사물로 일관되게 통합하지 못한다는 것이지요!

비교적 증세가 가벼운 실인증에는 **연합 실인증**과 **통합 실인증**이 있습니다. 이 환자들도 물체를 인식하는 데 막대한 지장을 겪지만, 통각 실인증 환자보다는 상황이 좀 더 낫습니다. 전체 사물을 통합적으로 경험하지 못하는 것은 똑같지만, 이들은 사물의 일부를 인식할 수는 있습니다. 놀랍게도 이들은 눈에 보이는 사물이나 사진을 잘 베껴 그리면서도, 자신이 무엇을 그렸는지 알아보지 못함니다.

환자들이 사진을 베껴 그릴 수 있었던 것은 일부분의 윤곽에만 집중하여 **한 번에 한 줄씩** 그렸기 때문입니다. 하지만 정상인과 달리 이들은 전체 그림을 보지 못하기 때문에 자신이 지금 무엇을 베껴 그리고 있는지 알지 못합니다. 환자들은 기억에 의존하여 사물을 그릴 수도 있지만, 다 그리고 난 뒤에는 그 사물을 더 이상 알아보지 못하지요.

위 사례들은 여러 시각적 특질을 일관된 정보의 집합으로 결합하는 것이 시각계의 핵심 기능임을 보여줍니다. 뇌 영상 연구에 따르면, 우리가 일관된 형태의 사물을 지각할 때는 측후두영역이 활성화된다고 합니다. 이곳이 손상되면 사물을 식별하는 능력이 사라지고 시각 실인증이 발생합니다.

무시 증후군: 현상적 공간이 사라지다

모든 사물은 공간의 일부를 차지합니다. 우리가 보는 지각적 입체 공간은 모든 방향에서 우리 주변을 매끈하게 둘러싸고 있습니다. 하지만 의식의 표면 아래에서는 눈에 보이지 않는 신경학적 연결 고리가 지각 공간을 하나로 통합하고 있습니다. 우리가 통합된 공간 세계를 경험하는 것은 공간의 표상과 주의와 관련된 여러 메커니즘 덕분입니다. 이 메커니즘 가운데 일부가 손상되면 지각 공간의 일부가 의식에서 흔적도 없이 사라집니다. **편측 공간 무시**

증후군이 그 예이지요. 이 증후군은 보통 오른쪽 후두정엽이 손상 되면 발생합니다.

시야의 왼쪽과 오른쪽 공간은 보통 하나로 통합되어 있지만, 특 정 조건에서는 이 둘이 서로 해리되어 둘 중 하나만이 남게 될 수 있습니다. 무시 증후군 환자들은 보통 오른쪽 공간과 사물만을 인 식하고 왼쪽 시야에 있는 것들은 전혀 자각하지 못합니다. 왼쪽 공간이 존재했다는 것, 존재해야 한다는 사실조차 잊어버리지요. 그래서 무시 증후군 환자들은 자신에게 문제가 있음을 전혀 알아 채지 못합니다. 환자들의 공간 경험은 이전과 마찬가지로 빈틈없 이 온전하지만, 다른 사람들은 이들이 왼쪽 공간을 자각하지 못한 다는 것을 너무도 명백히 알 수 있습니다.

무시 증후군을 일으키는 뇌 손상
대다수 무시 증후군은 오른쪽 후두정엽의 손상으로 인한 것이다.

무시 증후군 환자들은 지각 공간이 사라짐으로 인해 전혀 다른 행동을 보입니다. 이들은 접시 위 음식 중 오른쪽 음식만 먹습니다. 그 부분밖에 보이지 않기 때문이지요. 화장이나 면도, 빗질 등 몸단장을 할 때도 거울에 왼쪽 얼굴이 보이지 않기 때문에 오른쪽 얼굴만 합니다.

이들에게 꽃이나 시계를 그려 달라고 말하면 이들은 아무렇지 않게 반쪽짜리 그림을 내놓습니다. 꽃잎, 숫자, 시계 침 등의 세부 사항 가운데 왼쪽에 있는 것들을 완전히 생략하거나 오른쪽에 몰아넣어 그린 채로요. 책을 읽을 때도 마찬가지입니다. 이들은 페이지상 오른쪽에 적힌 단어만 볼 수 있기 때문에 글의 내용이 앞뒤가 안 맞다고 느끼게 됩니다. 한 줄에서 왼쪽 절반을 읽지 못하기 때문에 행간의 연결이 이상하다고 느끼지요.

이 모든 행동 증거들을 보면, 무시 증후군 환자가 자기도 알아차리지 못한 채로 세상의 반쪽만을 경험하고 있음을 알 수 있습니다. 환자들은 가상의 공간을 의식적으로 상상할 때도 전체 공간의 일부만을 떠올립니다. 하지만 이들은 그 공간이 비어 있다고 느끼는 것이 아니라 그 공간 자체를 애초에 떠올리지 못합니다! 그렇기 때문에 환자들은 자신이 **시야의 절반**이라는 엄청난 정보를 놓치고 있다는 사실을 전혀 알지 못하지요.

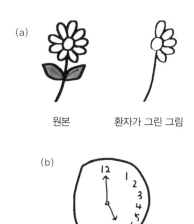

원본　　　　　　환자가 그린 그림

(b)

환자가 기억하는 시계의 모습

무시 증후군을 진단하는 신경 심리 검사

무시 증후군 환자에게 꽃을 그려 달라고 말하면 환자는 꽃의 오른쪽만을 그린다. 시계를 그려 달라고 말하면 시계의 오른쪽에 모든 숫자와 시계 침을 그려 넣는다. 이는 무시 증후군 환자들이 왼쪽 공간에 대한 인지 능력을 상실했음을 보여주는 극적인 사례다.

　　위 사례들은 시각 의식의 정상적인 통합을 위해 수많은 두뇌 메커니즘이 작동하고 있음을 보여줍니다. 이 메커니즘은 서로와 무관하게 개별적으로 손상될 수 있지요. 사물의 색상이나 형태가 없어질 수도, 여러 사물이 정상적으로 자리하고 있던 공간 일부가 사라져 반쪽짜리 세상만 남을 수도 있습니다.

해리 증후군과 의식

1980년대부터 1990년대 초반까지 신경심리학자들은 특정 인지 기능에 대해 의식 경험과 무의식적 정보 처리가 해리되는 현상을 관찰하였습니다. 이는 오늘날 의식과학 실험 연구에서도 매우 활발히 연구되고 있습니다.

뇌의 일부가 손상되면 환자는 특정 자극을 주관적으로 경험하지 못합니다. 환자들은 아무런 자극도 느껴지지 않는다고 말하지요. 하지만 객관적으로 측정한 결과, 환자의 뇌가 여전히 자극 정보를 의식 바깥에서 처리하고 있음이 드러났습니다. 이 무의식적 정보들은 환자의 실제 행동에도 영향을 줍니다. 하지만 환자 스스로는 그 정보의 존재와 영향을 전혀 인지하지 못합니다.

맹시

맹시는 V1로도 불리는 일차 시각 피질의 손상으로 인한 해리성 장애입니다(아래 그림). V1은 마치 지도처럼 시야 전체와 일대일 대응 관계를 맺고 있습니다. 그런데 맹시 환자는 V1의 일부가 손상되어 전체 시야 가운데 손상된 부위에 대응하는 부분에서 시각 자극을 더 이상 보지 못합니다. 환자는 시야의 해당 부분을 인지할 수도, 경험할 수도, 그 어떤 것도 할 수 없게 됩니다. 이 병의 이름에 **눈멀 맹**盲이 붙은 것은 그 때문입니다.

그렇다면 병의 이름에 **보일 시**視도 있는 것은 왜일까요? 연구자들은 V1을 다친 환자에게 시각 자극을 제시했습니다. 환자가 머리와 눈을 고정하고 정면을 응시하게 한 뒤, 짧은 시간 동안 화면의 여러 곳에 작은 점 형태의 빛을 표시했습니다. 환자가 해야 할

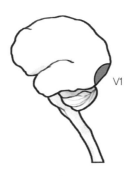

V1과 맹시

일차 시각 피질로도 불리는 V1 영역은 뒤통수 부분에 있다. V1의 대부분은 두 뇌반구 사이의 공간에 접혀 있어서 한쪽 가장자리만이 피질 표면에 드러나 있다. 맹시는 V1의 일부가 손상되어 발생한다. 손상 부위에 해당하는 시야에 피질맹이 일어나지만, 보이지 않는 자극을 처리하는 능력이 의식의 외부에 남아 있다. 본문 참조.

일은 눈앞에 빛이 보이는지를 보고하는 것이었지요. 연구자들의 예상대로 환자는 정상 부위에 제시된 시각 자극을 모두 인지할 수 있었지만, 손상 부위의 자극은 볼 수 없었습니다.

이후 연구자들은 자극을 보지 못했더라도 그 위치에 빛이 있을지 없을지를 추측하는 **강제 선택 과제**를 실시했습니다. 환자는 "자극이 있음"과 "자극이 없음"의 두 가지 선택지 중 하나를 반드시 골라야 했습니다. 연구자들은 환자들이 자극이 제시되었을 것으로 예상하는 곳을 손가락으로 가리키게 하기도 하였습니다.

환자들은 직접 보지 못한 자극을 어림짐작해야 하는 이 과제가 말도 안 된다고 느꼈을 것입니다. 그런데 놀랍게도 환자들은 무작위에 의한 추측보다 훨씬 높은 확률로 정답을 맞추었습니다! 무슨 원리인지는 몰라도 보이지 않는 시각 정보가 환자의 응답에 영향을 미친 것이 분명했지요. 연구자뿐만 아니라 환자들 본인도 이것에 대해 무척이나 놀라워했습니다.

이후 연구자들은 다양한 실험을 통해 보이지 않는 시각 정보의 여러 특성을 규명했습니다.[2] 이 정보는 자극의 존재 여부, 위치, 이동 방향, 단순한 형태(십자, 동그라미 등) 등의 기초적인 요소만을 담고 있었습니다. 자극의 의미나 명칭 등 고차원적인 요소는 포함되어 있지 않았습니다.

다시 말해 우리 뇌에는 **맹시 좀비 시스템**이 존재합니다. 이 시스템은 자극의 유무, 움직임, 방향, 모양을 알고 있지만, 해당 자극이 동물인지 무생물인지 등은 알지 못합니다. 자극의 지각적 **인식**과 자극의 속성에 대한 **이해**는 맹시를 일으키는 무의식적 정보에 포함되어 있지 않습니다. 공포 영화에 등장하는 좀비와 마찬가지로, 맹시 좀비의 마음 역시 지극히 단순하지요.

안면 인식 장애 환자의 암묵적인 얼굴 인식

매일 우리는 수백 개의 얼굴을 보고 그 가운데 익숙한 얼굴을 즉시 인식합니다. 얼굴을 인식하는 과정은 아무 노력 없이 매우 빠르게 일어나기 때문에 우리는 이것이 얼마나 복잡한 일인지 알지 못합니다. 하지만 얼굴 인식 체계에 이상이 발생하면 어떨까요?

안면 인식 장애는 얼굴을 인식하는 기능이 망가지는 질병입니다. 환자들은 얼굴을 보는 것에 아무 문제가 없습니다. 그 얼굴의 나이, 성별, 심지어 매력도까지 서술할 수 있습니다. 유일한 문제는 모든 얼굴이 **낯선 사람으로 보인다**는 점이지요! 이들은 얼굴과 사람을 대응하지 못합니다.

환자들은 연예인, 친구, 친척, 가족의 사진을 보아도 누구의 얼굴인지 전혀 알지 못합니다. 문제의 핵심은 이들이 **익숙하다는 느낌** 자체를 전혀 경험하지 못한다는 점입니다. 이들은 그 얼굴을 아예 한 번도 본 적이 없다고 느낍니다.

이 환자들의 일상은 어떤 느낌일까요? 여러분이 난생처음 어느 나라에 도착해서 붐비는 길거리를 걷는다고 상상해 봅시다. 주변에 온통 사람의 얼굴이 보이기는 하지만 이방인인 여러분에게는 죄다 한 번도 본 적 없는 새로운 얼굴들이지요. 안면 인식 장애 환자가 상점이나 콘서트장, 시장처럼 사람이 붐비는 곳에서 받는 느낌이 꼭 이렇습니다. 너무나 익숙한 동네인데도 주변에 온통 낯선 사람들뿐인 것처럼 느끼지요.

이는 그 사람이 누군지 잊어버리는 것과는 다른 문제입니다. 환자들은 목소리나 옷차림, 걸음걸이와 같은 정보를 통해 상대방을 알아볼 수 있습니다. 가령 전화 통화처럼 목소리만 사용하는 상황에서는 얼굴을 인식할 필요가 없기 때문에 아무 어려움 없이 상대방을 식별해 냅니다.

안면 인식 장애 환자들은 얼굴에 대한 익숙함을 전혀 의식하지 못합니다. 하지만 일부 환자는 이를 무의식적으로 인지하기도 합니다. 이를 밝히기 위해 연구진은 환자의 피부에 거짓말 탐지기를 부착하고 피부 전도도의 변화를 측정했습니다. 환자들에게 친숙한 사람과 낯선 사람의 얼굴 사진을 무작위로 보여주자, 환자들은 모든 얼굴이 낯설다고 답했습니다. 하지만 환자의 피부 전도도는 얼굴의 친숙함 여부에 따라 확연히 다른 반응을 보였습니다. 피부 전도도는 감정 반응의 세기에 따라 변화합니다. 우리는 낯선 사람보다 친숙한 사람에게서 더 많은 감정을 느끼지요. 안면 인식 장애 환자들은 얼굴의 익숙함에 대한 정보를 감정 각성 시스템이 처리하였으나 그것이 의식에 도달하지 못했다고 해석할 수 있습니다.

이후 여러 실험을 통해 안면 인식 장애 환자도 익숙한 얼굴에 대해 여러 가지 자동 반응을 보인다는 사실이 밝혀졌습니다. 환자들은 익숙한 얼굴에 대해 더 빠르게 반응하거나, 눈동자를 다르게 움직이거나, 특이한 뇌파 반응을 나타냈습니다. 이는 환자들의 뇌에 익숙한 얼굴에 대한 정보가 여전히 남아 있음을 보여줍니다. 익숙한 얼굴에 관한 무의식적 정보는 의식적 느낌이나 행동이 아닌 간접적인 방식으로만 표출될 수 있습니다. 얼굴의 익숙함에 한해서는, 환자의 뇌가 환자의 의식보다 훨씬 더 많은 것을 알고 있는 셈이지요!

무시 증후군에서 단어와 사물의 암묵적 인식

앞서 살펴본 것처럼, 무시 증후군 환자는 왼쪽 지각 공간의 사물을 자각하지 못합니다. 하지만 맹시와 같은 흥미로운 사례들이 알려지면서, 학자들은 무시 증후군 환자의 뇌도 무의식적 수준에서 왼쪽 공간에 관한 정보를 처리하는지 묻기 시작했지요. 그도 그럴 것이, 무시 증후군 환자는 오른쪽 후두정엽이 손상되었을 뿐 시각 피질은 아무 문제가 없습니다. 따라서 시각 피질의 각 영역은 여전히 정상적으로 시각 정보를 처리하여 공간을 **보고** 있을 것입니다. 정상적인 뇌에서는 시각계가 각 사물의 시각적 지각체를 형성하여 그것이 의식에 떠오릅니다. 시각 피질이 정상이라면 무시 증후군 환자의 뇌에서도 의식되지 않을 뿐 사물의 표상이 여전히 형성되고 있지 않을까요?

연구자들은 이를 알아내기 위해 오른쪽 시야에 제시된 자극만을 지각할 수 있는 무시 증후군 환자를 대상으로 일련의 실험을 수행했습니다. 연구자들은 시야 양쪽에 시각 자극을 주었을 때, 왼쪽 자극이 오른쪽 자극의 지각과 반응에 영향을 줄 수 있는지 확인하고자 했습니다.

환자에게 그림 두 장을 보여줍니다. 두 그림의 오른쪽 부분은 똑같고 왼쪽 부분은 서로 다릅니다. 예를 들어 집의 왼편에 화염이 타오르고 있는 그림과 그렇지 않은 집의 그림을 보여주는 것입니다(오른쪽 페이지 그림). 이 유명한 실험은 **불난 집 실험**이라고도 불립니다.[3] 환자들은 두 그림이 다르다는 것, 한 집이 불타고 있음을 전혀 눈치채지 못합니다. 이때 환자에게 둘 중 어느 집에서 살고 싶은지 물어보면, 환자는 어이없다는 반응을 보이지요. 이들이 보기에는 두 집 다 똑같으니까요. 하지만 강제로 하나의 집을 선택하게 했을 때 환자들은 80%가량의 높은 확률로 불이 나지 않은 집을 택했습니다. 한쪽 집이 어딘가 문제가 있다는 것, 그러므로 거기서 살지 말아야 한다는 것을 환자의 뇌가 무의식 수준에서 결론 낸 것이지요!

불난 집 실험

무시 증후군 환자는 시야의 왼편을 무시하기 때문에 두 그림이 같다고 느낀다. 하지만 환자에게 둘 중 어느 집에서 살고 싶은지 고르게 하면, 환자들은 불이 나지 않은 집을 선택한다. 하지만 그 집을 고른 이유는 말하지 못한다. 의식에서 무시된 정보에 의해 형성된 암묵적 지식이 바깥으로 드러난 것이다.

또 다른 실험에서는 환자의 시야 왼쪽과 오른쪽에 단어 하나씩을 짧게 보여줍니다. 물론 환자들은 오른쪽에 제시된 단어만을 지각하고 반응합니다. 하지만 (환자가 무의식적으로 **본**) 왼쪽 단어가 오른쪽 단어에 대한 반응 시간에 영향을 주는 것으로 나타났습니다. 환자들은 두 단어의 의미가 관련이 없을 때("구름"과 "치즈")보다 있을 때("구름"과 "비") 더 빠르게 반응했습니다. 환자의 뇌가 왼쪽 단어의 의미를 처리하고 이를 오른쪽 단어의 의미와 연합한 것이지요. 하지만 놀라운 점은 이 일들이 의식 외부에서 발생한다는 것입니다! 단어 대신 사진을 사용했을 때도 같은 결과가 관찰되었습니다.[4]

공간의 왼쪽을 인식하지 못하는 것은 환자들의 의식이지, 뇌가 아닙니다. 여전히 뇌는 왼쪽 공간에 대한 정보를 자극 간의 관계를 도출할 만큼 꽤 높은 수준으로 처리·표상하고 있습니다. 이는 맹시의 사례보다도 훨씬 높은 수준의 정보 처리입니다. 맹시의 경우에는 무의식적 정보가 사물이나 단어의 의미를 담아내지 못했지요.

결론

우리가 무언가를 지각하고 행동을 결정할 때, 뇌는 우리가 경험할 수 있는 의식적 수준과 직접 느끼거나 알 수 없는 무의식적 수준에서 동시에 정보를 처리합니다. 특정 부위의 뇌 손상은 의식적 정보가 무의식적 정보에서 해리되어 사라지게 만들 수 있습니다. 환자는 자극을 (의식적으로) 지각하지 못하지만, 머릿속 다른 누군가(좀비 시스템)가 자극을 지각한 것처럼 여전히 자극에 반응하거나 판단을 내릴 수 있습니다. 이러한 해리 현상의 대표적인 예시로는 맹시(시각 의식을 잃었으나 사물의 여러 특징을 추측할 수 있음), 암묵적 안면 인식(얼굴에서 익숙함을 느끼지 못하지만, 낯선 얼굴과 친숙한 얼굴에 대해 다른 반응을 보임), 무시 증후군의 암묵적 지각(왼쪽 공간을 볼 수 없지만, 왼쪽 사물의 정보가 행동에 영향을 줌)이 있습니다.

자의식 손상

앞선 예시들은 모두 현상 의식의 이상이었습니다. 하지만 뇌 병변으로 인해 자의식의 일부가 손상될 수도 있습니다. 자의식은 현재 순간의 의식과 자아의 연관성을 알아차리는 능력입니다. 자아는 체화된(신체에 구현된) 존재이며, 따라서 우리는 수의적으로 제어할 수 있는, 거울에 비친 몸으로 자기 자신을 정체화합니다. 자아는 시간상으로 연속적인 존재이기도 합니다. 매 순간의 의식은 몇십 년 단위의 과거와 미래를 지닌 자아의 일부입니다. 그래서 우리는 자신의 과거나 미래를 떠올리는 **정신적 시간 여행**을 떠날 수도 있습니다. 하지만 특정 뇌 부위가 손상되면 자아의 체화성과 시간적 연속성을 지각·이해하는 능력이 사라질 수 있습니다.

기억상실증

교통사고로 인해 머리에 충격을 입으면 기억상실증이 발생할수 있습니다. 어떤 환자는 사고 이전 5년간의 기억을 모두 잃어버리기도 합니다. 이처럼 사고 이전의 기억을 인출할 수 없는 증상은 **역행성 기억상실**이라 불립니다. 사고 이후 새로운 기억을 형성하는 능력을 잃는 것은 **선행성 기억상실**이라 불립니다. 두 증상을 동시에 겪는다면 **완전 기억상실**에 해당하지요. 이러한 기억 장애는 환자의 자전적 기억에 일정 크기의 공백을 만듭니다.

새로운 기억을 형성할 수 없는 선행성 기억상실 환자는 영원히 현재에 갇힌 채로 살아가야 합니다. 이들은 자아의 연속성을 더이상 자각하지 못하지요. 자신이 과거와 현재, 미래를 거쳐 가는 존재임을 잊어버립니다. 이들은 1분 전, 1시간 전, 며칠 전의 과거장면에 대해 의식적 기억 이미지를 형성하지 못하기 때문에 자신이 현재에 이르기까지 거쳐 왔던 궤적을 자각하지 못합니다.

이 환자들의 삶은 과연 어떤 느낌일까요? 환자들은 자신이 매번 새로운 꿈에서 깨어나는 것 같다고 말합니다. 꿈은 재빨리 기억 속에서 사라지고, 환자들은 또다시 새로운 현실 속에서 깨어나지요. 그래서 환자들은 스스로가 시간적으로 연속적인 존재라고느끼지 못합니다. 현재 사건에 대해 아주 강렬한 감정을 느끼더라도, 시간이 흐르면 그 역시 파도 앞 모래성처럼 바스러져 버리지요. 바로 지금 의식에 떠오른 사건과 생각들이 이들에게 허락된유일한 세상입니다.

영국의 음악가 클라이브 웨어링 역시 완전 기억상실증을 앓았습니다. 그는 자아의 불연속감을 극복하기 위해 일기를 썼지만, 아무 소용이 없었습니다. 그의 일기에는 몇 줄에 걸쳐 "이제야 진짜로 정신이 든다."라는 문장이 반복적으로 등장합니다. 그는 새로운 문장을 적으면서 그 전 문장에 취소선을 그었지요. 그 말을 쓴 기억이 나지 않아 완전히 낯선 문장처럼 보였기 때문입니다. 어느 순간 그는 이렇게 적기도 합니다.[5] *"이것을 제외한 다른 말은 모두 헛소리임!"* 한 인터뷰에서 그는 과거가 뇌가 완전히 정지해서 아무런 꿈도 생각도 없는 죽음의 시기처럼 느껴진다고 말하기도 했습니다. 그에게는 매 순간이 몇 년 만에 처음으로 의식을 되찾은 순간이었습니다. 그는 맞은편 사람에게 "몇 년 만에 사람 얼굴을 보는지 모르겠네요!"라고 말했지요. 그 후로 몇 초나 몇 분이 지나면 새로운 의식적 순간이 찾아와 그는 대화를 잊어버리고 같은 말을 반복합니다.

사람들은 흔히 기억상실증을 기억의 장애로 여기지만, 사실은 자의식 장애에 가깝습니다. 자의식의 주요 특징은 정신적 시간 여행을 가능케 한다는 점입니다. 우리는 기억에서 이미지를 불러와 이를 토대로 자신이 목격한 과거 사건에 대해서 이야기를 구성할 수 있습니다. 장래 계획과 꿈에 대해 상상의 나래를 펼칠 때는, 미래의 어느 시공간에 있는 자신을 내려다보기도 합니다. 그래서 우리는 스스로에 대한 시간적 연속감을 느끼고, 우리의 삶을 시간축을 따라 흐르는 궤적으로 바라볼 수 있게 됩니다. 그래서 우리는 자신이 어디에서 왔는지(자전적 기억)와 어디로 향하고 있는지(미래 기억)를 경험할 수 있습니다.

기억상실증 환자들은 정신적 시간 여행이 불가능합니다. 앞으로 무얼 하고 싶은지, 내일은 무슨 일이 있을지와 같은 질문에 이들은 아무것도 떠올리지 못합니다. 미래라는 개념 자체가 없는 것이지요. 즉 이들은 기억뿐 아니라 자아의 시간적 연속감을 함께 상실한 것입니다.

기억상실증은 자의식에 다양한 영향을 줍니다. 보통 기억상실증 환자는 발병 시점까지만 기억합니다. 실제 나이는 쉰 살이지만 스무 살까지의 삶만을 기억하는 것이지요. 더군다나 이들은 긴 세월에 대한 기억을 잃어버렸다는 사실 자체를 스스로 인지하지 못합니다. 스스로가 아직도 어릴 적 그 시절의 자기 자신이라고 느끼고, 또 그렇게 믿지요. 환자들은 거울 속 자신의 나이 든 모습에 경악하기도 합니다. 자신의 외모에 대한 자아상이 실제보다 몇십 년 뒤처져 있기 때문이지요. 환자들은 왜 다른 사람들이 자기 기억 속 모습보다 늙어 보이는지 의아해하거나, 도시의 발전에 놀라기도 합니다. 이들 눈에는 하룻밤 사이에 옛 건물들이 있던 자리에 새 건물이 지어진 것처럼 보일 테니 말이지요!

분리뇌

분리뇌 증후군은 뇌질환의 일종이 아니라, 좌뇌와 우뇌를 잇는 신경 섬유를 수술을 통해 제거했을 때 일어나는 현상입니다. 보통은 뇌량이라는 부위를 자르지만, 전교련을 함께 자르기도 합니다. 수술 이후 두 뇌반구는 완전히 독립적으로 작동하게 됩니다. 그렇다면 환자의 의식은 과연 어떻게 될까요? 의식도 뇌반구처럼 두 개로 쪼개질까요? 수술 직후 환자들의 행동에서는 별다른 특이사항이 보이지 않습니다. 환자들에게 직접 물어보아도 마찬가지지요. 이들은 평상시와 다른 느낌, 가령 마음이 둘로 쪼개졌다는 느낌을 느끼지 않습니다.

하지만 이따금 독특한 행동이 나타납니다. 일부 환자들이 왼손으로 셔츠의 단추를 채우고 오른손으로 단추를 푸는, 좌뇌와 우뇌가 서로 대립하는 듯한 행동을 보인 것이지요. 이 환자에게 "왼손이 잘 느껴지나요?"라고 물어보면, 환자는 혼란스러워하며 "예"라고 답했다가 "아니요"로 뒤집기를 반복합니다.[6] 이때 "예"와 "아니요"를 적은 팻말을 보여주면, 오른손은 "아니요"를, 왼손은 "예"를 가리킵니다. 환자는 답을 하나로 합치려 스스로 무진 애를 쓰다가, 결국에는 왼팔이 오른팔을 제압한 뒤 "아니요" 팻말을 치워 버리지요! 이는 마치 환자의 머릿속에서 두 개의 마음이 싸우는 듯합니다. 좌뇌(오른손)는 왼손이 느껴지지 않는다고 말하고 싶어 하는데, 우뇌는 왼손의 감각을 정상적으로 느끼기 때문에 "아니요"라고 답하기를 완강히 거부한 것입니다.

이러한 뇌반구 기능의 분리는 실험에서도 확인됩니다. 환자는 코와 화면의 간격을 30cm로 유지한 채로 화면 정중앙의 응시점에 시선을 고정합니다. 그러면 응시점을 기준으로 왼쪽 화면과 오른쪽 화면이 환자의 좌우측 시야에 해당하게 되지요. 이때 연구자들이 한쪽 시야에만 짧게(최대 0.25초) 그림을 보여주면 그 시각 정보는 반대편 뇌반구에 전달됩니다. 즉 좌뇌가 우측 시야를, 우뇌는 좌측 시야를 지각합니다.

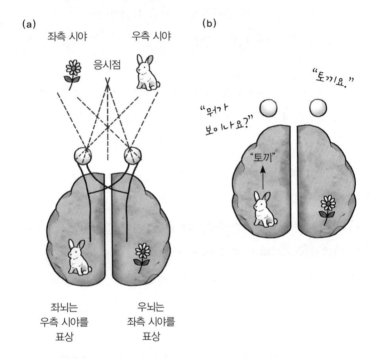

분리뇌 환자의 시지각

(a) 분리뇌 환자가 응시점에 시선을 고정하고 있을 때 좌측 시야에는 꽃 그림이, 우측 시야에는 토끼 그림이 제시된다. 두 눈은 양쪽 그림의 시각 정보를 함께 받아들이지만, 뇌는 그렇지 않다. 우측 시야의 정보는 좌뇌의 시각 피질로 좌측 시야의 정보는 우뇌의 시각 피질로만 전달된다. (b) 분리뇌 환자는 좌뇌와 우뇌 간의 소통이 일어나지 않는다. 따라서 그림에 관한 정보 역시 한쪽 뇌반구에만 머문다.

대부분 사람은 좌뇌가 언어를 관장하고 있습니다. 그래서 환자에게 무엇이 보이는지 물어보면 환자는 우측 시야의 자극만을 말합니다. 이때 좌뇌는 우뇌가 보는 내용(좌측 시야)을 전혀 알지 못합니다. 하지만 환자의 우뇌는 통제하에 있는 왼손을 사용해 자신이 본 사물을 가리킬 수 있습니다. 예를 들어 왼쪽 페이지 그림에서처럼 환자에게 토끼와 꽃을 보여주면 환자 자신(환자의 좌뇌)은 토끼를 보았다고만 답하지만, 왼손은 토끼가 아닌 꽃을 가리킵니다. 마치 머릿속에 두 사람(두 개의 의식)이 있는 것처럼 말이지요! 둘은 각자 다른 사물을 보았지만, 누구도 토끼와 꽃을 동시에 보지는 못했습니다.

외부인의 시선에서 분리뇌 환자는 마음이 둘로 나뉜 것처럼 보입니다. 하지만 정작 환자 본인(언어를 구사하는 좌뇌)은 아무 이상함도, 분리감도 느끼지 못합니다. 사실 환자의 좌뇌는 자신 외에 행동을 통제하는 다른 어떤 주체가 있다는 것을 필사적으로 부인하려 듭니다. 환자에게 왜 왼손으로 꽃을 가리켰냐고 물어보면 환자의 좌뇌는 결코 분리뇌 증후군 때문이라고 말하지 않습니다. 자신이 분리뇌 수술을 받았음을 잘 알고 있음에도, 뇌의 절반에 대한 통제권을 잃어버렸음을 절대로 인정하지 않습니다.

대신 좌뇌는 갑자기 손가락 방향을 바꾼 이유에 대해 온갖 이야기를 지어냅니다. 이와 관련한 한 실험에서 연구진은 분리뇌 환자의 좌뇌에 닭의 머리를, 우뇌에는 집 앞에 눈사람이 서 있는 장면을 보여주고 방금 본 것과 잘 어울리는 그림을 가리키게 하였습니다.[7] 그러자 환자의 오른손은 닭의 다리를, 왼손은 제설용 삽을 가리켰습니다. 무엇을 보았는지 묻자, 환자의 좌뇌는 "발톱 모양이 닭 같길래 그걸 골랐어요. 아, 그리고 닭털 빠진 걸 치우려면 삽도 필요하겠죠."라고 답했습니다.[7]

왼손이 삽을 가리킨 **진짜 이유**는 우뇌가 눈사람을 보았기 때문입니다. 즉 말하는 당사자인 좌뇌는 우뇌가 무슨 사진을 보았는지 전혀 모릅니다. 간혹 우뇌가 자신의 의사를 언어로 표현하는 사례가 있지만, 그 역시 입 밖으로 말을 뱉는 것이 아니라 왼손으로 단어 블록을 배열하거나 글자를 쓰는 식입니다. 환자들을 대상으로 테스트한 결과, 우뇌는 자신의 이름과 좋아하거나 싫어하는 것을 분명히 알고 있었습니다. 일부 질문에 대해서는 좌뇌와 전혀 다른 답을 내놓기도 했습니다. 마치 자신만의 자아나 마음이 있는 것처럼 말이지요.[8]

이러한 분리뇌 현상을 어떻게 해석할 것인가는 의견이 분분합니다. 필자가 보기에는, 적어도 현상 의식의 경우에는 두 뇌반구가 별개의 주관적 경험을 하고 있을 것 같습니다. 두 뇌반구가 경험하는 내용이 거의 일치할 때는 행동상의 충돌이 발생하지 않습니다. 좌뇌와 우뇌는 직접 연결되어 있지 않지만, 대부분 동일한 외부 정보를 받아들이기 때문에 비슷한 것을 보고 느낍니다.

두 뇌가 충돌하는 상황은 실험을 위해 두 뇌반구에 인위로 다른 정보를 주었을 때만 발생합니다. 분리뇌 환자의 머릿속에 존재하는 두 개의 현상 의식은 마치 인터넷 웹사이트가 정확히 복사된

미러 사이트와도 같습니다. 동시에 같은 정보가 주어진다면 두 사이트는 똑같이 업데이트되겠지만, 서로 다른 정보가 주어진다면 다른 결과물이 출력되겠지요.

언어, 반성 의식, 자의식 기능이 온전히 발달한 뇌반구는 좌뇌뿐입니다. 그래서 좌뇌는 우뇌의 독단적인 행동에 어떻게든 핑계를 대려 하지요. 분리뇌 연구의 선두주자 마이클 가자니가Michael Gazzaniga는 행동에 관한 서사적 설명을 구성하는 특별한 시스템이 좌뇌에 존재한다고 주장하기도 했습니다. 그는 이 시스템을 **좌뇌 해석기**라 명명했습니다. 좌뇌 해석기는 좌뇌에 주어진 지각적 증거를 바탕으로 자신이 그렇게 행동한 이유에 관한 이야기를 지어냅니다. 설령 행동의 진짜 이유를 모르더라도 그럴듯한 이야기가 주어지면 좌뇌의 자의식이 자율성과 자아상의 일관성을 유지할 수 있기 때문입니다.

그렇다면 분리뇌 환자의 의식은 정말로 둘로 쪼개진 것일까요? 음, 제 생각은 그렇습니다!—아, 아닙니다!(제 좌뇌와 우뇌가 지금 싸우고 있군요…)

사실은 그렇기도 하고 아니기도 합니다. 의식의 종류에 따라 구별하자면, 현상 의식이 쪼개지는 것은 분명해 보입니다. 두 뇌반구는 서로 조금씩 다른 현상 의식을 형성합니다. 그러나 주로 좌뇌가 관장하는 반성 의식과 자의식은 분리되지 않습니다. 그래서 반성 의식은 아무 일 없듯 평소대로 잘 작동합니다. 문제가 될 상황은 좌반신의 행동에 대한 이유를 갖다 붙여야 하는 때인데, 좌뇌는 진짜 이유를 알지 못하더라도 그럴싸한 이야기를 지어내려는 모습을 보입니다.

요약

뇌가 손상되면 의식도 달라진다. 하지만 그 변화의 정도는 뇌 손상의 규모와 위치에 따라 다르다. 특정 뇌 손상은 지각 의식의 통합 상태를 무너뜨려 색깔, 사물, 심지어 왼쪽 시야 전체를 느끼지 못하게 된다. 이로부터 우리는 의식의 각 요소를 관장하는 뇌 부위가 어디인지 알 수 있다. 의식이 정상적으로 통합되려면 모든 뇌기능이 원활히 수행되어야 한다.

일부 뇌 손상은 지각 정보에 대한 무의식적 처리가 아닌, 의식적 처리 기능만을 차단하기도 한다. 맹시 현상이 그 대표적인 예로, 환자들은 시각 정보를 의식하지 못하지만 무의식적 정보만으로 판단을 내릴 수 있다. 이는 마치 환자 뇌 속에 지능을 가진 좀비가 있어, 무의식적으로 정보를 보고 행동을 제어하는 듯하다.

현상 의식은 그대로인데 자의식만 손상되는 경우도 있다. 과거의 모든 자전적 기억이 사라지는 중증 기억상실증이 그 예다. 환자는 과거나 미래를 더 이상 의식적으로 상상할 수 없고, 자아와 삶의 시간적 연속성을 느끼지도 못한다. 분리 뇌 환자는 의식의 분열이 발생하여 자의식이 좌뇌에만 국한된다. 우뇌는 지각 세계의 왼쪽 절반을 받아들여 독립된 현상 의식을 구성하고 좌반신을 통제하지만, 언어로 스스로 표현하지 못한다.

이러한 신경심리학적 증거들은 인간 의식의 모든 요소가 전적으로 특정 뇌 부위의 활동에 의존하고 있음을 보여준다. 이로부터 우리는 이원론이 틀렸음을 알 수 있다. 하지만 이 증거들은 설명적 간극을 해소해 주지는 못한다. 설령 V4 영역에서 색 감각질을 관장한다는 사실을 알더라도 위치가 *메커니즘*과 이유까지 말해주지는 않는다. V4 영역은 어떻게 신경 활동을 재료로 색이라는 주관적 특질을 만들 수 있는 것일까? 객관적 뇌 활동과 주관적 색 경험 사이의 간극은 여전히 존재한다.

생각해 봅시다

- 개구리와 도마뱀 등 일부 동물은 움직이는 시각 자극에만 재빨리 반응하고 고정된 먹이는 보지 못한다는 점에서 맹시만으로 살아가고 있다는 추측이 있습니다. 그렇다면 이들이 보는 세상은 우리가 보는 세상과 어떻게 다를까요? 혹시 이들은 무의식적 맹시만을 지닌 좀비가 아닐까요?
- 무시 증후군, 맹시, 기억상실증 환자들이 일상 속에서 자신의 증세를 극복할 수 있는 방법을 생각해 봅시다.
- 분리뇌 현상, 이야기를 지어내는 좌뇌의 습성에 대한 의견을 이야기해 봅시다. 혹시 여러분의 뇌 속에도 또 다른 의식이 숨어 있지 않을까요?

7장
의식의 신경상관물

개요

- 의식의 신경상관물NCC 연구는 뇌 영상 촬영 및 뇌파 측정을 통해 의식을 형성하는 뇌 부위를 찾는 작업이다.
- NCC 실험은 의식이 없을 때(통제 조건)와 있을 때(실험 조건)의 두 가지 조건에서 이루어진다.
- 의식이 켜지는 순간의 뇌 활동을 관찰하기도 한다.
- 뇌 활동을 관찰하는 방법으로는 기능적 자기공명영상fMRI, 양전자 방출 단층촬영술PET 등의 뇌기능 영상술과 뇌전도EEG, 뇌자도MEG 등의 전자기 탐지법 등이 있다.
- PET와 fMRI로는 NCC의 정확한 장소를 알 수 있다.
- EEG와 MEG로는 자극이 의식되는 순간 나타나는 뇌파를 잴 수 있다.
- 전신마취는 의식의 소실과 회복과 관련된 NCC 연구에 적합한 방법론이다.
- 전신마취로 인해 의식이 소실될 때 뇌 중심부에 위치한 시상의 활동이 억제된다.
- 뇌 손상으로 인해 코마, 식물인간, 최소 의식 상태 등의 전체 의식 장애가 발생하면 무의식적 상태가 지속된다.
- 의식적 지각의 모델 시스템으로 시각 의식이 주로 활용된다.
- 시각 정보가 의식될 때는 후두엽에서 측두엽으로 이어지는 배쪽 흐름(측두엽 쪽으로 향하는 시각 경로)이 활성화된다.
- 시각을 의식적으로 지각할 때는 뇌의 앞부분도 활성화된다. 이는 주의, 작업 기억, 반성 의식 등 고차적인 지각 작용이 관여함을 보여준다.
- EEG 및 MEG 연구에 따르면, 자극이 처리되어 의식에 떠오르기까지 0.2~0.3초가 소요된다.
- 경두개 자기 자극TMS을 사용하면 피질에 자기장 충격파를 가하여 해당 부위의 뇌 활동을 짧게 교란할 수 있다.
- TMS 뇌 충격파는 일시적으로 뇌의 일부를 강제로 끌 수 있으므로 의식의 특정 요소를 관장하는 뇌 부위를 찾을 수 있다.

서문

의식과 뇌의 연관성을 탐구하는 방식은 크게 다음 두 가지로 나뉩니다.

- 의식의 신경심리학 연구: 뇌 손상이 의식에 미치는 영향 탐구
- 의식의 신경상관물^{NCC} 연구: 정상인이 의식적 현상을 경험할 때 일어나는 뇌의 활성 탐구

NCC 연구를 위해서는 의식과 관련된 뇌 부위와 활성을 측정하는 실험을 정밀하게 설계해야 합니다. NCC 실험의 기본 원리는 아주 간단합니다. 어떠한 의식 상태 또는 지각물 C의 신경상관물을 밝히기 위해 총 두 가지 조건에서 실험을 실시합니다. 첫 번째는 **통제 조건** 혹은 기준 조건입니다. 통제 조건은 피험자의 마음에 연구하고자 하는 상태 또는 내용 C가 전혀 존재하지 않는 상태입

니다. 따라서 이 조건은 다른 상황과 대조하기 위한 기준점이 될 수 있지요. 두 번째 조건인 **실험 조건**은 피험자의 마음에 상태 또는 내용 C가 생생히 떠올라 있는 상태입니다. 통제 조건과 비교할 때, 다른 요소들은 모두 같고 C의 의식화 여부만 다른 것이 가장 이상적일 것입니다.

이렇게 실험을 설계하면 마음속 의식 현상을 변인으로 통제할 수 있습니다. 제대로 된 실험을 위해서는 변인 통제가 필수적입니다. 물론 여기서 끝이 아닙니다. 그 순간 뇌에서 무슨 일이 일어나는지 정보를 수집해야 합니다. 즉 피험자의 뇌 활동을 다양한 방식으로 측정해야 합니다. 현존하는 뇌 측정 기법은 크게 **뇌기능 영상술**과 **전자기 탐지법**으로 나뉩니다.

NCC 연구 방법

뇌기능 영상술에는 기능적 자기공명영상fMRI과 양전자 방출 단층촬영PET이 있습니다. 둘 다 NCC 실험에 널리 활용되어 왔지만, 최근에는 가격과 편의성 때문에 fMRI가 더 선호되는 추세입니다.

일반 MRI는 뇌의 3차원 해부 구조를 고해상도로 촬영하는 데 쓰입니다. fMRI를 사용하면 산소를 머금은 신선한 피가 뇌의 각 부위에 흐르는 양을 잴 수 있습니다. 이는 혈중 산소 수준 의존 신호, 줄여서 BOLD 신호라고도 불립니다. 특정 뇌 부위의 신경 활동이 활발해지면 신선한 혈액이 재빨리 공급됩니다. 그렇기 때문에 fMRI 이미지를 보면 특정 인지 과제로 인해 활성화되는(또는 비활성화되는) 뇌 부위가 어디인지 파악할 수 있습니다.

fMRI를 이용한 NCC 실험은 실험 조건과 통제 조건의 뇌 활동을 비교하는 식으로 이루어집니다. 의식을 매개변수로 삼아, 의식이 변할 때 더 활성화되는 뇌 부위가 어디인지를 확인하는 것이지요.

PET는 방사능을 띤 추적 분자를 혈액에 주입한 뒤에 분자가 방출한 감마선을 감지하는 기술입니다. PET 스캐너는 감마선 검출기가 머리를 둘러싸는 형태입니다. 검출된 감마선 정보를 3차원으로 재구성하면 뇌 부위의 내부 활동 수준을 파악할 수 있습니다.

PET 연구에서는 주로 방사성 물 분자를 추적 분자로 사용합니다(포도당을 쓰기도 한다 — 옮긴이). 이 경우 얻어지는 결과는 fMRI 영상과도 비슷합니다. 뉴런의 전기 활동과 물질대사가 활발해지면 결국 해당 부위로 향하는 혈류가 늘기 때문이지요.

PET나 fMRI는 뇌 활동을 카메라처럼 빨리 포착하지는 못합니다. 이미지 한 장을 찍는 데 대략 10~30초가 걸리기 때문입니다. 그래서 PET와 fMRI로는 1초 미만의 시간 동안 발생하는 뇌 활동의 빠른 변화를 직접 관찰할 수 없습니다.

하지만 이러한 빠른 두뇌 과정도 여러 차례 반복되면 뇌에 일종의 잔상이 남습니다. 그 두뇌 과정을 관장하는 뇌 영역의 물질대사가 전반적으로 증가하기 때문이지요. 이 잔상은 PET와 fMRI로도 충분히 검출 가능합니다.

PET와 fMRI 신호의 오차는 수 mm^2 내외로, 공간상 매우 정확합니다. 즉 **공간 분해능**이 높습니다.

한편, 전자기 탐지법으로는 뇌전도EEG와 뇌자도MEG가 있습니다. 이 두 기법은 뉴런의 전기 활동이 만들어낸, 흔히 **뇌파**라 불리는 신호를 곧바로 수집합니다.

EEG와 MEG를 이용하면 자극 정보가 의식에 도달하는 데 걸리는 시간을 잴 수 있습니다. EEG와 MEG는 데이터를 1초에 최대 1천 번이나 측정할 수 있습니다. 즉 샘플률이 최대 1,000Hz에 달합니다. 그래서 뇌의 전자기 변화를 시간적으로 매우 정확하게 추적할 수 있습니다.

EEG와 MEG 데이터로는 시각 자극이 처리되어 의식에 도달하는 정확한 시점을 알 수 있습니다. 자극이 제시된 후 정보가 의식에 도달하는 순간, 뇌의 전자기 반응은 통제 조건과 차이를 보이기 시작합니다. 통제 조건과 실험 조건의 뇌파가 달라지는 바로 그 순간이 NCC가 나타나는 시점이지요. 그 이전은 무의식적 또는 전前의식적 정보 처리에 해당합니다.

EEG와 MEG는 두피 위 수많은 지점(채널)에서 넓은 주파수 대역에 걸쳐 전자기 에너지를 측정하기 때문에 신호가 상당히 복잡합니다. 그래서 신호를 잘 분석하면 NCC와 관련된 전자기 에너지(뇌의 전기 활성)의 근원이 어디인지 파악 가능합니다.

EEG와 MEG 신호는 두피 위에서 측정하기 때문에 실제로 활성화된 뇌 부위의 위치를 아주 어렴풋하게만 반영합니다. 그래서 신호의 해부학적 근원지를 정확히 특정 짓기는 쉽지 않습니다. EEG의 경우에 특히 더 어렵지요.

정리하자면, EEG와 MEG는 시간 성능은 우수하지만 정확한 위치를 탐지하기 어려운 기술입니다. fMRI와 PET는 이와 정반대로 시간적으로는 느리지만 활성의 근원지를 상당히 정확하게 찾아낼 수 있습니다.

이 기법들을 적절히 결합하면 시간과 공간 모두에 대해 높은 정밀도를 가진 실험 데이터를 얻을 수 있습니다. 이를 통해 우리는 "NCC는 뇌의 **어디에** 위치하는가? NCC는 자극이 제시된 이후 **언제** 활성화되는가? **어떻게** 뉴런의 활동이 의식으로 정보를 전달하는가?"와 같은 질문에 답하는 게 가능해집니다.

의식 상태의 NCC

상태로서의 의식, 즉 의식 상태의 NCC를 탐구하는 가장 이상적인 실험은 무엇일까요? 앞서 우리는 **의식 상태**를 **뇌 또는 마음의 배경 상태**로 정의하였습니다. 의식이 있다는 전제하에 모든 주관적 경험이 가능하고, 의식이 없으면 그 어떠한 주관적 경험도 불가능하지요. 그런데 만약 우리 마음대로 의식 상태의 스위치를 켜고 끌 수 있다면, 의식의 형성에 필요한 뇌 부위가 어디인지 바로 알아낼 수 있을 것입니다.

의식적 상태와 무의식적 상태를 체계적으로 제어하는 방법 가운데 하나는 마취제를 사용하는 것입니다. 마취제를 쓰면 의식이 사라졌다가 다시 돌아오게 할 수 있지요. 제삼자의 시선에서 보면, 마취제가 투여된 사람은 처음에는 마치 만취한 것처럼 극도의 졸림을 느끼다가 결국에는 외부 지시나 자극에(심지어 통증에도) 반응하는 능력을 잃어버립니다.

자극에 대한 반응이 멈추는 순간을 마취의학에서는 의식 소실LOC 시점으로 정의합니다. 의식이 소실되면 EEG 신호는 깊이 잠든 서파徐波 수면과 비슷하게 느려집니다. 마취제의 농도를 더 높이면 신호가 아예 사라지기도 합니다. 모든 파동이 사라지고 일직선의 뇌파가 표시됩니다.

마취의학에서는 **무의식**을 **명령에 반응하지 못하고 사건에 대해 기억을 형성하지 못하는 상태**로 정의합니다. 이 정의는 행동에 기반한 것이기 때문에, 앞서 우리가 무의식을 **주관적 경험의 부재**로 정의했던 것과는 다소 차이가 있지요.

전신마취는 삼인칭 시점에서 외부 자극에 대한 반응성을 잃게 만들고, 일인칭 시점에서는 (대부분 경우) 현상 의식을 완전히 없앱니다. 깊은 전신마취 중에는 주관적 경험이 일어나지 않고, 시간 감각도 사라집니다. 그래서 환자들은 몇 시간에 걸친 대수술을 겪어도 시간이 흘렀음을 자각하지 못하고 눈 깜짝할 새 모든 것이 끝났다고 느끼지요.

내부의 주관적 경험이나 현상 의식은 남아 있는 채로 외부적 반응만 할 수 없게 될 수도 있습니다. 실제로 마취된 환자가 수술실에서 일어났던 일을 지각하는 현상을 **마취 중 각성**이라 부릅니다. 하지만 이런 일은 거의 일어나지 않으며, 만약 일어났다면 그것은 전신마취의 목적을 전혀 달성하지 못한 것으로 보아야겠지요.

마취 중에 꿈을 꿀 수도 있습니다. 이러한 환각이나 꿈 경험은 외부 사건과 무관하게 자체적으로 형성됩니다. 마취에서 막 깨어난 환자를 대상으로 조사한 결과, 약 60%의 환자가 마취 중 꿈을 겪었다고 합니다.[1] 꿈을 꾸지 않았다고 응답한 사람들도 꿈 경험을 기억하지 못하는 것일 수 있습니다.[2] 여기서도 의식의 주관성이 문제가 됩니다. 우리는 마취된 환자가 실제로 무의식적 상태인지, 꿈과 같은 모종의 내부 경험을 겪는지 100% 확신할 수 없지요.

환자의 혈액과 뇌 속 마취제 농도를 세밀하게 조절하면 의식이 꺼졌다 켜지는 속도를 느리게 만들 수 있습니다. 그렇다면 의식이 사라졌다 다시 나타날 때 뇌에서는 무슨 일이 일어날까요? 연구자들은 PET와 fMRI를 활용하여 이를 탐구해 왔습니다. 서로 다른 마취제를 사용한 여러 연구에서 공통적으로 나타난 사실은, 의식이 사라질 때 **시상의 활동이 감소한다**는 것이었습니다.[3]

시상은 뇌의 중심부에 위치한 구조로, 감각 정보를 피질에 전달합니다. 시상과 피질은 엄청나게 긴밀하고 복잡한 양방향 연결망을 형성하고 있지요. 그래서 시상과 피질 사이에는 항상 바쁘게 정보가 오고 갑니다. 시상과 피질의 연결로는 국소 연결로와 전역 연결로로 나뉩니다. 국소 연결로는 특정 피질 영역과 시상 영역만을 연결하고, 전역 연결로는 특정 시상 영역을 피질 전체와 광범위하게 연결하지요. 마취제가 시상의 활동을 감소시키면 시상 피질 회로의 신경 활동이 차단되며, EEG의 고주파 성분(20Hz 이상의 빠른 베타파와 감마파)이 감소합니다.

최근 연구에서는 마취가 시상 피질 회로 가운데 주로 전역 연결로(비특이적 연결로)에 영향을 준다는 것이 밝혀졌습니다.[4] 전역 연결로는 뇌 전체 정보를 통합하기 때문에 의식의 배경 상태를 이루는 매개체로 기능할 것으로 추측됩니다. 시상 피질 연결망에서 나타나는 빠른 뇌파는 의식의 여러 내용을 하나로 통합하기 때문에 의식 상태의 유지에 필수적이라는 주장도 있습니다.[2]

마취 연구를 통해 우리는 시상과 시상 피질 연결로를 비롯한 뇌 구조가 의식적 상태의 필수 요소라는 사실을 알아냈습니다. 하지만 이러한 뉴런 연결망이 어떻게 의식이라는 불가사의한 상태를 형성하는가는 여전히 설명적 간극의 베일에 싸여 있지요.

식물인간 상태와 기타 전체 의식 장애

　전체 의식 장애는 심각한 뇌 손상이나 질병으로 인해 깊은 무의식적 상태에 빠지는 질환으로, 증상에 따라 뇌사, 코마, 식물인간 상태, 최소 의식 상태 등으로 나뉩니다.

　뇌사에 빠지면 마음과 의식이 영영 돌아오지 않습니다. 신체의 나머지는 살아 있더라도 모든 뇌 조직이 죽어버렸기 때문에 의식이 회복될 가망은 없습니다. 코마는 가장 깊은 무의식적 상태로, 환자의 뇌는 아직 살아 있지만 어떠한 자극에도 반응하지 못하며 아무런 자발적 행동도 보이지 않습니다. 하지만 코마 환자 가운데는 다시 깨어나는 이들도 있습니다. 과연 이들이 의식을 회복할 때 뇌에서는 도대체 무슨 일이 일어날까요?

　식물인간 환자들은 심정지, 뇌졸중, 사고, 머리에 가해진 강한 충격 등으로 인해 뇌가 심각하게 손상된 경우입니다. 식물인간 상태의 초기 증상은 코마와 비슷하지만, 코마에서 벗어나 식물인간 상태에 진입하면서 환자들은 마치 잠들었다 깨는 것처럼 자발적으로 눈을 감았다 뜨기 시작합니다. 겉으로 보기엔 깨어 있는 것 같지만, 실제로는 그렇지 않습니다. 환자들은 허공을 멍하니 응시할 뿐, 아무런 자극에도 반응하지 못합니다.

PET로 식물인간 환자의 뇌를 측정해 보면 뇌 전체에서 활동이 비정상적으로 낮게 측정됩니다.[5] 뇌는 분명 살아 있지만, 깊은 수면이나 전신마취 상태와도 유사한 매우 낮은 활성을 보이지요.

하지만 최근 연구에서는 식물인간 환자 가운데 내부적으로 의식이 남은 사례가 있다는 것이 밝혀지기도 했습니다. 연구팀은 식물인간 환자들에게 테니스를 치거나 방 안을 돌아다니는 것과 같은 단순한 장면을 상상하도록 지시했습니다. 그러자 놀랍게도 일부 환자 뇌의 fMRI 이미지에서 정상인과 동일한 뇌 활동이 감지되었습니다! 이 환자들은 다른 어떠한 방법으로도 외부와 소통할 수 없었지만, 주어진 지시에 따라 심상을 떠올림으로써 자신이 의식 경험을 하고 있음을 외부에 알리는 데 성공했습니다.[6,7] 겉보기에는 의식이 전혀 없는 것 같더라도 내부적으로는 의식이 있을 수 있는 것입니다.

식물인간 상태에서 회복되는 과정은 이렇습니다. 우선 환자는 의식과 무의식 상태를 널뛰듯 오가기 시작합니다. 환자들은 간헐적으로 자극이나 대화에 반응합니다. 하지만 이들의 행동이나 반응은 여전히 불규칙적이고 일관성이 없습니다. 그래도 환자가 완전히 무의식적 상태는 아니라는 것을 느낄 수 있습니다. 연구자들은 이 상태를 **최소 의식 상태**라 부릅니다.

최소 의식 상태의 뇌 활성은 식물인간 상태보다는 다소 높지만, 정상적 상태에 비해서 현저히 낮습니다.[5] 이로부터 우리는 정상적으로 깨어 있기 위해서 뇌의 전반적인 활성 수준이 높게 유지되어야 한다는 사실을 알 수 있습니다. 대뇌피질을 각성시키는 역할을 하는 시상이나 시상 피질 연결로 등의 구조가 심각하게 손상되면 정상적인 의식 상태를 다시 회복할 수 없습니다.

시각 의식의 NCC

인간의 지각 의식은 주로 시각으로 이루어져 있습니다. 그래서인지 NCC 연구도 시각 의식 연구가 주를 이루고 있지요. 그렇다면 시각 의식의 신경상관물에 관한 주요 실험들을 한번 살펴볼까요?

양안 경쟁 연구

양안 경쟁 현상을 활용하면 시각 의식의 신경상관물을 다른 뇌활동과 분리할 수 있습니다. 양안 경쟁을 일으키기 위해서는 양쪽 눈에 서로 합치하지 않는 시각 자극을 제시하면 됩니다(오른쪽 페이지 그림).

보통 우리 뇌는 두 눈에 들어온 정보를 결합하여 3차원 이미지를 구성합니다. 하지만 두 눈에 제시된 이미지가 서로 들어맞지 않으면 그러한 통합이 일어날 수 없습니다.

피험자의 왼눈에는 토끼 사진을, 오른눈에는 꽃 사진을 보여주었다고 상상해 봅시다. 처음에는 뇌가 두 사진을 합치려고 하지만, 그것이 불가능함을 느끼면 두 이미지가 의식화되기 위한 경쟁을 시작합니다. 피험자는 몇 초간 꽃을 지각하다가, 갑자기 또 몇 초간은 토끼를 지각하고, 그러다 또다시 꽃을 지각합니다. 이러한 두 자극의 자발적인 경쟁은 자극이 사라지지 않는 한 반복됩니다.

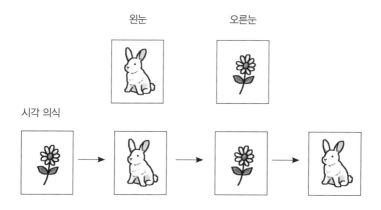

양안 경쟁
위 그림에서 왼눈은 토끼를, 오른눈은 꽃을 응시한다. 이때 시각 의식에서는 토끼와 꽃이 번갈아 의식된다. 의식 내용은 수 초에 한 번씩 자발적으로 변화한다.

양안 경쟁을 통해 우리는 정보가 의식화될 때 뇌에서 무슨 일이 일어나는지 탐구할 수 있습니다. 피험자의 양쪽 눈에 제시된 자극은 그대로인데 시각 의식의 내용이 계속 바뀌므로, 지각물이

바뀔 때 버튼을 누름으로써 시각 의식의 변화를 보고할 수 있습니다.

양안 경쟁 실험은 인간뿐만 아니라 원숭이를 대상으로도 실시되었습니다(물론, 원숭이에게 눈앞에 보이는 것을 보고하도록 훈련하기는 쉽지 않습니다!).

원숭이 대상 실험에서는 시각 피질에 직접 미세전극을 꽂아 단일 세포의 활동을 기록하였습니다. 미세전극은 가느다란 바늘 모양을 하고 있는데, 바늘 끝에 전극이 달려 있어 인접한 뉴런의 전기 활동을 기록할 수 있습니다. 이를 통해 우리는 뇌 활성의 정확한 위치를 파악할 수 있습니다.

두 사진을 양쪽 눈에 보여주었을 때 의식 내용이 바뀌면 일부 세포들의 활동도 함께 변화하였습니다. 이러한 세포의 비율은 V1에서는 20%에 불과했지만, 배쪽 시각 흐름을 타고 내려감에 따라 증가하였고, 흐름의 종착점인 측두엽에서는 90%에 달했습니다.

연구자들은 이 발견에 힘입어 인간을 대상으로도 비슷한 실험을 실시하였습니다.[8] 인간 피험자에게는 함부로 전극을 꽂을 수 없으니 대신 fMRI를 사용했습니다. 연구자들은 피험자에게 얼굴 사진을 보여주면 배쪽 흐름 가운데 **방추상 얼굴 영역**FFA이라는 영역이, 집 사진을 보여주면 **해마주변 위치 영역**PPA이라는 곳이 강하게 활성화된다는 사실을 알아냈습니다. 얼굴 사진과 집 사진을 경쟁시키자 의식 내용에 따라 두 영역은 서로 번갈아 활성화되었습니다. 피험자가 얼굴을 의식하면 FFA가, 집을 의식하면 PPA가 강하게 활성화되었지요. 이로부터 우리는 특정 사물에 대한 자극 처리를 관장하는 뇌 영역이 해당 사물의 시각 의식에도 직접 관여한다고 추측할 수 있습니다.[9]

환시

양안 경쟁 실험에서는 피험자에게 모종의 자극이 주어졌지만, 아무 자극이 없는 상황에서도 시각 의식 내용이 나타났다 없어지게 만들 수 있다면 양안 경쟁 연구 결과를 다시 한번 증명할 수 있을 것입니다. **찰스 보넷 증후군**이라는 신경 질환이 이에 해당합니다. 찰스 보넷 증후군 환자들은 완전히 실명했음에도 불구하고 사물, 얼굴, 사람 등의 환각을 아주 생생하게 경험합니다.[10]

연구자들은 fMRI를 사용하여 환자들의 뇌 활동을 기록하였습니다. 환각을 느끼지 않는 상황을 통제 조건으로 환각을 생생하게 경험하는 상황을 실험 조건으로 삼아 비교한 결과, 환각의 발생이 배쪽 시각 흐름 내 특정 영역의 활동과 상관되어 있음이 드러났습니다.

시각 의식의 NCC와 배쪽 흐름

앞서 살펴본 것처럼, 많은 실험 결과가 시각 의식이 배쪽 흐름에 자리하고 있음을 시사하고 있습니다. 여러 신경심리학 현상의 개별적 증거들이 하나의 결론을 가리키고 있다는 점에서, 이것은 꽤 신빙성이 있어 보입니다.

배쪽 흐름은 여러 피질 영역의 집합체입니다. 그래서 **배쪽 흐름 중 어딘가가 시각 의식과 상관되어 있다**는 것은 의식의 신경 메커니즘의 위치에 대한 설명으로서 썩 만족스러운 답은 아닙니다. 시각 정보가 배쪽 흐름을 타고 흐르다 어느 영역에서 언제 처음 의식되는지는 여전히 불명확합니다. 측두엽 내부의 영역들이 가장 유력한 후보인데, 심지어 시각 정보가 맨 처음 도달하는 곳인 V1이 시각 의식의 내용과 상관되어 있다는 증거도 있습니다.

시각 의식에서 V1의 역할에 대해서는 의견이 분분합니다. V1이 의식에 관여한다는 증거도, 필요치 않다는 증거도 있기 때문입니다. 분명한 것은 설령 V1이 시각 의식에 모종의 방식으로 기여하더라도 V1 혼자만으로는 충분하지 않다는 것입니다. 추측건대 V1은 인접한 여러 영역과 정보를 주고받을 것이고, 그러한 복잡한 상호작용이 이루어져야 그 내용이 의식될 것입니다. 한 이론에서는 측두엽이 시각 의식의 대략적인 밑그림을 그리고, V1을 비롯한 다른 시각 피질 영역들이 세부 사항을 덧붙인다고 주장하기도 합니다.

시각 의식의 NCC와 전두두정 네트워크

시각 의식이 생겨날 때는 배쪽 흐름뿐만 아니라 전두엽과 두정엽의 일부 영역 역시 함께 활성화됩니다.[11] 이들이 시각 의식의 발생에 필요한 영역인지, 아니면 이들이 활성화된 것이 실험 과제를 수행하면서 주의, 작업 기억, 의사 결정, 반응 계획 등의 고차 인지 기능이 사용되었기 때문인지는 불분명합니다.

선택적 주의 기능을 사용하지 않는 과제에서는 자극 정보가 의식되더라도 전두엽과 두정엽이 활성화되지 않는다는 결과가 있었습니다. 이는 전두엽과 두정엽이 시각 의식의 필수 요소가 아닐 수 있음을 시사하지요.[12] 또 다른 연구에서는 전두엽의 활성이 시각 의식뿐만 아니라 청각 의식과도 상관되어 있음이 드러났습니다.[13]

전두엽은 단순한 감각이나 지각보다는 주의, 반성 의식, 작업 기억 등에 주로 관여합니다. 하지만 전역 신경 작업공간 이론에서는 전두엽이 시각 의식에 관여한다고 주장합니다.[14] 반면, 시각 의식의 NCC가 전두엽이 아니라 두정엽에 존재한다는 연구 결과도 있습니다.[15]

시각 의식에 관한 EEG 및 MEG 실험

EEG와 MEG를 활용하면 시각 자극의 정보가 의식에 진입하는 시간을 추적할 수 있습니다. EEG와 MEG 신호는 시간에 따른 뇌의 전자기적 반응을 천분의 1초(=1밀리초) 단위로 아주 상세하게 보여주기 때문입니다. 비슷한 자극을 보았을 때(의식했을 때)와 보지 못했을 때(의식하지 못했을 때) 뇌의 반응을 비교한다면, 두 반응은 특정 시점 이후부터 서로 다른 양상을 보일 것입니다. 그렇다면 이 시점은 정확히 언제일까요? 시각 자극은 언제 어디서 의식에 진입하는 것일까요?

EEG와 MEG를 이용한 NCC 실험의 기본 원리는 앞서 살펴본 것과 같습니다. 의식이 존재할 때와 존재하지 않을 때를 대조하는 것이지요. 이를 위해서는 자극을 지각 역치에 가깝게 만들거나 차폐하면 됩니다. 자극을 잠깐만 보여주거나, 이를 간섭하는 다른 자극(차폐 자극)과 함께 제시하여 자극을 보기 힘들게 만드는 것이지요. 이때 피험자는 같은 자극을 보기도 하고, 못 보기도 합니다. 이로써 다른 조건을 모두 같게 만들고 자극을 본 상황과 보지 못한 상황을 비교할 수 있습니다.

보통 이런 실험에서는 자극 제시와 뇌파 측정 과정을 피험자 한 명당 수십~수백 번 반복합니다. 한 가지 자극으로 인해 만들어지는 EEG 반응은 너무도 미미해서 다른 뇌 활동으로 인한 신호와 구별이 불가능하기 때문이지요. 일반적으로 EEG에는 외부 자극과 무관한 뇌의 자발적인 활동 신호도 함께 담겨 있습니다. 하지만 실험을 여러 차례 반복하여 평균 반응 곡선을 구하면 실험 자극과 무관한 활동은 사라지고 실험 자극으로 인한 EEG 반응만이 남습니다. 이 곡선은 우리가 알고 싶어 하는 사건, 즉 시각 자극과 관련된 뇌의 전기 반응을 보여주기 때문에 **사건 관련 전위**[ERP]라고도 불립니다.

자극을 의식할 때와 의식하지 못할 때의 ERP는 자극 제시 후 150~200밀리초부터 달라지기 시작하여 250~300밀리초에서 가장 큰 차이를 보입니다. 뇌파 연구자들은 이것을 **시자각 음전위**[VAN]라고 부릅니다.[16] VAN은 머리의 뒷부분, 특히 시각 피질이 자리한 후두엽, 측두엽, 후두정엽에서 가장 두드러집니다.

MEG를 활용한 실험에서도 자극 제시 250~300밀리초 후 외측 후두영역에서 비슷한 반응이 관찰되었습니다.[17,18] 정리하자면, 자극 정보가 의식에 진입하기 이전에 시각 피질에서 이를 처리하는 데 약 0.2~0.3초가 걸린다는 것이지요.

언뜻 생각하면 꽤 빠른 것 같지만 뇌의 입장에서는 상당히 느린 축에 속합니다. 시각 정보는 20~30밀리초 만에 V1에 도달하고, 다른 시각 영역에서도 100밀리초(0.1초) 내로 대부분의 연산이 끝납니다. 이러한 급속한 정보 처리는 무의식의 영역에 속합니다. 테니스 선수들이 공을 의식하기도 전에 상대방의 강서브를 받아치는 것처럼, 시각 자극에 매우 빠르게 반응할 수 있는 것은 이 덕분입니다.

무의식적 정보 처리는 주요 사물의 일반적인 형태만이 포함된 아주 대략적인 시각 장면을 형성합니다. 우리가 흔히 무언가를 **얼핏 쳐다볼 때** 바로 이 장면이 만들어집니다. 반면, 자극의 세부 요소를 의식하기 위해서는 여러 피질 영역 간에 복잡한 되먹임 작용이 일어나야 하는데, 여기서 시간이 상당히 소요됩니다. 그래서 무언가를 의식적으로 지각하고 수의적인 행동을 취하는데, 거기서 0.15초가 더 걸립니다.

보통 EEG에서는 VAN 반응 이후에 후기 양전위LP라는 느린 파형이 관찰됩니다. LP는 주의 및 작업 기억과 관련된 P3라는 EEG 파형과도 유사하며, 자극 제시 후 0.4~0.6초 동안에 나타납니다. LP는 주의 선택, 분류, 명명, 보고 등 반성 의식의 NCC로 추측됩니다.

시각 의식에 관한 EEG 연구는 VAN이 현상 의식에, LP가 반성 의식에 대응할 수 있음을 보여줍니다.[16] 만약 이 해석이 맞으면, 색깔과 같은 기초적인 시감각은 약 0.2초 후에 의식화되며, 색깔에 해당하는 단어를 떠올리거나 반응을 결정하기까지는 최소 0.4~0.5초가 걸린다고 결론 지을 수 있습니다.

경두개 자기 자극을 활용한 시각 의식 연구

최근 경두개 자기 자극TMS이라는 새로운 실험 기법이 인지신경과학에 도입되었습니다. TMS는 뇌 영상술이나 탐지법이 아니라, 정상 뇌의 특정 영역에 간섭 자극을 가하는 기술입니다. TMS는 자기 충격파를 피질 표면의 특정 위치에 직접 발사합니다. 이 충격파가 뇌의 표면에 도달하면 일시적으로 인근 뉴런이 폭발적 발화를 하면서 정상적인 활동 능력을 상실합니다. 즉 TMS는 완전히 회복 가능한 기능적 뇌 손상을 일시적으로 일으키는 기술입니다.

TMS를 활용하면 특정 피질 영역의 정상적인 전기 활동을 방해했을 때 의식에 무슨 일이 생기는지 관찰할 수 있습니다. TMS로 시각 피질을 자극하면 의식도 변화합니다. 충격파를 약하게 가하면 오히려 미약한 전기 활동을 유도하여 시각 경험을 일으킬 수도 있습니다.

V1이나 V5 영역을 자극하면 피험자들은 깜박임이나 패턴이 짧게 나타나는 **섬광** 현상을 경험합니다. 섬광은 다양한 모양과 형태를 띠며, 색깔이나 움직임을 보이기도 합니다.

충격파의 강도가 높아지면 섬광 현상이 나타나지 않고 해당 영역이 잠시간 작동을 멈춥니다. 그래서 일시적으로 시각 자극에 반응하는 능력을 상실하지요. 이처럼 TMS는 시각 의식의 내용을 만들 수도(섬광), 지각하지 못하도록 할 수도 있습니다.

최근의 여러 TMS 연구에서는 V1 및 그와 인접한 V2 영역에 충격파를 가하였을 때 서로 비슷한 섬광이 만들어진다는 것이 밝혀졌습니다.[19] TMS로 V2를 비활성화하자 시각 자극이 보이지 않았습니다.[20] 이는 V2 영역이 시각 의식에 필수적임을 보여줍니다. 또 다른 연구에서는 시각 의식이 형성될 때 여러 영역이 순환적으로 상호작용한다는 것이 밝혀지기도 했습니다. 예를 들어, 움직임이 있는 섬광이 만들어지려면 V1과 V5 영역이 함께 관여해야 합니다.[21]

TMS는 다른 기법과 비교해 장점이 많습니다. 특히 시각 의식의 신경 메커니즘의 위치를 밝히기에 매우 적합하지요. 특정 뇌 영역과 의식의 상관관계뿐만 아니라, 그곳이 정말로 의식의 발생에 필수적인지, 실제로 유의미한 역할을 수행하는지도 알아낼 수 있기 때문입니다.

TMS를 제외한 다른 기법들은 상관관계만을, 즉 자극에 대한 의식이 어느 부위의 활동과 상관되어 있는지만을 볼 수 있습니다. 그러나 상관관계만으로는 해당 영역의 역할이 무엇인지, 그곳의 활동이 정말로 의식 경험을 생성하는지 말할 수 없습니다. TMS를 사용하면 해당 영역의 작동을 멈추었을 때 의식에 어떤 변화가 생기는지 확인할 수 있습니다. 영역의 활동을 차단했을 때와 그러지 않았을 때의 변화를 비교하면 그곳이 의식에 어떻게 관여하는지 밝힐 수 있습니다. TMS 실험은 뇌에 복구 가능한 자그마한 손상을 일시적으로 일으키는 것과도 같습니다.

요약

오늘날 인지신경과학에서 쓰이는 실험 기법은 일반적인 심리 현상의 신경 기전뿐 아니라 NCC 연구에도 쓰일 수 있다. fMRI와 PET를 활용하면 뇌 활동으로부터 의식 현상이 창발할 때 대사량 변화가 일어나는 곳을 파악할 수 있다. EEG와 MEG로 이러한 변화가 일어나는 속도와 그로 인해 발생하는 뇌파 활동의 종류를 측정할 수 있다. TMS를 통해서 특정 뇌 부위의 활동을 방해하여 그곳이 의식에 관여하는지 여부를 밝힐 수 있다.

뇌기능 영상 연구와 전자기파 탐지 연구는 NCC에 대하여 서로 같은 결론을 내놓고 있다. 상태로서의 의식이 존재하기 위해서는 시상과 피질이 충분히 활성화되어야 하며, 이들 간에 복잡한 상호작용이 필요하다. 전신마취나 전체 의식 장애에서는 시상과 피질의 활성도와 상호작용이 약화되며, 이로 인해 환자는 깊은 무의식적 상태에 빠진다.

시각 정보가 의식에 유입될 때는 배쪽 흐름을 따라 피질 영역들이 활성화된다. 이 신경 활성의 흐름은 매우 빠르게 뇌의 앞쪽에 도달하지만, 자극 정보가 시각 의식에 진입하기 위해서는 순환적인 정보 처리가 일어나야 하므로 최소 0.2초 정도가 더 소요된다. 이때 첫 번째 뇌파 반응인 VAN이 관찰된다. 현상 의식에 유입된 정보 가운데 과제 목표에 관련된 의사 결정을 내리기 위해 필요한 정보가 즉시 반성 의식으로 전달된다. 이때 주의 및 작업 기억과 연관된 전두두정 영역들이 활성화된다. EEG 파형LP에서도 정보가 반성 의식에 도달했음을 확인할 수 있다.

현재 학계에서는 NCC 연구에 대한 관심이 뜨겁다. 주요 학술지들도 하루가 멀다고 새로운 연구 결과를 싣고 있다. 이러한 실증적 연구 덕에 의식의 신경 메커니즘에 대한 이해는 그 어느 때보다도 가까이에 와 있다. 단, 실험 데이터들이 철학적 문제까지 답할 수 있을지는 차차 지켜볼 일이다. 만약 우리가 시각 경험에 관여하는 신경 활동이 언제, 어디서, 어떤 식으로 발생하는지 밝혀낸다 해도, 그 신경 활동이 정확히 어떻게 주관적 시각 경험을 일으키는지도 이해할 수 있을지는 미지수이기 때문이다.

생각해 봅시다

- 마취 중 각성이나 꿈, 뇌 영상 촬영을 경험한 적 있나요?
- 향후 NCC 연구의 전망을 예측해 봅시다. 신경과학자들이 뇌에서 의식의 신경 메커니즘을 발견하는 날이 올까요?

8장
꿈

꿈과 의식의 역사

꿈은 일상에서 가장 흔하게 일어나는 변성 의식 상태입니다. 앞서 살펴보았지만, 변성 의식 상태란 작동 방식이나 경험의 형태가 정상적인 의식과 전혀 다른 의식의 상태를 의미합니다.

고대인들은 의식과 마찬가지로 꿈도 이원론적인 현상으로 여겼습니다. 잠을 자는 동안 육체는 가사假死 상태에 빠지고 영혼은 육신을 벗어나 영계로 들어서며, 영혼이 영계를 돌아다니는 경험이 바로 꿈이라고 생각했습니다. 그곳에서 영혼은 죽은 조상이나 신을 만나고, 미래에 대한 경고나 상징들로 이루어진 암호를 전해 듣기도 하지요. 그러면 그 메시지를 선지자나 예언자가 해석하여 미래를 들추어보거나 정령과 신들이 원하는 바를 알아내기도 했습니다.

꿈이 영계에서의 경험이라는 이러한 이원론적 믿음은 전 세계 다양한 문화권에서 나타납니다. 그도 그럴 것이, 꿈속에서 우리는 다른 세계 속에 들어온 듯한 느낌을 받습니다. 또한 꿈 세계는 현실 세계와 거의 비슷한 모습을 하고 있지요. 물론 두 세계가 완전히 같지는 않습니다. 꿈은 오히려 가상 현실에 가깝지요. 육신은 꿈속으로 들어올 수 없으므로 꿈을 경험하는 주체는 우리 자신의 영적인 부분일 것입니다. 잠과 꿈의 정체가 밝혀지기 이전에는 이것이 타당한 설명으로 받아들여졌습니다.

과학적인 꿈 연구는 심리학에서 내성주의가 한창이던 19세기 후반에 시작되었습니다. 당시 학자들은 꿈을 **경험자가 실제라고 착각하는 연속적인 심상**으로 정의하였습니다. 그래서 꿈의 의미나 기능이 아닌, 주관적 양상과 경험 자체에 관한 연구가 주를 이루었습니다. 내성법을 통해 작성된 꿈 보고서가 꿈속 경험에 관한 타당한 증언 자료로써 활용되었습니다.[1]

미국심리학회 첫 여성 회장을 지내기도 한, 윌리엄 제임스의 제자 메리 캘킨스Mary Calkins는 1893년 세계 최초로 꿈을 통계적으로 분석하는 연구를 수행했습니다. 캘킨스는 우리가 꿈속에서 얼마나 자주 보고 듣고 만지고 냄새를 맡는지, 즉 꿈에서 감각이 발생하는 빈도를 계산하였습니다. 놀랍게도 그녀가 얻은 수치는 오늘날의 값과 크게 다르지 않습니다.[1]

이렇게 캘킨스가 첫 물꼬를 튼 과학적 꿈 연구는, 프로이트의 정신분석학과 왓슨의 행동주의가 대두하면서 이내 사장되고 말았습니다.

프로이트는 우리가 경험하는 꿈(발현몽)은 *진짜 꿈*(잠재몽, 무의식 꿈)이 아니라 그것을 위장하고 왜곡한 **상징 표현**에 불과하다고 주장했습니다. 오직 정신분석학자만이 발현몽 속에서 진정한 (그러나 전적으로 무의식에 속하는) 꿈을 해독해 낼 수 있다고도 했습니다. 프로이트로 인해 꿈 연구는 꿈 경험에 대한 정량적 분석에서 꿈의 내용에 숨겨진 무의식 상징과 메시지를 읽어내려는 허황된 시도로 변질되었습니다.

정신분석학자들은 모호하고 근거 없는 상징주의에 입각하여 꿈을 해석합니다. 당사자조차 더 이상 알아볼 수 없는 무언가로 꿈을 변형시킵니다. 그렇게 꿈의 과학은 해몽술로 전락했습니다.

20세기 동안 정신분석학과 꿈 해석은 19세기 골상학(두개골의 모양이 성격을 결정한다는 이론) 만큼이나 광범위한 문화적 파급력을 누렸습니다. 하지만 골상학과 꿈 해석 둘 다 과학적 타당성이 전무한 유사과학입니다.

내성주의의 시대가 저물고 행동주의가 심리학의 주류를 차지하면서, 학자들은 꿈 연구를 적대시하기 시작했습니다. 꿈이 의식 속에서 발생하는 주관적 현상이기 때문이지요. 꿈 연구는 객관적인 신체 자극이나 측정 가능한 행동 등 행동주의자들이 좋아하는 주제와는 거리가 매우 멀었습니다. 행동주의는 의식, 주관적 경험, 내성 보고를 심리학에서 배제하고자 하는 경향인데, 꿈은 그 셋 모두와 매우 밀접하게 관련되어 있습니다. 그렇기 때문에 행동주의가 심리학을 주도하는 이상 꿈을 과학적으로 연구하기란 불가능에 가까웠습니다.

그런데 1950년대 들어 일부 학자들이 돌연 다시 꿈을 연구하기 시작했습니다. 이 당시 대표적인 성과는 크게 두 가지입니다. 꿈의 **내용**을 체계화한 것과 **신경 메커니즘**을 실험으로 측정한 것입니다.

미국의 정신과 의사 캘빈 홀Calvin Hall은 1940~1950년대에 여러 가구家口에서 방대한 꿈 샘플을 수집하여 1966년 『꿈의 내용 분석』을 출간했습니다.[2] 이 책은 꿈의 내용을 수백여 가지로 체계적 · 정량적으로 정리한 결과를 담고 있습니다. 이에 기초한 **홀-캐슬 분석법**은 지금까지도 꿈의 내용을 비교하는 기법으로 널리 활용되고 있습니다.[3] 1893년 캘킨스가 시작한 꿈의 과학은 정신분석학과 행동주의의 암흑기를 거쳐 이렇게 부활의 서막을 알렸습니다.

한편, 1953년 미국의 생리학자 유진 애서린스키Eugene Aserinsky와 너새니얼 클라이트먼Nathaniel Kleitman은 꿈이 렘수면(눈꺼풀 아래에서 안구가 빠르게 움직이는 수면 단계)과 밀접하게 관련되어 있다는 사실을 발견했습니다. 꿈의 생리학적 상관물이 발견되면서 꿈을 생물학적 현상으로 환원하여 설명할 수 있을 거라는 기대도 높아졌습니다. 꿈이 렘수면과 동일하다면 렘수면의 신경 메커니즘을 규명하기만 하면 꿈의 정체도 이해할 수 있을 테니까요. 이러한 생각을 체계화한 것이 바로 앨런 홉슨Allan Hobson과 로버트 맥칼리Robert McCarley가 1970년대에 발표한 **활성화-합성 이론**입니다.

하지만 이 이론은 렘수면의 신경생리학적 원리에만 치중하였고, 주관적 경험의 기능에는 그다지 주목하지 않았습니다. 이는 당시 렘수면 실험 데이터가 대부분 동물 실험 결과였던 탓도 있습니다. 활성화-합성 이론에서 꿈은 단지 뇌 활동의 부산물에 지나지 않습니다. 렘수면 중에는 외부 감각 자극과 운동 신호가 차단되고 뇌의 내부에서 자체적으로 자극이 형성됩니다. 이때 대뇌피질이 자체적인 무작위 신경 활동과 과거 기억을 혼합하여 여러 심상을 논리에 맞게 합성한 결과물이 꿈이라는 게 이론의 주장입니다.

이에 따르면 꿈은 렘수면 중에 형성되는 독특한 내부 자극을 뇌가 나름대로 해석한 것에 지나지 않으며, 어떠한 목적이나 기능, 의미도 없습니다. 꿈속에서 우리는 다양한 환각과 망상, 괴상망측한 생각, 지각물을 자주 경험합니다. 그러므로 꿈 의식은 비수면 상태의 의식보다 비정형적이고 불완전합니다. 이는 우리의 마음이 정신증이나 섬망증과 같은 중증 정신병과 유사한 상태가 되기 때문입니다. 이 이론에서 꿈을 신경 메커니즘과 정신 질환에 기반해 설명하는 것은 창시자인 홉슨이 신경과학과 정신의학을 함께 전공한 까닭도 있을 것입니다. 홉슨은 그의 이론을 통해 당시에도 맹위를 떨치던 낡은 프로이트 이론에 마지막 일격을 가하고자 했습니다.

하지만 그즈음 심리학계에서는 신경과학이 아닌 인지의 관점에서 마음을 바라보는 인지주의 접근법이라는 전혀 새로운 사조가 태동하고 있었습니다. 대표적인 인지주의자 데이비드 포크스David Foulkes는 꿈이 인지적 정보 처리의 일종이며, 뇌 활동으로 환원될 수 없다고 주장했습니다.[4]

인지주의에서는 꿈을 비수면 상태의 의식과 유사한 일반적인 정신활동으로 취급합니다. 이는 꿈을 정신병의 일종으로 바라보는 홉슨의 이론과 극적으로 배치됩니다. 포크스는 꿈이 실제 삶을 거의 완벽하게 모사할 수 있는 **그럴듯한 유사 세계**라고 주장했습니다.[4] 꿈은 우리가 논리적으로 받아들이고 이해할 수 있게끔 일관성 있게 조직되어 있습니다. 꿈은 시간의 흐름에 따라 이어지는 이야기의 형태를 띠는데, 이는 일상에서의 경험과도 다르지 않지요.

인지심리학 이론은 체계적으로 수집된 대규모 꿈 보고서를 홀-캐슬 분석법 등의 기법으로 분석한 결과를 바탕으로 세워졌습니다. 그래서 인지주의자들은 활성화-합성 이론이 목적에 맞게 수집된 데이터가 아니라 꿈에 대한 고정관념, 일화성 보고, 편향된 기억에 의존하고 있다고 비판합니다.

1980년대에 인지주의가 심리학계의 주류로 떠오르면서, 학자들은 다시금 꿈을 의식의 한 형태이자 주관적 정신 체험으로 인정하기 시작했습니다. 내성을 통해 작성한 꿈 보고서도 꿈 경험을 체계적으로 연구하기 위한 수단으로 받아들여졌습니다. 당시 학자들의 중론은, 꿈의 정체가 인지 메커니즘이나 신경 메커니즘, 또는 그 둘의 조합으로 서술되리라는 것이었습니다. 꿈의 과학은 1990년대에 새로이 등장한 인지신경과학과 의식 연구의 일부분으로 자연스레 자리 잡았습니다. 철학자들도 꿈, 의식, 뇌의 관계에 관심을 기울이기 시작했습니다.[5,6]

이러한 변화는 의식과학자의 입장에서 환영할 만한 일입니다. 왜냐하면 꿈이나 잠과 관련된 변성 의식 상태는 일반 성인에서 가장 흔하게 관찰되는 변성 상태로서, 데이터를 얻을 수 있는 매우 귀중한 원천이기 때문입니다. 우리는 하루에 약 8시간, 즉 전체 삶의 3분의 1 동안 잠을 잡니다. 혹자는 잠들면 의식이 완전히 사라진다고 오해하는데, 실제로 우리는 대부분의 수면 시간을 완전한 무의식적 상태가 아닌 변성 의식 상태에서 보냅니다. 그렇다면 수면 중에 발생하는 다양한 변성 의식 상태에는 무엇이 있을까요?

입출면 환각

깨어 있다가 잠들기까지의 짧은 과도기 상태를 우리는 **선잠 상태** 또는 **입면**入眠 **상태**라고 부릅니다. 이때 마음속에서 생성되는 이미지를 **입면 환각**이라고도 합니다. 반대로 잠에서 깨어나는 출면出眠 상태에는 **출면 환각**이 발생할 수 있습니다.

입면 환각과 출면 환각의 내용은 서로 상당히 유사합니다. 이에 대한 한 가지 해석은, 뇌의 각성이 사라지거나 생겨날 때 꿈 이미지를 형성하는 렘수면 메커니즘이 활성화되고, 그 결과 각성과 꿈의 특징이 뒤섞인 독특한 변성 의식 상태가 만들어진다는 것입니다.

이 상태는 약간의 지각적 · 신체적 자각이 남아 있을 뿐, 경험하는 모든 것이 환각입니다. 단순 도형, 사물, 얼굴, 특정 인물, 전체 풍경을 비롯한 시각적 환각이 가장 일반적이며, 각종 소음, 소리, 음악, 목소리와 같은 청각적 환각이나 체감각, 촉감 등 다른 감각이 나타나기도 합니다. 이때 우리의 의식은 외부 자극에 의해 형성된 지각 세계와 내부적으로 형성된 꿈 세계의 경계선에 위치합니다.

수면 마비

악의에 찬 존재의 눈길을 느끼면서 잠에서 깬 적이 있나요? 침실 한쪽에 우뚝 서 있는 존재가 금방이라도 달려들 듯해도 당신은 사지가 마비되어 있어서 비명을 지르거나 달아나고 싶어도 가만히 지켜볼 수밖에 없습니다!

수면 마비 또는 **가위눌림**이라고 불리는 이 변성 의식 상태는 수면의 시작이나 끝에 주로 발생합니다. 이는 렘수면으로 인한 근육 이완이 각성과 혼합된 상태로, 스스로 깨어 있다고 느낌에도 몸을 움직일 수 없습니다. 간혹 호흡 곤란이나 흉부 압박감을 동반하기도 해서 심장마비로 오해하기도 하지요.

때로 사람들은 그 압박감이 귀신과 같은 사악한 존재가 올라타 있어서라고 생각합니다. 누군가가 가까운 곳에서 악의를 품고 자신을 지켜보고 있다고 추측하기도 합니다.

수면 마비에 빠지면 몸을 움직일 수 없고 사악한 기운도 느끼기 때문에 사람들은 수면 마비를 공포로 받아들입니다.

어떤 사람들은 수면 마비와 입면 환각이 귀신, 유령, UFO 납치 같은 이른바 초자연적 체험이라고 믿기도 합니다. 여러분도 만약 이 책을 읽고 원리를 알기 전에 그러한 체험을 했다면 있는 그대로 믿어버릴 수도 있었겠지요.

초자연적 체험 중 대다수는 밤 시간대에 어두운 방에 누워 선잠에 빠졌을 때, 즉 수면과 각성의 과도기에 일어납니다. 무서운 사건을 강렬하고 생생하게 경험하는 것이 이 시기 의식 상태의 특징이지요. 수면 마비나 입면 환각의 개념을 모른다면 이를 초자연적인 사건으로 여기는 것도 무리는 아닙니다.

수면 정신활동과 꿈

주관적 경험은 우리가 자는 중에도 대부분의 시간 동안 어떠한 형태로든 발생합니다. 잠자고 있는 사람을 렘수면 중에 깨우면 약 85%, 비╪렘수면 중에 깨우면 25~50%가 깨기 직전에 주관적 경험을 하고 있었다고 보고합니다. 이는 수면 중에도 다양한 현상의식이 일어난다는 증거입니다. 수면 중 주관적 경험은 복잡도에 따라 크게 **수면 정신활동**과 **꿈**으로 나뉩니다. 수면 정신활동에서는 보통 단일한 양상으로 구성된 하나의 이미지가 계속 되풀이됩니다. 어느 사물이나 장면의 정지된 모습을 보거나, 특정 단어·문장·소리를 반복적으로 듣거나, 어느 한 가지 생각을 계속 되풀이하는 것이 수면 정신활동의 보편적인 형태입니다.

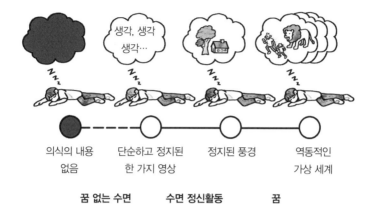

수면 중 의식의 스펙트럼

수면 중 의식의 형태는 다양하다. 내용이 완전히 사라지기도 하고(꿈 없는 수면), 단순한 생각이나 이미지의 연속(수면 정신활동), 정지된 풍경(수면 정신활동과 꿈의 경계)의 형태를 띠기도 한다. 다양한 감각으로 구성된 역동적인 가상 세계(완전한 꿈) 속에서 나 자신이 주인공이 되기도 한다.

　　반면 꿈을 꿀 때는 다양한 감각으로 구성된 복잡하고 체계적인 심상들이 시간에 따라 동영상처럼 연속적으로 흘러갑니다. 꿈 세계는 다양한 사람과 사물이 등장하는 가상의 감각적 · 지각적 세계이며, 그 속에서는 여러 사건이 발생하기도 합니다. 다시 말해 꿈은 일종의 **가상 세계**지요.

　　대부분 사람은 항상은 아니어도 가끔씩 꿈의 내용을 기억합니다. 그런데 꿈을 기억한 적이 한 번도 없다는 사람의 비율도 약 5%에 달합니다. 스위스의 한 연구팀이 1,000명의 사람을 조사한 결과, "얼마나 자주 꿈을 꾸는가?"라는 질문에 37%는 "매일 밤" 또는 "자주", 33%는 "보통", 24%는 "매우 가끔"이라고 답했습니다. 여기서도 전혀 꿈을 꾸지 않는다고 응답한 사람은 6%였습니다.[7,8] 이 결과만 보면 전체 사람 중 약 95%가 꿈을 경험하는 것처럼 보일 수 있는데, 사실 나머지 5% 가운데 대다수도 렘수면 상태에서 곧바로 깨어나면 꿈을 기억할 수 있을 것입니다. 그 어떤 방법으로도 꿈을 전혀 기억하지 못하는 사람들은 1%보다도 훨씬 적습니다.

꿈의 내용

세계 각국에서 실시된 설문 연구에 따르면, 무언가에 뒤쫓기는 것이 꿈의 가장 보편적인 주제라고 합니다. **보편적**이라는 것은 모든 사람이 매일 그 꿈을 꾼다는 것이 아니라, 해당 주제의 꿈이 국적과 문화권을 막론하고 나타난다는 것을 뜻합니다. 전 세계 인구 중 약 80%가 뒤쫓기는 꿈을 꿔본 적이 있다고 합니다. 뒤쫓기거나 공격받는 꿈은 **기억나는 최초의 꿈** 가운데 가장 흔한 주제이기도 하고, **반복적 꿈**의 주제 중에서도 그 빈도가 가장 높습니다(반복적 꿈이란 거의 동일한 형태의 꿈이 짧게는 몇 달, 길게는 몇 년 동안 되풀이되는 것을 말합니다).

그 밖에 흔한 주제로는 폭행당하는 꿈, 공포로 몸이 얼어붙는 꿈, 높은 곳에서 떨어지는(떨어지려고 하는) 꿈 등이 있습니다. 어딘가에 갇히는 꿈, 길을 잃는 꿈, 익사하는 꿈 역시 흔하지요.

이처럼 꿈은 좋은 주제보다 나쁜 주제가 더 흔합니다. 좋은 꿈

중에 가장 대표적인 것은 하늘을 나는 꿈입니다. 많은 사람이 단순히 비행기를 타고 나는 것이 아니라, 슈퍼맨이나 피터팬처럼 공중을 가르고 자유롭게 비행하는 꿈을 경험합니다.

위에서 소개한 자료의 대부분은 사람들이 설문지나 인터뷰에 응하는 순간 떠올린 기억에 기초하고 있습니다. 피험자는 잠에서 깬 즉시 꿈 경험의 내용을 내성하여 녹음기나 일기장에 작성한 꿈 내용 보고서를 분석하면 꿈의 내용을 더 정확하고 상세하게 탐구할 수 있습니다. 단, 내성 보고 방식이 꿈 데이터를 왜곡할 수 있다는 점을 감안해야 합니다(5장 참조).

꿈 보고서의 내용을 분석하면 꿈 내용을 체계적으로 연구할 수 있습니다.[2,3] 사물, 사람, 장소, 감정 등 다양한 의식 내용의 발생 빈도를 유형별로 정량화할 수 있습니다. 이러한 수치화가 끝나면 꿈 보고서도 여느 과학적 데이터와 마찬가지로 통계 분석이나 집단별 비교가 가능합니다.

내용 분석 결과, 우리는 꿈속에서도 모든 감각을 느끼는 것으로 드러났습니다. 오감 중에서는 시각이 매우 자주 관찰되었습니다. 시각 경험이 없는 꿈은 없다고 봐도 무방할 정도였습니다. 1992년 미국 시카고대의 레히트샤펜Rechtschaffen과 부치냐니Buchignani 연구진은 기발한 방법으로 꿈 경험의 시각 특성을 상세히 분석했습니다.[9] 선명도, 색도色度, 채도, 밝기 등이 서로 다른 100여 장이 넘는 사진을 펼쳐두고, 잠에서 막 깬 피험자들이 꿈속 장면과 가장 흡사한 사진을 고르게 한 것입니다. 피험자들이 가장 많이 고른 사진은 일상적인 시각 세계와 매우 흡사했습니다. 이로부터 우리는 꿈에서도 일상에서만큼이나 생생한 시각 경험을 한다는 것을 알 수 있지요.

약 50~70%의 꿈은 색깔이 있습니다. 단, 흑백 꿈을 더 자주 꾸는 사람도 있고, 흑백 꿈을 아예 꾸지 않는 사람도 있기는 합니다. 청각 경험 역시 대부분 꿈에서 나타납니다. 말소리가 가장 흔하고, 음악이나 다른 소리, 소음이 들리기도 하지요. 음악가들은 꿈에서 음악을 더 자주 듣습니다. 현실에서 들어본 적 없는 새로운 멜로디를 듣기도 하지요![10] 체감각과 촉각은 일부 꿈에서만 나타나며, 후각이나 미각의 빈도는 약 1%에 지나지 않습니다. 통각은 그보다도 더 드물지만, 아주 강렬하고 실제 같은 고통이 일어날 때도 있습니다. 꿈속 통증은 외부의 물리적인 자극이 아니라 (달궈진 숯불에 손을 넣거나, 칼에 찔리는 등) 꿈속 사건에 의해 발생합니다.

거의 모든 꿈에는 꿈의 주인공에 해당하는 중심 인물, 즉 **꿈 자아**가 있습니다.[11] 일반적으로 꿈 자아는 현실의 자기 자신과 같은 사람입니다. 그래서 원래의 나 그대로 꿈 세계에 있는 것처럼 느낍니다.

하지만 꿈 자아와 현실의 나는 다릅니다. 꿈속의 나는 일상에서의 정신력과 인지 능력 가운데 일부만을 발휘할 수 있습니다. 꿈속을 탐험하는 동안 우리는 스스로가 잠들어 있다는 사실을 알지 못하고, 가상의 사건을 지어내며, 그중에서도 아주 일부만을 기억합니다. 꿈 자아는 마치 일시적인 기억상실증에 걸린 것처럼 나의 자전적 기억 중에 극히 일부의 기억만을 떠올릴 수 있습니다. 시공간 감각도 사라져서 현재 시간, 날짜, 정확한 위치, 어떻게 그곳에 왔는지, 앞으로 무슨 일이 일어날지 알지 못합니다.

꿈에서도 사실에 기반하여 정확한 기억을 떠올리는 경우가 있기는 하지만, 대부분의 사건, 인물, 장소, 사물의 타당성과 실현 가능성을 제대로 판단할 수 없습니다. 예를 들어, 이미 세상을 뜬 친구나 친척이 나타나도 우리는 그들이 세상에 없음을 알아채지 못합니다. 꿈에서는 거짓된 기억이 만들어지기도 합니다. 나 자신을 포함한 꿈속 인물들은 사는 곳, 취미, 직업이 현실과는 다르며, 아예 가상의 친구나 친척이 등장하기도 합니다. 하지만 우리는 이들이 가짜임을 간파하지 못하지요. 이처럼 꿈에서는 보고 느끼고 생각하는 것들의 신뢰성을 스스로 검토하는 능력이 완전히 사라집니다.

대부분 꿈에는 다른 사람이나 동물이 등장합니다. 혼자 있는 꿈은 극히 드뭅니다. 꿈속 인물들이 사회적 상호작용과 의사소통을 주고받는 것 역시 매우 흔합니다. 꿈속 사건 가운데 약 80%는 꿈 자아가 주요 인물이며, 꿈 자아가 사건의 방관자로만 머무는 꿈은 상당히 드뭅니다. 꿈 자아는 때로는 공격적으로, 때로는 우호적으로 다른 인물들과 다채롭게 상호작용합니다. 물론 우호 관계보다는 적대 관계의 빈도가 더 높습니다. 약 절반 정도의 꿈에서는 적대 상대가 등장하며, 우리는 이들과 일대일로 맞섭니다. 우리가 괴롭히기보다는 괴롭힘을 당할 때가 더 많지요.

감정적 측면을 살펴보자면, 꿈에서는 부정적 감정이 긍정적 감정보다 더 자주 나타납니다. 1966년 홀-캐슬의 연구에서는 대학생들이 자가 작성한 꿈 보고서 1,000건 가운데 감정이 명시적으로 언급된 경우가 700건을 넘었는데, 그중 80%가 부정적, 20%가 긍정적 감정이었습니다. 후속 연구에서도 꿈속 감정 가운데 3분의 2 이상이 부정적 감정으로 확인되었습니다.[8,12] 가장 흔한 부정적 감정은 공포와 분노였습니다.

읽기, 쓰기, 문서 작성하기, 컴퓨터 사용하기, 계산하기, TV 보기 등 일상에서 자주 하는 활동은 꿈에서 훨씬 더 드물게 나타납니다. 이들이 인간 종 본연의 생물학적 특징이나 생활 환경과는 무관한 근현대에 나타난 인지 활동이기 때문에, 꿈이 이런 활동을 잘 시뮬레이션하지 않는 것으로 추측됩니다. 마찬가지 이유로 엘리베이터, 전화기, 자동차 등 다양한 현대 문명의 이기利器들은 꿈속에서 그다지 잘 작동하지 않습니다. 오히려 말썽을 일으키지요.

꿈은 현실감 있게 잘 만들어진 시뮬레이션이지만, 꿈에서는 현실에서 물리적으로 아예 불가능하거나 가능성이 매우 희박한 사건이 자주 발생하지요. 이러한 꿈의 비현실적 특성 가운데 하나가 **부조화성**입니다. 부조화성이란, 꿈속 요소가 **현실에서는 없는 속성**을 지니고 있거나, **나타나지 않을 장소**에서 등장하는 것을 가리킵니다. 파란색 바나나, 얼굴이 뒤틀린 사람, 사과나무에 달린 바나나, 대통령을 우리 집 뒷마당에서 마주치는 것 등이 모두 꿈속 부조화의 예입니다.

꿈 보고서는 이러한 비현실적 요소들을 잘 보여줍니다. 아래는 필자가 실제로 수집한 한 대학생의 꿈 일기에서 발췌한 내용입니다.

친구들과 백화점에 갔다. 물품보관함을 찾던 중에 갑자기 백화점이 거대한 수영장으로 바뀌었다. 그곳은 호텔이기도 했고, 다시 보니 유람선이기도 했다. 하지만 바깥에 나가 보니 주변은 바다가 아니었다.

이 꿈 일기는 꿈의 또 다른 특징인 **불연속성**을 잘 보여줍니다. 이 꿈에서는 장소가 비현실적으로 끊임없이 바뀌고 있지요. 다른 꿈 보고서를 하나 더 살펴봅시다. 이번에는 다양한 인물이 등장하는데, 다들 무언가 조금씩 특이합니다.

아빠랑 같이 어떤 집에 들어갔다. 집안을 돌아다니다가 식탁에 누가 앉아 있는 것을 봤다. 할머니였다(그런데 우리 할머니같이 보이지는 않았음. 실제 할머니는 돌아가셨음). 나는 다가가서 할머니를 안아드렸다. 또 다른 탁자 옆에는 엄마가 있었다. 엄마도 안아드렸다(실제로는 돌아가셨음). 저 멀리서는 사람들이 춤을 추고 있었는데 그중에서도 아는 사람이 있을 것 같았다. 그때 나는 J가 죽었다고 생각했기 때문에 특히 J가 있을 것 같았다(J는 몇 년 전 동급생인데 실제로는 잘 살아있음). 찾아보니 J가 있긴 했는데, 생긴 게 실제와는 매우 달랐다.

이 꿈에서는 특히 꿈속 인물들의 비정상적 요소가 많이 발견됩니다.[13] 사람들의 상태와 외모가 불확실하거나 실제와 달랐고, 현실이었다면 몰랐을 리가 없는 생사 여부를 꿈속 자아가 제대로 분간하지 못했습니다.

꿈을 꾸는 이유

꿈을 상징으로 바라보는 프로이트의 상징주의 이론은 여전히 가장 널리 알려져 있지만, 꿈 연구계에서는 이미 오래전 파기되었습니다. 오늘날 가장 유력한 꿈 이론 몇 가지를 함께 알아봅시다.

첫째, 무작위 활성화 이론에서는 꿈을 뇌 기능의 부작용으로 바라봅니다. 꿈 자체는 아무런 기능도 없으며, 뇌의 신경생리학적 특성으로 인해 생겨난 뇌 활동의 쓸모없는 부산물에 불과하다는 것이지요.

둘째, 문제 해결 이론에서는 꿈이 깨어 있는 동안에 풀지 못한 문제를 해결하기 위한 창조적인 활동이라고 주장합니다.

셋째, 꿈이 심리치료의 일종이라는 시각도 있습니다. 꿈을 통해 부정적 대상이나 걱정거리로 인한 불쾌감을 조절하고 정신건강을 증진할 수 있다는 것이지요. 이 가설은 꿈의 심리치료 이론 또는 정신건강 이론이라고도 합니다.

마지막으로 꿈이 무언가를 안전하게 연습하기 위한 일종의 가상 현실, 즉 시뮬레이션이라는 주장이 있습니다. 이 시뮬레이션 이론은 관점에 따라 여러 세부 이론으로 나뉩니다. 홉슨의 원原의 식proto-consciousness 이론에서는 출생 직전 태아의 왕성한 렘수면을 의식이 처음 형성되었다는 신호로 해석합니다.[14] 렘수면이 가상 현실 세계를 재생하여 태아가 현실 세계를 대비할 수 있게 한다는 것이지요. 하지만 이 이론은 매우 사변적이어서 입증이 거의 불가능합니다. 이외에도 현실에서 훈련하기에는 너무 위험한 상황을 꿈에서 체험하여 미리 대비할 수 있다는 위협 시뮬레이션 이론, 꿈에서 다양한 사회적 상호작용을 연습하여 현실에서의 사회 유대를 강화할 수 있다는 사회 시뮬레이션 이론 등이 있습니다.

첫째, 홉슨과 맥칼리의 활성화-합성 이론[15]을 비롯한 무작위 활성화 이론이 사실이라면, 꿈의 내용은 완전히 무작위적이어야 합니다. 하지만 실제 꿈은 그렇지 않습니다. 꿈은 현실 세계의 지각과 행위를 빼닮은 의식 경험의 연속체입니다. 때로는 훌륭한 액션 영화나 모험 영화 같은 줄거리가 펼쳐지기도 하지요. 이렇게 복잡하고 체계적인 경험이 뇌의 무작위 활동의 산물이라 보기는 어렵습니다. 따라서 무작위 활성화 이론은 설득력이 낮습니다.

그렇다면 문제 해결 이론은 어떨까요? 이 이론이 맞으면, 우리는 현실 문제를 해결하는 꿈을 자주 꿔야 합니다. 하지만 이 역시 사실이 아닙니다. 기존에 풀지 못했던 사고 문제의 해결책을 찾아내는 꿈은 극히 드뭅니다.[16] 꿈에서 새로운 이론을 생각해 낸 과학자의 이야기, 꿈에서 새로운 멜로디를 떠올린 작곡가의 체험 등이 이 이론의 대표적인 근거입니다. 하지만 이들의 경험이 사실이라 할지라도 일반인들이 꿈에서 삶의 문제를 해결하는 사례는 매우 드뭅니다. 그렇기 때문에 문제 해결이 꿈이 원래 가지고 있던 진화적 기능(개체의 생존 및 번식 확률을 높이는 기능—옮긴이)이라고 보기는 어렵습니다. 그렇지만 렘수면이 창의적인 사고를 돕는다는 주장은 일리가 있습니다. 렘수면 중에 개념 간의 연상 작용이 더 폭넓고 활발하게 일어나기 때문입니다. 살바도르 달리Salvador Dali를 비롯한 초현실주의 예술가들이 비현실적인 꿈 이미지에서 영감을 받은 것도 사실입니다.

셋째, 어니스트 허트먼Ernest Hartmann의 **심리치료로서의 꿈 이론**을 비롯한 정신건강 이론에서는 꿈이 불쾌한 기억과 경험에서 벗어날 수 있게 돕는 치유의 과정이라고 말합니다.[17] 현실이 너무도 두렵고 우울할 때, 꿈을 통해 잠시나마 고난을 잊고 기쁨과 행복, 희열의 세계로 떠날 수도 있지 않을까요? 그러나 불행히도 우리는 힘들고 지친 순간에 자신을 위로하는 꿈보다는 내면의 공포, 스트레스, 부정적 경험을 반복하거나 확대하는 악몽을 훨씬 더 많이 꿈니다. 잠자는 동안 부정적 정서의 기억이 완화되는 것이 아니라 오히려 심화된다는 연구 결과도 있습니다.

수면 중에는 장기 기억이 강화됩니다. 낮 동안 습득한 새로운 정보 중 특히 생존과 관련된 중요한 기억들이 장기 기억 저장소로 전송됩니다. 기억에 내포된 감정은 그 기억이 더 큰 의미를 지니고 있음을 상징합니다. 그러므로 정서적 기억들은 수면 중에 제거되기보다 오히려 장기 기억 속에 더욱 공고히 보관될 것입니다. 이러한 증거가 속속 밝혀지면서 정신건강 이론은 설득력을 잃었습니다. 꿈은 우리를 위안하지도, 진정시키지도, 치유하지도, 나쁜 기억을 지워주지도 않습니다. 외려 부정적인 기억을 더욱 강하고 오래가게 만듭니다. 제대로 된 꿈 이론은 꿈이 수면 중 기억 강화 과정에 어떻게 관여할지 설명할 수 있어야 합니다.

필자의 위협 시뮬레이션 이론은 꿈을 가상 현실 시뮬레이션의 일종으로 해석합니다.[18] 꿈은 정서적 기억을 활성화하고 위협 상황을 모사하여 미래의 위협에 미리 대비할 수 있게 합니다. 이 기능은 특히 생존이 위협받는 가혹한 환경에서 살아남아야 했던 인류 조상들에게 상당히 유용했을 것입니다. 효율적인 시뮬레이션 체계를 갖춘 개체는 현실의 위험을 더 잘 극복했을 것입니다. 그렇게 수천 년에 거쳐 꿈이라는 위협 시뮬레이터가 인류 집단에서 진화적으로 선택되었을 것입니다.

이에 대한 증거는 꿈 내용 연구에서 찾아볼 수 있습니다. 꿈에는 추격전, 탈출, 맹수의 습격, 악당, 괴물, 태풍이나 홍수 등의 자연재해, 어려운 업무에 대한 반복된 도전과 실패, 사고, 함정, 실종, 귀중품 분실, 중요한 약속에 늦는 것 등 위협적인 사건이 많이 등장합니다. 또한 그 위협은 대부분 꿈 자아를 대상으로 합니다.[19] 위협 시뮬레이션 이론이 맞는다면, 꿈 시뮬레이터는 위험을 대비할 필요가 있는 사람에게서 자주 활성화될 것입니다. 그런데 실제로도 위험한 환경에 살고 있거나, 정신적 외상을 겪었거나, 재난에서 살아남았거나, 그 밖에 정서적인 스트레스를 받은 사람들이 위협적인 꿈과 악몽을 현저히 더 자주 꿉니다.

꿈에서 위험한 사건을 체험하면 일상에서 비슷한 상황에 더 잘 대처할 수 있게 된다는 직접적인 증거는 찾기 어렵습니다. 효과를 측정하기가 매우 까다롭기 때문입니다. 그런데 최근 한 연구에서는 입학 시험을 치르는 꿈을 꾸는 것이 고득점과 상관관계가 있는 것으로 밝혀졌습니다![20] 이처럼 꽤 많은 증거가 위협 시뮬레이션 이론을 뒷받침하고 있습니다. 물론 위협적인 사건뿐만 아니라 사회적 상호작용과 유대 등 삶의 다른 긍정적인 측면들도 시뮬레이션의 대상이 될 수 있습니다.

자각몽

반성 의식의 역할은 의식의 여러 내용물 가운데 하나를 붙잡아 주의, 사고, 평가, 판단하는 것입니다. 그런데 꿈에서 우리는 만약 실제였다면 기절초풍했을 눈앞의 사건들을 비판적으로 성찰하는 능력을 상당 부분 잃어버립니다. 물론 성찰 능력이 완전히 없어지는 것은 아닙니다. 꽤 많은 꿈에서 우리는 무언가 이상하다는 의구심을 조금이나마 품습니다. 하지만 그 의심을 빠르게 무시하거나 잊어버릴 뿐이지요.

꿈속에서 반성 의식은 장면의 진위 여부를 의심하지 못합니다. 아무리 이치에 맞지 않아도 모든 상황을 그저 사실로 받아들이지요. 사고 능력은 꿈속 사건의 맥락 속에서만 발휘됩니다. 가령 피에 굶주린 뱀파이어가 (실제와는 다르게 생긴) 내 집 주변을 배회하고 있고 (이미 돌아가신) 할아버지와 함께 그 집을 탈출해야 한다면, 우리는 꿈을 의심하는 것이 아니라 탈출 방법을 궁리하는 데 우리의 사고력을 사용합니다.

흔한 일은 아니지만, 우리는 가끔 꿈속 사건의 진실성에 의문을 품다가 그 장면이 실제가 아님을 깨닫기도 합니다! 이때 우리는 **자각몽**이라는 특별한 상태에 도달하게 됩니다.

자각몽의 핵심은 **이것이 꿈이라는** 것을 알아채는 것입니다. 이 사실을 자각하는 순간, 평범했던 꿈은 자각몽으로 변합니다. 자각몽 상태는 현재 경험이 꿈이라는 사실을 인지하는 한 지속됩니다.

자각몽은 꿈속에서 깨달음을 얻는 것과도 같습니다. 나를 둘러싼 모든 사람이나 사물이 나의 마음이 지어낸 허상이라는 전혀 새로운 관점을 습득하는 것입니다. 자각몽 상태가 지속되는 한 꿈속의 나는 마음대로 주변 세계의 특정 요소에 주목하거나, 구체적인 행동 계획을 세우고 실행하거나, 장기 기억에서 원래 나에 대한 기억을 인출할 수도 있습니다.

자각몽을 꾸는 사람, 소위 루시드 드리머lucid dreamer는 하늘을 날고, 벽을 통과하고, 꿈속 인물과 대화하는 것은 물론, 원하는 무엇이든 할 수 있습니다. 연구자들은 이들이 꿈속 인물에게 까다로운 질문을 던지게 하여 꿈속 인물의 지능과 논리력을 테스트했습니다. 꿈속 인물들은 글쓰기나 그림 그리기, 창의적인 생각은 가능했지만, 수학 실력은 고작해야 초등학생 수준에 불과했습니다.

최초의 자각몽 연구자는 네덜란드의 정신과 의사 프레데리크 반 에이든Frederick van Eeden입니다. 그는 스스로 자각몽을 꾸면서 자신의 상태를 완벽히 인지한 채로 다양한 실험을 수행했습니다. 그

는 현상적인 신체상과 실제 육체가 분리되는 과정을 자세히 묘사했습니다.[21]

[1898년] 1월 19~20일 밤. 앞뜰에 누워 서재 창문 너머로 강아지의 눈을 바라보는 꿈을 꾸었다. 가슴을 바닥에 대고 엎드려 강아지를 열심히 관찰하고 있었다. 하지만 그때 나는 내가 침대에 등을 대고 누워 꿈을 꾸고 있다는 걸 확실히 알고 있었다. 그래서 나는 천천히 조심스레 잠에서 깨어나면서, 엎드린 느낌이 누워 있는 느낌으로 바뀌는 과정을 관찰하기로 결심했다. 나는 느리고 신중하게 잠에서 깼고, 그 전환은—지금까지 수차례 겪어 봤음에도—매우 놀라웠다. 마치 한 몸에서 빠져나와 다른 몸으로 미끄러져 들어가는 듯했으며, 두 몸에 대한 두 가지 기억이 각자 존재했다. … 이러한 이중 기억을 관찰한 것은 이번이 처음이 아니다. 이는 너무도 명백해서 나로서는 '꿈 육체'라는 것이 존재한다고 판단할 수밖에 없다. … 자각몽 상태에서는 몸—눈, 손, 입 등—의 존재를 매우 뚜렷하게 느끼면서도, 실제 육신이 다른 자세를 취하며 잠들어 있다는 것도 인식할 수 있다. 잠에서 깨어날 때 그 두 감각은, 이를테면, 서로 섞인다.

(반 에이든, 『꿈 연구』 181~182쪽)

1980년대 스티븐 라버지Stephen LaBerge는 자각몽 상태에서 특정 행위를 정밀하고 계획적으로 실행할 수 있다는 점에 착안하여 실험을 설계했고, 그 결과 자각몽이 렘수면 중에 일어나며 꿈을 자각할 때 수면 상태가 바뀌지도 않는다는 놀라운 사실을 규명했습니다. 고도로 숙련된 루시드 드리머는 자각몽 상태에서 미리 정해진 규칙대로 눈을 움직일 수 있습니다. 이때 발생한 안구 운동 신호를 측정한 결과, 렘수면에 해당하는 뇌파가 나타날 때 자각몽이 일어난다는 사실을 알 수 있었습니다. 자각몽 상태에 돌입한다고 해서 수면 상태가 바뀌는 것도 아니었습니다. 이러한 객관적인 증거를 얻기 전 기존의 학자들은 자각몽이 잠깐 잠에서 깬 상태이므로 애초에 수면 현상이 아니라고 여겼기 때문에 이러한 결과는 더욱 놀라웠습니다.

살면서 한 번이라도 자각몽을 꾼 사람의 비율은 51%에 달합니다.[22] 하지만 대부분 사람에게서 자각몽은 매우 드물게 발생합니다. 꿈 보고서에서 자각몽은 평균 100건 중 두어 건에서만 나타납니다. 한 달에 한 번 이상 자각몽을 꾸는 사람은 전체 인구 중 약 20%에 불과합니다.

하지만 자각몽은 습득 가능한 기술입니다. 적절한 훈련을 반복하면 자각몽을 꿀 확률을 비약적으로 증가시킬 수 있습니다.[23] 예를 들어, 낮 동안에 자기 자신에게 "내가 지금 꿈을 꾸고 있나?"라고 계속해서 묻고, 잠들기 직전에는 "오늘 나는 꿈속에서 내가 꿈을 꾸고 있다는 걸 인식할 거야."라고 되뇌는 것입니다. 꿈 일기를 쓰고 꿈속 사건에 많은 주의를 기울이는 것도 사사봉의 확률을 높일 수 있습니다. 꿈 일기를 읽으면서 자주 반복되는 비정상적 특징을 찾아내고, "**이걸** 다시 본다면 그건 **무조건 꿈이야.**"라고 스스로 주지시키면, 꿈에서 같은 사건이 일어날 때 더 쉽게 자각몽 상태가 될 수 있습니다.

최근에는 자각몽과 관련된 뇌 활동이 발견되기도 하였습니다. 자각몽이 시작될 때 렘수면 중에 억제되어 있어야 할 뇌 부위들이 활성화됩니다.[24] 이 때문에 반성적 사고가 가능해지는 것으로 보입니다. 루시드 드리머가 꿈속에서 운동 과제를 수행할 때는 운동 피질이 활성화됩니다.[25] 이러한 증거들은 자각몽이 환각이 아니라 뇌 활성에서도 드러나는 실제 현상임을 방증합니다.

2014년 유명 학술지 『네이처 뉴로사이언스』에 재밌는 논문이 하나 실렸습니다. 수면 중에 뇌의 앞부분을 전기로 자극했더니 자각몽을 꿀 확률이 훨씬 높아진 것입니다.[26] 반성적 사고를 담당하는 뇌 부위를 외부 전기 충격으로 잠에서 깨웠기 때문입니다. 이 연구가 상용화된다면, 원할 때마다 자각몽을 꿀 수 있게 하는 뇌 전기 충격기가 개발될지도 모릅니다. 어쩌면 매일 밤 새로운 모험의 세계가 열릴지도 모릅니다!

나쁜 꿈과 악몽

자각몽은 유쾌하며 때로는 황홀하기까지 합니다. 반대로 불쾌한 꿈도 있지요. **나쁜 꿈**은 불쾌한 느낌을 주지만 잠에서 깨지는 않습니다. 잠에서 깨어나게 만들 정도로 불쾌한 꿈을 **악몽**이라고 부르지요. 악몽은 나의 생존, 안전, 자존감을 위협하는 극도로 공포스러운 내용으로 이루어져 있으며, 길고, 강렬하며, 선명합니다. 악몽에서 깨어나면 현실을 빠르게 자각하고 꿈의 내용을 기억하기도 하지만, 들뜬 감정이 가라앉지 않아 다시 잠들기 어려울 수 있습니다.

악몽과 나쁜 꿈은 부정적 정서의 강력한 분출을 동반합니다. 평균 한 달에 두어 번꼴로 발생하지만, 거의 매일 밤 악몽을 꾸는 사람도 있습니다. 괴로울 정도로 자주 악몽을 꾸어서 수면 패턴이 망가지고 수면 부족을 겪는다면 수면 장애로 진난뒬 수 있으며, 이는 적절한 치료를 필요로 합니다.

악몽은 왜 생기고, 왜 이렇게 흔한 것일까요? 꿈에서는 부정적인 정서나 사건이 긍정적인 것보다 더 자주 나타납니다. 가령 매우 즐거운 꿈인 자각몽은 불쾌한 꿈에 비해서는 극도로 드물게 발생하지요. 이 역시 앞서 언급한 **위협 시뮬레이션 이론**으로 설명이 가능합니다. 뇌는 꿈에서 가상의 위협 사건을 만들고 생존 기술을 미리 연습하여 실제로 더 잘 극복할 수 있게 합니다. 이러한 꿈의 기능은 진화 과정에서 선택되었을 것으로 추측됩니다. 다른 포유류도 꿈을 꿉니다. 대부분의 악몽에 괴물, 야생동물, 악당의 습격, 추격전, 폭풍, 홍수, 해일 등의 자연재해를 비롯한 원시적인 위협이 등장하는 것은 이러한 이유 때문입니다.

야경증

강력한 부정적 정서의 분출을 동반하는 수면 상태는 또 있습니다. 바로 야경증입니다. 야경증에 빠진 사람은 자다가 갑자기 비명을 지르며 겁에 질린 채로 깨어납니다. 깨어난 후에도 현실을 온전히 자각하지 못하며, 정신을 차리고 타인과 대화하기 어려워합니다.

야경증은 깊은 비렘수면과 각성 상태가 뒤섞인 변성 의식 상태입니다. 일반적인 의미의 꿈이 아닌, 환각과도 같은 체험이 동반됩니다. 침대맡에 사악한 존재나 낯선 사람이 서 있다거나, 거미나 뱀 같은 위험한 동물이나 괴물이 이불 속으로 기어들어 왔다거나, 집에 강도가 침입했다는 망상 등이 그 예입니다. 친숙한 사람이나 주변 환경을 위험한 적으로 착각하기도 하고, 필사적으로 탈출하거나 방어하려는 행동을 취하기도 합니다.

이 증상은 다시 잠들거나 반대로 잠에서 완전히 깨어나면 해소

됩니다. 당시 자신의 행동은 오직 단편적으로만 기억됩니다. 야경증은 어린이에게서 흔하게 발생하지만, 성인도 겪습니다. 만약 야경증으로 인해 집에서 뛰쳐나가거나 옆 사람을 때리고 차는 등의 위험한 행동을 한다면 수면 전문가의 상담과 치료가 필요할 수 있습니다. 한 야경증 환자는 2층에서 자다가 닫혀 있던 창문을 전속력으로 들이받아 집 앞마당에 떨어지기도 했습니다! 다행히 이러한 증상은 약물 치료를 통해 쉽게 호전될 수 있습니다.

몽유병과 야간 배회

몽유병은 복잡한 행동, 특히 걷기 행동을 동반하는 변성 의식 상태입니다. 몽유병 환자는 (보통 눈을 뜬 채로) 주변 환경을 부분적으로 인식하지만, 자신이 잠들어 있으며 환상을 보고 있다는 사실을 자각하지 못합니다. 이들은 보통 문이나 창문을 여닫고, 옷을 입었다 벗고, 집안을 점검하듯 돌아다니는 반복 행동을 보입니다. 몽유병 상태가 오랫동안 지속되면 집 밖으로 나가 차를 타고 몇 분간이나 운전을 하는 야간 배회로도 이어질 수 있습니다.

야경증, 몽유병, 야간 배회는 모두 깊은 비렘수면과 부분적 각성, 복잡한 행동이 뒤섞인 변성 의식 상태라는 점에서 서로 밀접한 관련이 있습니다. 이들은 비렘수면이 가장 깊은 단계에 도달하는 이른 밤에 자주 발생합니다. 증세를 겪는 동안 환자는 부분적으로 주변을 인지할 수 있지만, 반성적 사고가 결여된 채로 망상과 환각을 겪기 때문에 위험한 행동을 할 수 있습니다. 환자를 진정시키고 다시 재우면 곧바로 깊은 수면 상태로 되돌아갑니다. 반대로 잠에서 깨우면 환자들은 혼란스러움을 느낍니다. 이후에 환자는 자신의 행동을 거의 기억하지 못합니다.

사람들은 흔히 몽유병 환자를 깨우는 것이 위험하다고 생각하는데, 이는 사실이 아닙니다. 이러한 오해는 수면 중에 영혼이 육체에서 분리된다는 전통적 믿음에서 비롯된 것으로 추측됩니다. 영혼 없이 배회하는 육체를 갑자기 깨우면 영혼이 육체에 돌아가지 못해 육체가 영혼 없는 좀비가 되어버린다는 생각은 근거 없는 미신에 불과합니다.

렘수면 행동 장애와 몽중 보행

렘수면 중에는 뇌간에서 **마비 메커니즘**이 작동하여 **대뇌피질에서 근육으로 가는 모든 운동 명령을 차단**합니다. 이러한 근육 무긴장증(수의근의 완전 이완 및 마비)은 렘수면의 대표적인 생리적 신호이기도 합니다. 그런데 마비 메커니즘에 이상이 생기면 어떻게 될까요?

렘수면에서 꿈을 꾸는 동안에도 운동 피질은 활발하게 활동합니다. 꿈속에서 신체를 움직이면 운동 피질에서는 실제로 몸을 움직일 때와 동일한 활성 패턴이 형성됩니다. 이 운동 명령이 적절히 차단되지 않으면 위험한 신체 움직임이 발생할 수 있습니다.

이러한 증상은 **렘수면 행동 장애**RBD라 불립니다. RBD 환자들은 몸을 많이 쓰는 난폭한 악몽을 꾸는데, 그 행동을 실행에 옮기기 때문에 침대 주변을 돌아다니거나 주먹질과 발길질을 하기도 하고 침대에서 뛰어내리다 가구와 세게 부딪히기도 합니다.

이 증상은 비렘수면 중에 발생하는 수면 보행(몽유병)과는 전혀 다릅니다. RBD는 비렘수면이 아닌 렘수면 중에 꿈을 꾸면서 일어나므로 몽중 보행(또는 몽중 질주)이라는 표현이 더 적합합니다. RBD는 환자 본인과 배우자를 다치게 할 수 있습니다. 환자의 대부분은 고령의 남성이며, 이후 파킨슨병에 걸릴 위험이 큽니다.

RBD의 의식 경험 자체는 일반적인 악몽과 다르지 않습니다. RBD와 악몽의 유일한 차이는 실제로 멍이나 골절 등 부상을 입는지 여부입니다. RBD 환자는 그것이 꿈임을 알지 못한 채 생명을 위협하는 공포스러운 상황에서 살아남기 위해 최선을 다해 도망치거나 방어하는 꿈을 꾸다가, 실제 사물과 부딪힌 뒤 방바닥에 누운 채로 갑자기 잠에서 깨어납니다. 환자는 자기가 어쩌다 바닥에 내려왔는지, 왜 상처를 입었는지 알지 못합니다. 고작해야 악몽의 내용을 기억할 뿐이지요.

요약

꿈 연구의 역사는 의식과학의 역사와 비슷하게 흘러왔다. 내성주의 시대에 순조롭게 첫 삽을 떴지만, 행동주의와 정신분석학의 암흑기를 거쳐야 했고, 이후에는 인지과학과 신경과학이라는 전혀 다른 두 분야로 쪼개지기도 했다. 하지만 오늘날 꿈 의식에 관한 연구는 현대 인지신경과학의 한 분야로 자리 잡았으며, 주관적인 꿈 보고서와 객관적인 뇌 활동을 비롯한 다양한 증거가 통합되고 있다.

꿈은 변성 의식 상태의 보고寶庫와도 같다. 수면 중에 뇌는 자체적으로 각종 경험 패턴을 생성하는데, 꿈을 꿀 때는 이 패턴이 색, 감각, 사물, 사람들로 이루어진 하나의 가상 세계를 이룬다. 꿈 세계는 많은 면에서 비정상적이지만, 우리는 그것을 깨닫지 못한다. 이는 반성 의식과 자의식이 약화되어 있기 때문이다. 비교적 드문 현상이긴 하나 *지금이 꿈속이라는 사실*을 알아차리는 자각몽이 일어나기도 한다. 꿈속 심상은 외부에서 유래한 지각과 뒤섞여 입출면 환각이 되기도 하고, 외부적인 행동을 이끌어 내어 몽유병이나 렘수면 행동 장애를 일으키기도 한다.

수면 중에 뇌가 복잡한 내부 경험을 만들어 내는 기전과 이유는 아직 불분명하다. 꿈을 꾸는 동안 시각·감정·운동을 관장하는 부위는 활성화되고, 비판적 사고나 자의식과 관련된 영역은 비활성화된다. 이러한 뇌 활성 패턴은 꿈의 일반적인 특징과도 잘 부합한다.

꿈의 기능에 관한 이론은 크게 네 가지로 나뉜다. (1) 꿈은 아무런 기능이 없으며 유익하지 않다. (2) 꿈은 문제를 해결해 준다. (3) 꿈은 현실의 어려움에 대처할 수 있게 하고 기분을 좋게 만들어 주는 내면의 심리치료사이다. (4) 꿈은 뇌가 만든 가상 현실 시뮬레이션이며, 현실 세계의 위험에 대처하고 살아남는 법을 훈련시켜 주기 때문에 진화적으로 선택되었다. 꿈과 각종 수면 장애에서 우리는 주로 부정적인 사건을 경험한다. 이는 수면 중에 뇌의 위협 시뮬레이터가 작동하여 공포 영화나 가상 현실 게임을 겪는 것이 꿈의 정체라는 증거이다.

생각해 봅시다

- 여러분은 꿈을 자주 기억하나요? 보통 무엇에 대한 꿈을 꾸나요? 부정적인 꿈과 긍정적인 꿈 중에 무엇을 더 자주 꾸나요?
- 여러분이 생각하는 꿈의 기능은?
- 자각몽을 꾼 적이 있나요? 그렇다면 그 꿈의 내용은? 그 꿈은 즐거웠나요?
- 몽유병 증상을 직접 겪거나 목격한 적 있나요? 어떤 일이 있었는지, 어떤 느낌이었는지 설명해 봅시다.

전두엽 감마 활동의 저전류 자극을
통한 꿈속 자의식 유도

꿈에 접근하는 방법은 경험자 자신의 현상 의식밖에 없다. 쉽게 말해 우리는 꿈을 주어진 대로 겪어나갈 뿐, 그 경험을 통제하거나 반추할 수 없다. 하지만 자각몽 상태에 들어서면 반성적 사고가 가능해지며, 소설가나 영화 감독이 된 것처럼 꿈의 방향을 마음대로 조절할 수 있게 된다. 따라서 자각몽을 연구하면 반성 의식이 생겨날 때 뇌에서 어떤 일이 일어나는지 이해할 수 있다.

지난 2014년, 독일의 우르술라 보스$^{Ursula Voss}$ 연구진은 자각몽에 관한 놀라운 논문을 발표하였다.[26] 전기 자극을 가하여 성찰 기능을 담당하는 영역을 **깨워** 자각몽을 유도하는 데 성공한 것이다. 이 연구에 사용된 뇌 자극술은 기존의 TMS와 유사하지만 소음이나 찌릿한 느낌을 일으키지 않아 잠든 피험자를 깨우지 않고 뇌의 신경 활동을 변화시킬 수 있다. 연구진은 피험자들의 뇌를

2~100Hz의 다양한 주파수로 자극하면서 뇌파의 변화를 관찰하였다.

그 결과, 25Hz와 40Hz의 자극을 가했을 때 피험자의 반성 의식을 유도할 수 있음이 밝혀졌다. 비수면 상태의 뇌에서 고주파 활성이 주로 나타나므로, 성찰 기능을 담당하는 뇌의 앞부분에 그러한 활성을 인공적으로 일으켰을 때 반성적 사고와 자각이 일어날 거라는 연구진의 예측이 적중한 것이다.

이 연구는 자각몽을 유도할 수 있음을 보여주는 최초의 인과적 증거이자, 자의식의 변화 과정을 연구하기 위한 토대가 된다는 점에서 의의가 크다.

9장

최면

최면이란 무엇인가?

최면은 의식과학에서 아주 인기가 많은 주제입니다. 주관적 경험을 극적으로 변화시킬 수 있는 기법이기 때문이지요. 그렇다면 최면은 변성 의식 상태의 일종일까요? 이에 대해 연구자들은 저마다 의견이 분분합니다.

설상가상으로, **최면**이란 용어에 대한 제대로 된 정의도 아직 존재하지 않습니다. 문자 그대로 해석하자면, 최면은 잠의 일종입니다. 영단어 *hypnosis*의 어원인 그리스어 *hypnos*가 잠을 뜻하기 때문입니다(한국어에도 잠잘 면眠이 들어간다──옮긴이). 현대적인 관점에서는 틀린 설명이지요. 최면과 수면은 분명 다른 상태입니다. 한편 마취의학에서는 **수면** 유도제가 주입되어 의식이 소실된 상태를 **최면 상태**라 지칭해 왔습니다. 그러나 최면은 수면도, 마취도 아닙니다.

최면은 크게 두 가지 요소로 이루어져 있는데, 이 둘은 명확히 구분되어야 합니다.[1] 첫 번째 요소는 **절차로서의 최면**입니다. 최면사와 피험자가 앞으로 일어날 일에 대해서 소통하는 과정으로, **최면 유도**라고도 합니다.

최면 유도는 피험자의 긴장을 풀고 최면사의 목소리나 실에 매달린 추 따위에 집중하게 하는 것으로 시작됩니다. 뒤이어 피험자는 최면이 곧 시작된다는 것과 그게 무엇을 의미하는지에 대한 설명을 듣습니다. 최면사는 자신이 기분이나 생각이 바뀌도록 암시를 건넬 것임을 미리 알립니다. 피험자가 이에 동의하면 최면사는 암시를 시작하게 되지요. 넓은 의미로 볼 때, 최면 유도가 시작되는 때를 기점으로 우리는 피험자가 **최면에 들었다**고 말할 수 있습니다.

최면의 두 번째 요소는 **결과로서의 최면**, 즉 **최면 상태**입니다. 최면 유도를 시작했다고 해서 반드시 최면 상태에 진입하는 것은 아닙니다. 최면 상태에 진입하기 위해서는 최면사의 유도뿐만 아니라 변화에 대한 피험자의 동기와 의지가 필요합니다. 따라서 주저하는 마음을 갖고 있거나 동기가 강하지 않은 피험자는 의식의 변화를 경험하지 못하지요. 또한 피험자는 암시된 것을 실제로 경험하는 능력을 어느 정도 갖추고 있어야 합니다. 이 미스터리한 특성을 우리는 **피최면성**이라 부릅니다.

즉, 최면을 통해 의식을 변화시키기 위해서는 강한 의지, 동기, 피최면성을 지닌 피험자에게 최면 유도를 시도해야 한다는 것입니다.

최면으로 인한 의식 변화는 전적으로 주관적 경험의 영역입니다. 미국의 심리학자 존 킬스트롬John Kihlström 역시 "최면의 핵심은 주관적 경험에 있다"고 말했습니다.[2] 피험자의 움직임이나 말 등의 외부 행동이 아니라, 그 행동의 원인이 된 **주관적 경험의 변화**에 주목해야 한다는 것이지요! 최면 중에 피험자는 암시된 의식 경험에 따라 반응합니다.

> 최면에 걸린 피험자에게 팔이 무거워진다는 암시를 주었을 때 피험자가 팔을 아래로 늘어뜨리는 것은 그다지 흥미로운 일이 아니다. 정말 흥미로운 것은 그 팔이 실제로 무겁게 느껴진다는 것이다. 암시된 사건이 실제로 일어난다는 피험자의 확신이야말로 최면 경험과 순응적 행동을 구분 짓는 기준이다.
>
> (킬스트롬, 「최면의 재고찰」, 『옥스퍼드 최면 안내서』 32쪽)

더욱 놀라운 점은 이 주관적 경험의 변화가 아무 수의적 노력 없이 일어난다는 것입니다. 보통 심상을 떠올릴 때는 스스로 어느 정도 노력을 기울여야 하지요. 이것이 최면 경험과 심상의 차이점입니다.

최면으로 인한 주관적 경험의 또 다른 요소는 암시에 대한 불수의적 반응이다. 피험자의 팔은 단순히 무거운 느낌을 주는 것이 아니다. 피험자가 의도적으로 이미지를 구성하지 않았음에도 팔은 스스로 점점 무거워진다. 이러한 불수의성에 대한 경험이 최면으로 인한 주관적 확신의 핵심 요소이다. 자신의 팔이 헬륨 풍선으로 들어올려질 만큼 가벼워졌다고 믿는 것은, 의도적으로 상상하거나 수의적으로 팔을 들어올린다면 불가능한 일이다.

(킬스트롬, 「최면의 재고찰」, 『옥스퍼드 최면 안내서』 33쪽)

이를 보면 최면 중에 무언가 아주 흥미로운 일이 벌어지고 있는 것이 분명합니다. 최면이 의식과학의 범주에 속하는 것도 확실해 보이지요. 피험자의 의식에서는 무슨 일이 일어나고 있는 것일까요? 또 그것을 어떻게 설명할 수 있을까요? 답을 찾기에 앞서, 최면의 화려한 역사를 간략히 살펴보도록 합시다.

최면의 역사

　본디 최면은 오스트리아인 의사 프란츠 안톤 메스머Franz Anton Mesmer의 이름을 따 **메스머리즘**mesmerism이라 불렸습니다. 메스머는 자석으로 환자들을 치료하면서 독특한 현상을 발견하고 이를 **동물 자기력**이라 불렀습니다. 그는 다양한 정신병과 신체화 증후군 (정신적 증상이 신체의 증상으로 나타나는 병—옮긴이) 환자들을 상대했는데, 그가 특정 방식과 패턴으로 환자들을 어루만지면 환자들은 아주 독특한 상태에 빠지고 증상이 상당히 완화된 것처럼 느꼈습니다. 처음에 메스머는 자석을 들고 환자들의 몸을 만졌기 때문에 자석이 천체의 중력으로 인한 몸의 불균형을 바로잡는 작용을 한다고 생각했습니다. 하지만 머지않아 맨손으로도 같은 효과가 나타남을 깨닫고 나서, 그는 자신의 몸에 자석과 비슷하게 작용하는 특별한 형태의 자력이 존재한다고 결론 지었습니다. 이윽고 메스머는 그 결과를 (그가 재해석한) 뉴턴 물리학 및 천문학과 제멋대로 연결 지어 소위 **동물 자기론**이라 이름 붙이고 이를 학계에 발표하였지요.

이후 메스머는 파리로 건너가 동물 자기론을 퍼뜨렸고, 머잖아 유명 인사가 되었습니다. 메스머는 자성화 처리된 특수한 방에서 여러 명을 한꺼번에 치료하기도 했습니다. 처방이 더 필요한 환자에게는 그 주변을 걷고, 매만지고, 눈을 마주보고, 지팡이로 가리키기도 했습니다. 많은 환자가 변성 의식 상태를 경험했습니다.

그러자 벤저민 프랭클린Benjamin Franklin을 필두로 한 위원회가 동물 자기의 존재 여부와 효용을 검증하기 시작했습니다. 최면에 대한 최초의 과학적 실험이라고도 말할 수 있는 일련의 조사가 진행되었지요. 그러나 위원회는 동물 자기력이라는 물리적 힘이 존재한다는 객관적인 증거를 발견하지 못했습니다. 위원회는 메스머의 치료 능력이 일반적인 신체 접촉, 상상, 앞으로 일어날 일에 대한 기대의 산물이라 결론 내렸습니다.

이처럼 초창기 최면 현상에 대한 사람들의 해석은 완전히 다른 두 가지 입장으로 나뉘어 있었습니다. 이제는 아무도 메스머의 이론을 믿지 않지만, 최면을 어떻게 설명할 것인가는 지금도 여전히 그때만큼이나 의견이 분분합니다. 현재 학계의 쟁점은 최면이 변성 의식 상태인지 여부입니다.

오늘날에도 대중들은 최면을 변성 의식 상태의 일종으로 생각합니다. 최면사는 신비롭고 비범한 정신력을 발휘해 피험자를 몽유병과 유사한 좀비 상태에 빠뜨립니다. 피험자는 의지를 잃은 흐리멍덩한 눈으로 말도 안 되는 명령에 복종하지요.

만일 최면이 동물 자기력이나 마법에 의한 것이 아니라면 그 실체는 무엇일까요? 과연 최면은 변성 의식 상태의 일종일까요? 현대 최면 연구가 그에 대한 답을 줄 수 있을지 함께 살펴봅시다.

최면 유도와 여러 가지 암시

최면은 최면사가 피험자에게 최면을 유도하는 것으로 시작됩니다. 피험자는 최면사의 목소리, 손가락, 작은 불빛, 작은 추 등에 깊게 집중하고, 긴장을 푼 뒤, 최면사가 1부터 10까지 세는 동안 서서히 눈을 감습니다. 최면이 유도되면 최면사는 경험의 변화에 관하여 구체적인 암시를 주입합니다.

세간의 인식과 달리, 최면 유도와 암시는 누구나 배울 수 있습니다. 최면사가 되기 위해서는 비범한 성품이나 정신력도, 추와 지팡이 등의 마법 도구도, 비밀 주문도 필요치 않습니다. 최면 유도 역시, 물론 일반적으로는 긴장을 풀기까지 꽤 오래 걸리는 것은 사실이지만, 길고 복잡한 과정이 늘 필요한 것은 아닙니다. 피험자의 피암시성이 높으면 짧고 간단한 유도만으로도 최면 암시를 받을 준비가 끝나기도 합니다. 마법으로 최면을 유도한다고 자처하는 사람은 백이면 백 돌팔이입니다. 물론 그런 허풍이 앞으로 무언가 대단한 일이 일어나리라는 *믿음*을 줄 수는 있습니다. 그러나 과학적 관점에서 볼 때 최면사의 암시에는 일말의 마법이나 초자연적인 요소도 없습니다.

최면 암시는 일반적으로 피험자의 신체 및 움직임에 대한 느낌 변화와 관련되어 있습니다. 이를 **관념 운동 암시**라고 하는데, 예를 들면 다음과 같습니다. "앞으로 팔을 뻗어 보세요. 왼손에 돌이 가득 든 가방이 들려 있다고 상상해 보세요. 젖 먹던 힘을 다해 가방을 들어 올리세요. 오른손에는 거대한 헬륨 풍선의 끈이 쥐어져 있습니다. 풍선 때문에 오른팔이 위로 들어 올려지고 있습니다. 왼팔은 돌 가방 때문에 너무 뻐근하고 아픈데, 오른팔은 깃털처럼 가벼워 저절로 두둥실 떠오릅니다." 이렇게 암시를 가하면 한쪽 팔은 아래로, 반대쪽 팔은 위로 움직이게 됩니다.

암시의 또 다른 유형인 **저항 암시**는 평소 같았으면 쉽게 해냈을 단순한 행동을 하지 못하게 차단하는 암시입니다. 저항 암시의 예는 다음과 같습니다. "눈을 감으세요. 이제 위아래 눈꺼풀이 순간접착제로 달라붙은 것처럼 아무리 힘을 줘도 눈을 뜰 수 없습니다. 그럼 눈을 한번 떠 보세요!"

세 번째 유형인 **인지 암시**는 피험자의 감각, 지각, 기억, 생각을 바꿉니다. "귀를 기울이면 옆방에서 누군가가 노래 부르는 소리가 들립니다."라든가, "이제 아무리 애써도 당신의 전화번호를 떠올릴 수 없게 됩니다." 등의 암시가 이에 해당합니다.

암시가 단순한 순응, 상상, 속임수, 연기가 아니라 진짜로 경험의 변화를 일으킨다면, 그 변화는 아무 노력 없이도 자동적이고 불수의적으로 발생할 것입니다. 이때 피험자는 암시된 사건이 실제로 일어나고 있다고 망상에 가까운 확신을 갖습니다.

최면 피암시성

피험자의 최면 피암시성(암시받은 변화를 경험하는 경향)을 측정하기 위해서는 피험자에게 여러 유형의 암시를 가한 뒤, 암시의 내용을 경험했는지 피험자가 직접 평가하고 그 점수를 합치면 됩니다.

최면 유도와 암시에 대한 반응은 사람들마다 전혀 다릅니다. 피최면성이 낮은 사람들은 최면사가 아무리 애써도 별다른 변화를 느끼지 못합니다. 반면 피최면성이 높은 사람들은 최면사가 건네는 각종 암시를 죄다 경험하지요. 최면 피암시성은 정규 분포 곡선을 따르고 있어서, 대부분 사람은 두 극단 사이 중간 정도의 피암시성을 갖고 있습니다. 한쪽 팔이 무거워지는 것과 같은 비교적 단순한 관념 운동 암시에 반응할 수 있는 정도이지요.

최면은 변성 의식 상태인가?

최면이 변성 의식 상태의 일종인지, 혹은 정상적인 의식 상태에서 자신의 기대와 *게임*의 규칙에 따라 행동하는 사회적 활동에 불과한지는 최면 연구계의 오랜 쟁점입니다. 이 중 전자의 관점은 **상태 이론**, 후자의 관점은 **비상태 이론**으로 불립니다.

과거에는 변성 의식 상태의 보편적인 정의나 측정 가능한 기준이 없었기 때문에 둘 중 무엇이 맞을지 실험으로 검증하기 어려웠습니다. 어떠한 신호나 증거로 최면 피험자의 의식이 변성되었다는 것을 확신할 수 있을까요?

우선 피험자 스스로가 느끼는 경험의 변화가 가장 확실한 지표가 될 수 있을 것입니다. 이 기준만 놓고 보면, 최면은 주변 세계를 지각하는 의식의 **관찰** 기능과 스스로에 대한 수의적 조절, 행위, 생각, 믿음, 기억 등의 **통제** 기능을 모두 변화시키므로 변성 의식 상태가 분명합니다.

최면에 걸린 피험자는 없는 것을 보고, 있는 것을 보지 못한다. 방금 전 일을 기억하지 못하고, 일어나지 않은 일을 기억한다. 몸의 움직임에 대한 통제를 잃기도 하고, 이유도 모른 채 후최면 암시(최면 이후의 행동에 대한 암시—옮긴이)를 따르기도 한다. … 최면 현상이 의식의 변성을 수반한다는 사실을 부정하려면 최면 현상 자체의 진실성을 부정하는 수밖에 없다.

(킬스트롬, 「최면의 재고찰」, 『옥스퍼드 최면 안내서』 35~36쪽)

그런데 상태 이론과 비상태 이론 사이의 논쟁을 해소할 결정적인 증거가 신경과학 연구에서 발견되었습니다.[3] 최면 환각과 뇌 활동 간의 상관성이 최근의 한 뇌 영상 연구에서 드러난 것입니다. 피최면성이 높은 피험자에게 눈앞의 그림이 컬러 사진이라는 암시를 주자 이들은 흑백사진을 보고서도 실제로 색깔이 **보인다**고 응답했습니다. 그 순간 색각을 담당하는 뇌 영역도 마치 컬러 사진을 본 것처럼 활발히 활동했습니다.[4] 피험자의 말이 사실임이 객관적인 근거로 입증된 것이지요. 뇌가 컬러 자극을 보았을 때와 똑같이 활동했으니, 피험자의 경험 역시 진짜라고 할 수 있습니다. 하지만 이 변화는 최면에 걸리지 않은 대조군 피험자가 흑백사진을 보고 컬러 사진이라고 상상할 때도 나타났습니다. 즉, 뇌 활동의 변화는 비단 최면에 국한된 현상이 아니며, 수의적 상상과도 다르지 않다는 겁니다.

색 환각을 경험하는 것을 변성 의식 상태라고 할 수 있을까요?

실제 자극 없이도 주관적 지각물이 발생하는 것이 환각의 정의입니다. 환각 상태에서는 의식이 외부 세계를 **잘못 표상**하여 변성된 시각을 경험하고, 그 결과 세계에 대한 지각이 왜곡됩니다. 이러한 점에서 환각 상태는 변성 의식 상태의 일반적 조건을 충족합니다.

최면은 단순한 색 지각을 넘어 훨씬 더 광범위하게 작용할 수 있습니다. 그러한 점에서 최면은 적절한 암시만 주어진다면 그 무엇이든 보거나 믿게 만들 수 있는 **전체적 변성 상태**라고도 말할 수 있습니다. 그렇다면 최면이 변성 의식 상태에 속하는 것도 당연하겠지요.

어쩌면 두 이론이 다 맞을지도 모릅니다.[5] 피최면성이 매우 높은 극소수의 피험자들만이 최면 유도를 통해 변성 의식 상태에 진입하는 것이라면 말이지요. 이렇게 엄청난 피최면성을 지닌 사람들, 소위 **최면 고수**들은 암시를 통해 환각이나 기억상실 등 급격하고도 불수의적인 의식 변화를 경험합니다. 이들은 최면 중에 있었던 일들을 완전히 잊어버리기도 하고, 시간 감각의 변화로 인해 한 시간 동안의 최면을 불과 몇 분으로 착각하기도 하지요.

피최면성이 높지 않은 대부분 사람은 변성 의식 상태가 아니라 일반적인 심상 능력이 암시에 대한 강한 기대감과 맞물린 결과물을 경험한 것이라 말할 수 있습니다. 이완되기는 했지만 정상적인 의식 상태에서, 최면사의 암시와 자신의 심상에 따라 수의적으로 움직이는 것입니다. 극소수 최면 고수들만이 잠이나 꿈과 유사한 변성 의식 상태에 진입하여 단순한 수의적인 상상을 넘어선 환각,

망상, 기억상실 등을 경험합니다.

　이 주장이 사실이라면 최면 고수들만이 최면에 임할 때 독특한 뇌 활동을 나타낼 것입니다. 다시 말해 의식 상태의 변화가 두뇌 상태의 변화로 드러날 것입니다. 피최면성이 낮은 사람들에게서는 두뇌 상태나 의식 상태의 변화가 일어나지 않을 것입니다. 그런데 이를 뒷받침해 주는 실험 증거가 이미 존재합니다. 최면 고수들에게서 보통의 의식 상태에서는 절대로 흉내 낼 수 없는 독특한 무의식적 안구 움직임이 관찰된 것입니다.[6] 안구 움직임은 뇌의 통제하에 있기 때문에, 이는 피험자들의 뇌와 마음의 상태가 실제로 변화되었음을 보여주는 객관적 증거입니다.

최면 상태에서 의식은 어떻게 될까?

일부 피험자들이 최면 상태에서 실제로 독특한 현상을 경험한다면, 이를 이론적으로 어떻게 설명할 수 있을까요? 최면 상태에 관한 이론은 크게 두 가지로 나뉩니다. 하나는 의식의 **분열**로 바라보는 관점이고, 또 하나는 일부 정신 과정이 의식에서 **해리**되는 것으로 해석하는 관점입니다.[7,8]

해리 이론에서는 최면 중에 일부 정보가 의식과 해리되어 무의식적으로 행동을 유도함으로 인해 의식 경험이 변화한다고 설명합니다. 예를 들어, 암시에 걸린 피험자는 아무리 애를 써도 팔다리를 움직이거나, 눈을 뜨거나, 자신의 이름을 떠올릴 수 없습니다. 또는 팔다리가 저절로 움직이기도 합니다. 자신의 신체나 기억에 대한 통제를 잃어버린 듯한 느낌을 받지요. 이것은 고차 인지통제 시스템과 의식이 해리되었기 때문입니다.

하지만 피험자는 암시받은 행위를 의식을 우회하여 더 낮은 수준에서, 어디까지나 스스로 수행(혹은 억제)하고 있는 것입니다.

미국의 심리학자 어니스트 힐가드Ernest Hilgard는 의식과 완전히 해리되어 있던 **숨은 관찰자**가 최면 중에 표출된다는 **신新해리 이론**을 주창하기도 했습니다.[7] 숨은 관찰자는 평상시 피험자의 의식 경험과 별개로 존재하던 또 다른 의식입니다. 이 존재는 주변 상황을 항상 인식하고 있고, 다중인격 장애와 같은 방식으로 자신의 의사를 드러낼 수도 있습니다. 하지만 그러한 지능적이고도 무의식적인 주체가 실재하는지, 또 그것이 최면의 메커니즘인지에 관해서는 극소수의 일화적 증거밖에 없습니다. 그래서 학계에서는 신해리 이론을 더 이상 진지하게 받아들이고 있지 않습니다.

수의적 통제 기능은 하향식 주의 메커니즘 및 작업 기억과 관련이 있습니다. 이것들을 관장하는 신경 메커니즘은 전전두엽에 위치하고 있지요. 해리 이론이 옳다면 최면에 걸릴 때 전전두엽이 억제될 것이고, 전두엽이 손상될 때도 비슷한 행동이 나타날 것이라 예측할 수 있습니다.[8]

깊은 최면에 빠지면 자발적 행동이 사라지며 수의적 통제도 약해집니다. 외부 지시가 없는 상황에서 내부적인 동기나 의지 없이 무기력하고 멍한 모습을 보인다는 점에서 전두엽이 손상된 환자들의 행동과도 비슷합니다. 하지만 신경심리학적 검사와 뇌 영상 촬영 결과, 최면이 전두엽의 억제로 인한 현상이라기에는 다소 근거가 부족한 것으로 드러났습니다.

최면은 맹시와 같은 신경심리학적 질환들과도 공통점이 있습니다. 맹시 환자의 뇌에서는 동일한 자극에 대하여 의식적 정보와 비의식적 정보가 서로 해리됩니다. 의식적 정보가 없어진 상황에서도 비의식적 정보는 여전히 행동을 야기할 수 있습니다. 환자 스스로는 자극을 의식하지 못하지만, 환자의 뇌 속 좀비 시스템이 무의식적 정보를 토대로 복잡한 행동을 야기하기도 합니다.

그러나 맹시는 최면과 달리 환각이나 수의적 통제의 해리를 수반하지는 않습니다. 좀비 시스템이 행동을 이끌어 내는 것은 사실이지만, 그래도 환자들은 어디까지나 자신의 행동을 스스로 완전히 통제하고 있습니다. 맹시는 오히려 보이지 않는 대상을 추측하거나 그것을 향해 손을 뻗는 (환자 입장에서는 우스꽝스러운) 실험에 자의적으로 참여하는 과정에서 발생합니다.

그러나 킬스트롬은 **암묵적**(비의식적) 과정과 **외현적**(의식적) 과정의 해리라는 보편적인 개념이 최면에 대해서도 적용될 수 있으며, 이를 바탕으로 최면 현상을 해리 현상과 관련된 여러 주류 이론들과도 연결 지을 수 있다고 주장했습니다.[2]

> 외현 기억과 암묵 기억의 해리, 외현적 지각과 암묵적 지각의 해리는 비단 최면에만 국한된 특징이 아니며, 다양한 정상적 · 병적 조건에서도 관찰된다. 하지만 이들은 최면의 범주 내에서 발생하는 의식 변화의 징후처럼 보이는 것이 사실이다.
>
> (킬스트롬, 「최면의 재고찰」, 『옥스퍼드 최면 안내서』 38쪽)

최면의 이론 연구와 임상 적용

의식과학자들이 최면에 관심을 갖는 이유는 최면이 의식의 변화를 일으키기 때문입니다. 의식과학자들은 최면 상태가 어떠한 의식 상태인지 이해하고, 최면 이론을 일반적인 의식 이론과 결합하고자 노력하고 있습니다. 이를 위해서는 모든 실험 증거들을 설명할 수 있는 최면에 관한 통합 이론이 필요합니다. 우선 최면이 무엇인지 잘 이해해야 최면 중에 의식이 어떻게 되는지, 어떠한 두뇌 과정이 관여하는지, 각 피험자가 도달하는 상태가 같은지 다른지 등을 답할 수 있기 때문입니다. 그러면 비로소 우리는 최면이 변성 의식 상태인지 밝힐 수 있을 것입니다.

최면은 (환각이나 망상 등) 의식의 변성 상태 및 내용을 탐구하는 기법으로도 활용될 수 있습니다. 최면 암시는 주관적 경험을 체계적으로 통제하거나 조절하는 데 쓰일 수 있습니다. 최면 고수들의 뇌를 관찰하며 환각이 생겨나는 기전을 탐구할 수도 있을 것입니다. 이처럼 최면 연구는 의식과학에 다방면으로 기여할 수 있습니다.

다른 한편으로 **임상 최면** 또는 **최면요법** 분야에서는 최면의 실용적 활용 방안을 모색하고 있습니다. 최면은 고통을 완화하거나, 담배를 끊거나, 무대 공포증을 없애는 등에 도움을 줄 수 있습니다. 단, 최면은 일시적인 진통제가 될 수는 있어도, 행동이나 생활 방식을 대번에 바꾸지는 못합니다. 최면의 임상적 활용은 의식과학의 영역이 아니므로 여기서 더 다루지는 않겠습니다.

요약

최면은 최면 유도(*절차로서의 최면*) 이후 감각 · 지각 · 행위 경험의 변화에 관한 구체적인 암시를 가하는 방식으로 이루어진다. 피최면성이 낮은 사람은 별다른 변화를 느끼지 못하지만, 피최면성이 높은 사람은 암시받은 내용을 실제처럼 받아들이는 최면 상태(*결과로서의 최면*)를 경험하기도 한다.

최면이 변성 의식 상태인지는 아직 의견이 분분하다. 최면 암시에 따른 경험의 변화는 강력한 기대감, 상상력, 최면사에게 협조하고자 하는 마음 때문일 수 있다. 하지만 피암시성이 높은 소수의 피험자는 최면 암시에 따라 감각 · 지각 · 인지 기능의 급격하고도 자동적인 변화를 경험하며, 이것이 뇌 활성의 변화로도 나타난다. 이들이 변성 의식 상태에 도달한다는 확실한 증거다. 단, 이 상태가 어떠한 종류이며 어떠한 기능 변화를 수반하는지는 아직 베일에 싸여 있다.

해리의 개념을 도입하면 최면의 변성 의식 상태를 이론적으로 기술할 수 있다. 최면 중에 발생하는 해리 현상이 전두엽 손상이나 외현–암묵 정보의 해리 등의 신경심리학적 질환과 닮아 있기 때문이다.

생각해 봅시다

- 최면에 걸린 적이 있나요? 그렇다면 그 경험을 설명해 봅시다. 그 당시 변성의식 상태에 도달했나요?
- TV나 각종 공연에서 사람들이 최면에 빠지는 것을 본 적이 있나요? 그들은 암시받은 내용을 실제로 경험했을까요, 아니면 그저 공연의 재미를 위해 지시에 협조한 것일까요?

10장
고차 의식 상태

개요

- 고차 의식 상태의 정의
- 고차 의식 상태에서 주의, 감정, 인지의 역할
- 명상 의식 상태
- 몰입과 러너스 하이
- 유체 이탈 체험
  - 유체 이탈의 신경과학 이론
  - 유체 이탈 유도 실험
- 임사 체험
  - 임사 체험의 전형적 특징
  - 임사 체험에 관한 설명
- 신비 체험
  - 우주 의식
  - 깨달음

서문

고차 의식 상태는 주의, 감정, 인지의 수준이 극한에 다다라 보통의 의식을 초월한 상태입니다. 매우 뜻깊고 유쾌하며 바람직하지만, 도달하거나 유지하기 어려운 것이 특징입니다. 마음이 말 그대로 높아진 상태입니다.

주의 기능이 특히 높아진 **고차 주의 상태**에는 두 가지 형태가 있습니다. 첫 번째는 **마음을 한 점에 모으는 것**입니다. 이는 촛불, 단어, 심상 등 하나의 경험에 주의, 즉 의식의 중심부를 고정하는 것입니다. 주의가 가해지는 영역을 점점 제한하여, 궁극적으로는 해당 경험을 제외한 모든 것을 의식에서 몰아내는 것을 목표로 합니다.

두 번째 상태는 이와 반대로 주의의 범위를 최대한 확장하여 그 순간 일어나는 모든 경험을 동시에 받아들이는 것입니다. 이는 모든 감각, 지각, 심상에 대한 온전한 자각 또는 **마음챙김**이라고도 불립니다.

고차 주의 상태에서는 과거에 대한 생각, 특히 부정적인 잡념이 사라지고 내면이 평온해집니다.

고차 감정 상태에서는 안녕감, 만족감, 자애심, 연민, 즐거움, 환희, 행복감 등 좋은 감정이 강하게 발생합니다. 이로 인해 긍정적 정서가 충만해지고 부정적 정서는 사라집니다.

고차 인지 상태는 무언가를 아주 깊게 이해하거나, 존재의 본질을 갑자기 깨닫거나, 우주 만물의 질서에 관한 지식을 들춰보는 듯한 느낌을 경험하는 상태입니다. 더 높은 영적 세계나 영적 존재(신)와 직접 연결된 느낌, 자아감이 사라지고 우주와 하나가 되는 느낌을 받기도 합니다.

고차 인지 상태인 사람은 스스로 우주 만물의 이치를 이해했다고 생각합니다. 하지만 그 정보나 지식을 **실제로** 깨달았는지, 아니면 **깨닫는 느낌**만을 느낀 것인지는 의심해 볼 필요가 있습니다. 어쨌거나 이 지식은 언어로 명확하게 표현하기 불가능한 경우가 많고, 평소의 의식 수준이나 상태로 되돌아오면 보통 다시 사라집니다. 추후 그 경험을 떠올리더라도 당시에 느꼈던 의미감을 다시 느끼기는 어렵습니다. 일반적인 의식 상태에서 되돌아보면 그 내용은 아주 진부한 이야기로 들리지요.

주의, 감정, 인지라는 고차 의식 상태의 세 요소는 여러 변성 의식 상태에서 따로 또는 다양하게 조합되어 나타날 수 있습니다. 이제 고차 상태의 대표적인 사례를 살펴봅시다.

명상

명상 자체는 고차 의식이나 변성 의식 상태가 아닙니다. 명상은 의식 변화를 일으키기 위해 주의를 제어·조절하는 다양한 기법, 또 그에 대한 훈련을 일컫는 말입니다. 명상을 하다 보면 결국 고차 상태나 변성 상태에 **도달**할 수 있습니다. 일부 문화권에서는 그것을 명상 수련의 장기적인 목표로 삼기도 합니다.

세계 각지에는 이 책에서 모두 다루기 힘들 만큼 매우 다양한 명상 기법과 전통이 존재합니다. 여기서는 가장 핵심적인 원리와 기법을 일부만 소개하도록 하겠습니다.

모든 명상에서는 주의를 의도적으로 통제합니다. **집중 명상**(또는 초점 주의 명상)에서는 주의의 범위를 좁힙니다. 의식의 내용 가운데 딱 한 가지(하나의 물체, 심상, 단어, 문장, 호흡 등의 반복 행동)에만 주의를 집중하고, 그 밖의 모든 방해물은 의식에서 차단합니다. 집중이 무너지고 잡념에 빠졌음을 알아차리면, 다시금 차분히 명상의 목표물에 주의를 옮겨옵니다. 생각과 감각이 일어나더라도 구태여 매달리지 않고 지나가도록 내버려 둡니다. 주의를 빼앗기거나 명상에 대한 의지를 잃지 않고, 그저 관찰자로서 지켜보는 거지요.

반면 **마음챙김 명상**(또는 열린 관찰 명상)에서는 주의를 확장하여 모든 감각, 지각, 감정, 체감각을 최대한 자세하고 생생하게 자각합니다. 이것들이 나타나서 의식에 지나가는 과정을 어떠한 평가나 판단, 회상도 하지 않고 그저 경험하고 온전히 받아들입니다.

불교나 요가 경전에서는 완벽한 집중에 도달하여 명상의 대상과 주체의 구분이 사라진 명상 의식 상태를 **삼매**三昧라고 부릅니다. 이 상태에서는 주의가 완전히 고정되며, 명상의 주체와 대상이 하나로 합쳐집니다. 일부 전통에서는 삼매 상태를 향한 체계적인 훈련을 거듭하다 보면 열반이나 깨달음과 같은 더 높은 신비 의식 상태에 이를 수 있다고도 말합니다.

명상 중에는 주의와 감정의 요소를 결합하여 의도적으로 부정적인 감정(혐오, 공포, 비관주의 등)을 줄이거나 긍정적인 감정(자애심, 측은지심 등)을 키우는 데 집중하는 기법도 있습니다. 이러한 명상 훈련은 강렬한 긍정 정서를 동반하는 고차 의식 상태로 이어질 수 있습니다. 이 명상을 정기적으로 수행하면 명상을 하지 않는 동안에도 더 높은 수준의 긍정 정서와 안녕감을 경험할 수 있습니다.[1]

자애 명상을 수십 년간 훈련한 수도승을 대상으로 뇌 영상과 뇌파를 측정한 결과, 이들이 실제로 일반인이나 초심자가 결코 도달할 수 없는 긍정적인 의식 상태를 경험하는 것으로 드러났습니다. 수도승의 뇌파에서는 40Hz의 고주파 성분이 매우 높아져 있었습니다. 명상을 하지 않을 때도 그랬지만, 명상 중에는 훨씬 더 높은 수준으로 증가했습니다. 수도승 집단과 대조군(명상 초보자) 간의 차이는 상당했습니다. 초보자들은 아무리 노력해도 40Hz 활성이 거의 나타나지 않았습니다.[2]

명상을 장기간 수련하면 몸에서도 이로운 변화가 나타난다는 증거가 있습니다. 명상은 스트레스 반응을 감소시키고, 면역계를 강화하며, 심지어 뇌의 구조를 바꾸기도 합니다! 집중 명상은 주의 기능에 관여하는 뇌 부위의 회백질을, 자애 명상은 공감과 긍정적 감정에 관여하는 영역의 피질 구조를 더 굵게 만들 수 있습니다.[3] 터무니없게 들릴지도 모르겠습니다만, 이는 뇌 가소성plasticity과 장기적인 훈련에 관해 기존에 알려진 지식과도 잘 부합합니다. 어느 기술이든 꾸준히 연습하면 뇌도 함께 변합니다. 수년 동안이나 주의나 정서 기능을 고강도로 훈련한다면 그 기능과 관련된 뇌 부위가 변하는 것은 당연합니다.

최적 경험과 몰입

최적 경험은 정서와 주의가 고양된 고차 의식 상태로, 다른 것들은 모두 잊은 채로 현재 행동에 완전히 빠져들어 전력을 다하는 상태입니다. 이때 우리는 인생 최고의 순간을 경험합니다. 그 경험의 강렬함과 유쾌함은 몰입이 끝나고 나서야 느낄 수 있습니다. 몰입 상태에 빠져 있는 동안에는 우리는 존재, 그리고 행위와 하나가 되어 그 밖의 아무것도 느끼거나 생각할 수 없습니다.

의식에 특정한 질서가 생길 때 우리는 몰입 상태에 도달합니다. 의미 있고 어려운 목표를 달성하는 것에 주의를 집중하여야 하고, 목표 달성만으로 내재적인 동기가 생겨나야 하며, 목표를 달성하기에 알맞은 기술과 자원을 보유하고 있어야 합니다. 그 목표를 향해 전력을 다할 때, 우리는 잠시 시간의 흐름이나 자기 자신을 포함한 모든 것들을 잊어버리고 오직 목표 달성에 필요한 행위에만 완전히 빠져듭니다.

험난한 산세를 뚫고 정상을 향해 천천히 나아가는 산악인, 어려운 작품을 연주하는 피아니스트, 사람들에게 영감을 주는 강연을 하는 발표자, 다음 레벨로 넘어가려 애쓰는 게이머, 심지어 친구와 배드민턴을 치고 있는 사람조차도 자신의 활동 내에서 목표를 이루기 위해 분투하고 있다면 몰입 상태에 도달할 수 있습니다.

강한 몰입은 자의식이 사라지고 주의의 대상과 하나가 된다는 점에서 명상의 삼매 상태와도 비슷합니다. 명상과 마찬가지로 몰입에 도달하기 위해서도 주의를 통제하는 것이 중요합니다.[4]

윌리엄 제임스는 … 다음과 같이 말했다. "나의 경험은 곧 내가 주목하기로 마음먹은 것이다." 이는 혁명적인 발상이다. 당신이 주목하고 주의를 기울인 것 그 *자체가* 당신의 경험이자 삶이다. 주의력의 양은 한정되어 있으므로 어디에 어떻게 주의를 기울일지 결정하는 것은 매우 중요하다. 몰입의 상태에 진입하기 위해서는 눈앞의 과제에 온전히 주목해야 한다. … 당신의 목표는 주의를 기울일 대상, 즉 매 순간 의식의 내용에 대한 제어권을 얻는 것이다. 의식을 제어한다는 것은 곧 경험의 질을 제어하는 것이다.

(소냐 류보머스키, 『행복도 연습이 필요하다』 184쪽)

몰입 상태에 도달하기 위해서는 가진 능력과 과제의 난이도가 균형을 이루어야 합니다. 도전 과제의 수준이 나의 능력보다 너무 높으면 불안감과 실패에 대한 두려움이 생기고, 너무 낮으면 흥미를 잃고 따분함을 느낍니다. 스포츠에서도 나보다 훨씬 뛰어난 상대와 대결할 때는 불안감을 경험하고, 실력이 훨씬 낮은 상대와 대결할 때는 지루함을 느낍니다. 두 경우 모두 능력과 난이도가 최적의 균형을 이루지 않은 것입니다.

몰입의 대상은 사람마다 다릅니다. 암벽 등반, 윈드서핑, 스키, 배드민턴 등의 신체 활동을 하거나, 그림 그리기, 노래 부르기, 악기 연주, 관중 앞에서 공연할 때도 몰입을 경험할 수 있습니다. 심지어 강아지와 놀 때, 대화에 열중할 때, 클럽에서 춤을 출 때, 경치 좋은 곳을 걸을 때와 같은 일상 활동에서도 몰입을 느낄 수 있습니다.

자신의 경험에 각별히 주의를 기울이지 않는 한, 자신이 몰입했던 이유를 반추하기는 쉽지 않습니다. 많은 사람이 일하면서 몰입을 경험합니다. 우리는 일하면서 유의미한 과제를 해결하기 위해 동원 가능한 모든 기술을 사용하기 때문이지요. 대부분 사람은 일하기보다는 가만히 누워서 TV를 보는 것을 더 좋아한다고 말하지만, 연구에 따르면 그렇게 무의미하게 시간을 죽이는 행위는 몰입감과 행복감을 거의 만들어내지 못합니다. 도전할 과제나 사용할 기술이 없는 상황은 권태와 우울감으로 이어지기 쉽습니다.

그러나 몰입 상태가 반드시 긍정적인 결과를 낳는 것은 아닙니다. 몰입이 컴퓨터 게임, 인터넷 서핑, 강박적인 스마트폰 사용, 고액 도박 등의 **중독 행동**과 연결되면 시간 감각이나 자아감을 잃어버리는 것은 물론, 그러한 중독적 몰입 상태에 빠져 있기 위해 삶의 다른 모든 것들을 저버리게 될 수 있습니다. 자신의 행동을 제어하는 능력을 상실하여 다른 행동은 하지 못하고 특정 행위만을 끊임없이 되풀이하는 것은 절대 건강한 몰입 상태가 아닙니다.

중독성 없는 건강한 몰입은 의식 경험의 질을, 더 나아가 삶의 질을 개선할 수 있습니다. 무언가에 몰입할 때 우리는 소외와 고립에서 벗어나 삶의 과정에 능동적으로 참여합니다. 지금 하고 있는 것을 지루해하거나 버거워하지 않고 즐기면서 통제감과 자기 효능감도 높아집니다.

매우 강렬한 몰입 경험, 소위 **초몰입** 상태가 되면 절대적인 초월에 가까워집니다.[4] 이것이 우리가 인생에서 겪을 수 있는 최고로 기쁜 체험이라고 합니다.

몰입 상태 중에 뇌에서는 무슨 일이 일어날까요? 한 연구진은 피험자에게 사물을 식별하는 과제를 주되, 집단을 둘로 나누어 한쪽은 빠른 속도로 과제를 풀게 하고(몰입 조건), 다른 한쪽은 천천히 풀면서 스스로 감정 반응을 성찰하게 하였습니다(비몰입 조건). 그 결과, 몰입 상태에서는 **뇌가 자신을 잃어버리는** 듯한 현상이 관찰되었습니다.[5] 감각 및 운동 정보를 고강도로 처리할 때 자아 성찰과 내성을 관장하는 전전두엽이 비활성화되었던 것입니다. 자의식이 사라지면 스스로 잊어버리고 현재의 행동과 하나가 될 수 있습니다.

러너스 하이

오래 달리다 보면 러너스 하이Runner's High라는 고차 의식 상태
가 발생할 수 있습니다. 러너스 하이의 현상학적 특징은 몰입이나
삼매와 상당히 유사합니다. 그도 그럴 것이, 오래달리기는 신체 움
직임과 호흡의 리듬 패턴을 매우 규칙적으로 오랫동안 유지해야
한다는 점에서 명상과 비슷합니다. 힘들기는 하지만 불안을 일으
키지는 않고, 자각과 행위가 합쳐질 수 있는 신체 활동이라는 점
에서 몰입을 일으킬 수도 있습니다. 러너스 하이 상태에서는 자아
성찰과 분석적 사고가 사라지고 주관적 경험이 지금 여기에 깊이
빠져듭니다. 강렬한 행복감, 영원감, 자연과의 합일, 내면의 조화,
무한한 에너지, 붕 뜨는 느낌을 느끼기도 합니다. 주변에 대한 자
각이나 고통에 대한 민감도는 감소합니다. 달리기가 아닌 다른 지
구력 훈련에서도 비슷한 상태가 일어날 수 있습니다. 몰입 상태와
마찬가지로 러너스 하이 중에도 뇌의 앞부분이 비활성됩니다.[6] 최

근에는 인간을 포함한 일부 포유류가 달리기에 알맞게 설계되어 있다는 주장이 제기되기도 했습니다. 오래 달리기와 같은 신체 활동을 하면 뇌가 특정 신경전달물질 체계(운동 유도 엔도카나비노이드 신호 등)를 활성화하여 쾌감을 일으킴으로써 우리에게 **보상**을 준다는 것입니다.[7]

유체 이탈 체험

　뇌 활동이 있어야 의식이 존재할 수 있다는 것은 인지신경과
학의 기본적인 가정입니다. 즉, 의식 경험이 두개골 바깥에서 뇌
의 활동과 별개로 발생할 수 없다는 것입니다. 이 철학적 전제는
이원론을 배제한다는 점에서 상당히 중요합니다. 이 전제가 참이
라면, 이와 배치되는 그 어떠한 실험 결과도 발견되지 않아야 합
니다.

　그렇다면 유체 이탈은 어떨까요? 유체 이탈 현상은 의식이 뇌
나 신체와 별개로 존재할 수 있음을 시사하기 때문에 이 전제를
반증하는 것처럼 보입니다. 드디어 이원론의 실험적 증거가 발견
된 것일까요? 과연 유물론의 토대 위에서 유체 이탈 체험의 정체
를 설명할 수 있을까요?

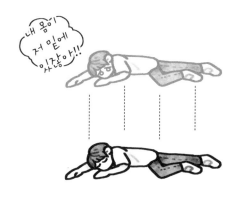

유체 이탈 체험
가장 일반적인 유체 이탈 체험은 침대에 누워 있는 자신의 육체를 위에서 내려다보는 것이다.

유체 이탈 체험은 의식 경험의 중심점, 즉 경험자가 외부 세계를 관찰하는 관점이 **그 사람의 신체를 벗어나는 것**입니다. 자아가 육체에서 떨어져 나와 자신의 몸을 위에서 아래로 내려다보는 것이 일반적이지요. 꿈이나 상상이 아니라 실제 주변 환경을 보고 있다는 강한 확신도 느낍니다.

물질적인 몸에서는 이미 떨어져 나왔지만, 마치 유령처럼 특정한 형태의 몸을 가진 듯한 느낌이 들기도 합니다. 고대 주술 문헌에서는 이 두 *번째* 몸을 영체靈體라고 불렀습니다. 영체는 명확한 신체상 없이 흐릿한 구름을 이루기도 하고, 아무 형태도 없이 하나의 점이 되기도 합니다.

이렇게 삼인칭 시점에서 자신을 바라보는 경험을 신경학이나 정신의학에서는 **자기상 환시**라고 부릅니다. 아래는 편두통을 동반한 자기상 환시의 대표적 사례입니다.[8,9]

그 감각은 엄청 심한 두통이 시작되기 직전에만 발생했어요. 보통 제가 아침 식사를 차릴 때 일어났죠. 평소처럼 남편과 아이들이 눈 앞에 있었는데, 갑자기 가족들의 모습이 달라져 보였어요. 식사를 준비하는 저 자신과 그걸 기다리는 가족들의 모습을 한 1m 위 경사진 땅에서 내려다보는 느낌을 받았어요. 마치 다른 차원에서 저와 가족들을 보는 것 같았어요. 놀라기는 했는데, 두렵지는 않았어요. 실제의 제가 가족들과 있다는 걸 확신하고 있었거든요. 하지만 그러한 "나"도 있고, 그걸 보는 "나"도 있었죠. 그러다 순식간에 저는 다시 하나로 합쳐졌어요.

(수전 블랙모어, 『몸을 넘어: 유체 이탈 체험 연구』160쪽에서 인용)

하지만 자기상 환시와 유체 이탈이 완전히 같지는 않습니다. 유체 이탈은 일반적으로 다음 세 가지 현상학적 특징으로 정의됩니다.[10]

1. **탈신체화** 육체의 외부에 존재한다고 느낌
2. **시점의 이탈** 자신이 몸에서 멀리 떨어진 높은 시각 공간 시점에 존재한다고 느낌
3. **자기상 환시** 높은 곳에서 자신의 몸을 내려다봄

유체 이탈의 발생 빈도는 연구자마다 방법론과 정의가 제각기 달라서 정확히 추정하기 어렵지만, 전체 인구의 대략 5~10%가 최소 한 번 유체 이탈을 경험하는 것으로 추측됩니다.[10]

대부분의 유체 이탈은 잠들어 있을 때가 아니라 깨어 있는 채로 누워 있을 때 발생합니다. 하지만 격렬한 신체적·정신적 활동을 할 때, 생명이 위독할 때 임사 체험으로도 일어날 수 있습니다. 유체 이탈은 보통 수 초나 수 분밖에 지속되지 않습니다.

유체 이탈의 특징은 다른 고차 의식 상태나 신비 상태와 비슷합니다. 사건을 멀리서 관찰하거나, 원하는 곳 어디든 갈 수 있다는 느낌을 받습니다. 신비 체험과 유사한 쾌감과 자신감, 자각몽과 유사한 자유감과 통제감을 느끼기도 합니다.

많은 사람이 유체 이탈 체험이 영혼과 같은 비물리적 실체가 존재하는 증거라고 생각합니다. 이를 뒷받침하는 증언도 일부 존재하지요. 하지만 대부분은 체계적인 실험 데이터가 아니라 떠도는 소문에 불과합니다. 누군가의 영혼이 정말로 육신에서 벗어났다가 다시 돌아왔음을 100% 입증할 수 있는 객관적 증거는 발견된 바 없습니다. 연구자들은 유체 이탈을 할 수 있는 피험자들을 대상으로 육신을 벗어나지 않고서는 얻을 수 없는 정보(보이지 않는 곳에 적힌 숫자 등)를 알아내게 했지만, 유의미한 결과를 도출하는 데 실패했습니다.

인지 및 신경심리학에서는 유체 이탈이 시야의 중심점과 신체상이 해리되면서 일어나는 환각이라고 설명합니다. 최근에는 유체 이탈을 비롯한 신체상의 시각적인 왜곡과 상관된 신경 질환이 밝혀지기도 했습니다. 특히 측두두정연접TPJ이라는 영역에 이상이 있는 환자들이 유체 이탈과 유사한 체험을 보고했습니다. TPJ가 유체 이탈과 밀접한 관련이 있다는 증거는 이뿐만이 아닙니다. 편두통이나 뇌전증 발작으로 인해 TPJ가 손상되거나 비정상적으로 작동해도 유체 이탈이 일어나며, TPJ를 미약한 전류로 직접 자극하면 유체 이탈을 일으킬 수도 있습니다.

이러한 증거들을 모아 보면, 외부 세계의 공간에 대한 표상과 신체상이 TPJ에서 올바르게 결합되지 못한 결과가 유체 이탈이라는 결론을 내릴 수 있습니다. 이것이 초자연적 요소가 전혀 개입되지 않은, 유체 이탈에 대한 신경과학적인 설명입니다.

정상인 피험자도 자신의 몸 위치에 관해서 비정상적인 정보가 주어지면 유체 이탈이나 신체 환상을 경험합니다.[11] 이는 가상 유체 이탈 체험이라고 불립니다. 피험자는 헬멧형 디스플레이를 착용하고 카메라를 등진 채로 섭니다. 디스플레이에는 카메라로 포착된 이미지가 실시간으로 표시되고, 피험자는 마치 자신의 뒤에서 있는 것처럼 눈앞에서 자신의 등을 봅니다.

여기에 촉각 자극을 추가하면 어떻게 될까요? 연구자는 피험자의 등을 막대기로 찌르는 동시에 디스플레이에도 눈앞의 몸을 막대기로 찌르는 장면을 보여줍니다. 그러면 피험자는 눈앞의 이미지가 자기 자신이라고 느낍니다. 피험자가 그 이미지를 자기 자신과 동일시하는 순간, 경험의 중심이 그 이미지로 이동합니다. 피험자는 눈앞에서 자신의 몸을 보면서도 스스로 그 몸 **안에** 있다고 느끼지요. 자신의 몸을 뒤에서 바라보는, 즉 세상을 보는 자아가 신체 자아의 뒤에 위치하는 유체 이탈이 일어난 것입니다.

실험실에서는 그 외에 훨씬 더 다양한 종류의 유체 이탈을 일으킬 수 있습니다. 심지어 신체를 서로 바꾸는 실험도 실시되었지요. 새로운 몸이 원래의 몸과 형태가 전혀 다르더라도 그 몸을 자기 자신으로 받아들일 수 있을까요?

결론부터 말하자면, 매우 잘 됩니다. 가상 현실에서 피험자의 몸을 바비 인형과 바꾸자, 피험자들은 인형의 자그마한 몸과 다리를 자신의 것으로 지각했습니다. 눈에 해당하는 두 개의 카메라 바로 앞에 바비 인형을 눕혀 두자, 피험자들은 마치 소파에 누워 있는 자신의 몸을 보는 것처럼 인형의 일인칭 시점을 경험했습니다. 피험자들은 자신의 몸이 인형만큼 작아지고, 주변의 사물들이 엄청나게 커진 듯한 느낌을 받았지요.[12]

토머스 메칭거Thomas Metzinger의 **자아 모형 이론**에서는 이 의식 상태를 한 사람의 가상 현실 속에서 두 가지 자아 모형이 동시에 활성화된 것으로 설명합니다.[11] 두 모형 중 하나는 경험의 중심부의 느낌을 주는 곳에 위치하며, 일인칭 시점의 원점을 이룹니다. 또 다른 자아 모형은 외부 시점에서 관찰되며, 나의 몸으로 인식되지만 경험자로서의 나로 인식되지는 않습니다.

이 두 자아 모형을 **신체 자아**와 **보는 자아**라고 부릅니다. 보통의 경우에는 두 모형이 서로 올바르게 중첩되어 있습니다. 신체 자아는 나라는 존재의 공간적 경험을 구성합니다. 나는 내 몸속에 존재합니다. 신체 자아는 육체의 공간을 채우고 있으며, 그 몸 자체가 바로 나입니다. 반면, 보는 자아는 우리가 바라보는 공간 세계의 중심점을 형성하는 시각적 시점, 카메라의 렌즈에 가깝습니다.

하지만 이 두 자아 모형은 모두 뇌가 만들어 낸 것입니다. 유체이탈 체험이 일어날 때 이 두 자아 모형은 서로 분리되고, 우리는 신체 바깥에서 경험이 일어나는 듯한 느낌을 받습니다. 하지만 그 무엇도 실제로 우리의 육신을 벗어나지 않습니다. 이 모두는 (동시에 두 가지 자아 모형을 담고 있는) 의식의 가상 현실 속의 일들이기 때문이지요. 즉, 유체 이탈은 물리적 육체에서 비물리적 영혼이 새어 나오는 것이 아니라, 현상에 관한 정보를 담은 여러 전기 패턴이 뇌 속에서 서로 분리되어 따로 흐르고 있는 것에 가깝습니다.[11]

신체 자아는 공간상의 부피를 차지하는 방식으로 현상적으로 표현되는 반면, 보는 자아는 확장되지 않는 하나의 점, 소위 우리의 시각 공간 관점의 투영중심이자, 세계에 대한 우리의 원근법적 시각 모형의 기하학적 원점이다. 일반적으로 이 원점(눈 바로 뒤편, 마치 소小인간이 창밖을 내다보는 것처럼)은 신체 자아에 의해 정의되는 공간 내부에 존재한다. 하지만 우리의 실험이 시사하듯, 보는 자아와 신체 자아는 분리될 수 있으며, 자아로서의 감각은 기본적으로 신체가 시각적으로 표상되는 장소에서 발견된다.

(토머스 메칭거, 『자아 터널』 100~101쪽)

유체 이탈에 관해서는 이제 이원론이 설 자리는 없습니다. 인지 신경과학만으로 실험 증거를 충분히 잘 설명할 수 있기 때문이지요. 유체 이탈은 인지신경과학의 유물론적 토대에 별다른 위협이 되지 못했습니다. 의식은 뇌에서 떨어져 나와 스스로 돌아다닐 수 없습니다. 유체 이탈 체험은 현상 세계와 신체상이 아주 독특한 방식으로 함께 왜곡되는 현상이며, 그 사실을 알지 못하는 당사자는 무언가가 육신을 벗어난다는 인상을 받을 수 있지만, 실제로는 그 무엇도 뇌를 벗어나지 않습니다.

새로운 증거가 더 발견되지 않는 한, 유체 이탈 현상이 과학의 근간을 흔들지는 않을 것 같습니다. 하지만 더욱 설명하기 힘든 증거들이 우리를 기다리고 있습니다. 바로 임사 체험입니다.

임사 체험

임사 체험은 인지신경과학의 유물론적 토대를 더욱 강하게 위협합니다. 유물론이 옳다면 의식이 뇌의 활동과 무관하게 몸에서 떨어져 나와 돌아다니는 일은 없어야 합니다. 그러나 임사 체험은 이 모든 전제에 물음표를 던집니다. 임사 체험은 이원론의 마지막 희망입니다.

임사 체험은 생명이 위협받거나(심장마비나 익사 등으로 인한 산소 부족), 심각한 부상을 입기 직전에(높은 곳에서 낙하) 죽음이 임박했음을 느끼면서 주로 일어납니다. 하지만 전신 마취 등 그다지 위험하지 않은 사건에 의해서도 일어날 수 있습니다.

임사 체험의 사례 중에는 심장마비로 사망 판정을 받은 이후 심폐 소생술로 다시 살아난 환자들의 체험이 가장 체계적으로 정리되어 있습니다. 이들은 일시적으로 사망의 임상적 조건을 **충족**했기 때문에, 이들의 체험을 **일시적 사망 체험**으로 부르자는 의견

도 있습니다.[13]

심장마비가 발생하면 심박출량이 0이 되고 자발적인 호흡이 정지하며 측정 가능한 뇌 활동(동공 반사 등)도 사라집니다. 의식은 수 초 내로 소실되며, 10초 내로 모든 뇌파 신호가 사라집니다.[14] 이후 EEG에서는 평탄한 **등전위 뇌파**가 검출되며, 뇌는 이른바 **전기적 고요 상태**에 빠집니다.

이러한 생리학 신호와 함께, 환자는 모든 자극에 대한 행동 반응 능력을 상실합니다. 이는 깊은 코마 상태의 특징과도 같아서, 외부에서 볼 때 환자는 깊은 무의식적 상태에 빠진 것처럼 보입니다.

의식의 신경상관물과 관련하여 지금까지의 모든 사실과 유물론에 기초한 모든 의식 이론들에 따르면, 이러한 상태에서는 **절대로** 주관적 경험이 일어날 수 없습니다. 뇌에 피가 흐르지 않으면 산소와 포도당이 공급되지 않아 뇌의 전기 활동이 멈춥니다. 이런 환경에서는 의식 경험을 일으키는 신경 활동이 지속될 수 없습니다. 뉴런 세포들은 단지 활동을 멈추는 것을 넘어서, 회복 불가능한 손상을 입고 수 분 만에 죽어가기 시작합니다. 보통 이렇게 되면 심폐 소생에 성공하더라도 영구적인 뇌 손상을 입은 채로 살아가게 됩니다.

학술지에 보고된 임사 체험 중 가장 유명한 사례는 풀숲에서 행인에 의해 무의식적 상태로 발견된 44세의 네덜란드인입니다.[15] 이 환자도 앞서 언급된 생리학적 조건과 비슷한 상태에서 병원으로 급히 후송되었습니다. 맥박과 호흡이 멈추었고, 동공 반사가 없었으며, 몸은 얼음처럼 차가웠고, 피부색은 푸르스름했습니다. 임상적으로는 이미 사망한 상태였지요. 그가 심각한 심장마비에 걸렸다는 사실은 추후 밝혀졌습니다. 의료진은 즉시 인공호흡과 제세동, 심장 마사지를 비롯한 심폐 소생술을 실시하였습니다. 이때 호흡관을 삽입하기 위해 한 간호사가 틀니를 빼서 카트 위에 두었습니다. 처음 15분 동안은 아무 반응이 없었습니다. 환자는 이대로 사망하는 것 같았습니다. 하지만 1시간 반이 지나자 환자의 심장 박동과 혈압은 중환자실로 가도 될 만큼 상당히 호전되었습니다.

약 1주일이 지난 뒤, 심폐 소생에 참여했던 간호사 중 한 명이 그 환자를 처음으로 다시 마주쳤습니다. 환자는 그 간호사를 알아보고 "제 틀니가 어딨는지 아시죠?"라고 말했고, 틀니를 빼던 과정도 자세히 설명했습니다. 그는 응급실 위에서 내려다본 자신의 모습을 자세하게 기억하고 있었습니다. 당시 그는 의료진이 소생술을 멈출까 봐 매우 두려워했다고 합니다(실제로 당시 의료진은 소생 가능성을 매우 낮게 보았음). 그는 의료진에게 자신이 아직 살아 있음을 알리려 무진 애를 썼지만, 소용이 없었습니다. 그는 자신의 체험에서 엄청난 감명을 받았고, 더 이상 죽음이 두렵지 않다고 말했습니다.[15,16]

이 사례는 환자의 증세가 극도로 나빴기 때문에 더욱 놀랍습니다. 환자는 임상적으로 사망한 상태였습니다. 그런데도 그는 일반적인 감각 경로로는 절대로 느낄 수 없었을, 응급실에서의 사건에 관해 이야기하고 있습니다. 이 사례는 단 하나의 일화에 불과하다는 비판을 받았지만, 세부 사항에 대해 재검토한 결과 대부분 증언의 신뢰성이 검증되었습니다.[15]

이 사례는 유체 이탈을 동반한 임사 체험의 전형을 보여줍니다. 하지만 임사 체험의 특징은 유체 이탈 외에도 여러 가지가 있습니다. 일반적인 임사 체험에서는 신비 체험이라고밖에 부를 수 없는 주관적 사건들이 함께 일어납니다. 다음에 소개할 체험은 수술을 위해 전신 마취를 받은 12세 소년의 사례로, 이 역시 학술지에 보고되었습니다.[17] 이 체험은 단순한 유체 이탈에서 진일보한 내용을 담고 있습니다.

자고 있었는데 갑자기 잠에서 깨서 머리를 통해 몸을 빠져나가는 느낌을 받았다. … 내 몸이 수술대 위에 누워 있고 많은 의사 선생님들이 나를 둘러싸고 있는 모습을 위에서 내려다볼 수 있었다. … 나는 몸 위로 떠올라서 … 아래를 내려다보며 누워 있는 듯했다. … 팔다리가 없는 영혼이 된 것 같았다. … 수술실 천장 바로 밑에 떠 있었다. 처음에는 (수술대 위에 누워 있는) 내 실제 몸과 분리되어 있는 게 조금 무섭고 불편했다. … 그러다 밝은 빛이 보였고, … 마음이 놓이고 편안해졌다. … 모든 게 실제라는 확신이 들었다. … 수술실과 의사 선생님들을 알아볼 수 있었다. … 그리고 눈앞에 어두운 터널이 보였다. … 터널이 나를 잡아당겼다. … 아주 빠르게 터널을 통과했고, 그 끝에는 … 밝은 빛이 있었다. … 하지만 눈이 아프지는 않았다. 터널을 통과하면서 … 소리가 들렸다. … TV가 지직대는 소리 같았다. … 그러다 소음은 목소리로 바뀌었다. … 갑자기 나는 몸으로 다시 끌어당겨졌다. … 머리를 타고 몸으로 되돌아갔다. 거기서 체험은 끝이 나고 나는 다시 잠들었다.

(1) 평온함과 붕 뜬 느낌, (2) 유체 이탈, (3) 나를 잡아당기는 어두운 터널, (4) 터널 끝에 보이는 밝은 빛, (5) 터널을 지나 다른 세계로 진입하는 것, 이렇게 다섯 가지가 임사 체험의 핵심 단계입니다. 마지막 단계에서는 이미 사망한 친척이나 종교적 존재를 만나기도 하고, 자신의 삶을 돌아보기도 합니다. 다른 신비 체험과 마찬가지로, 이 단계에서의 경험은 말로 표현하기 어렵습니다.

죽음이 임박했을 때 임사 체험을 겪을 확률의 추정치는 6%에서 50%까지 다양합니다. 이는 임사 체험의 정의, 조사 대상이 된 상황, 데이터 수집 기법이 제각기 다르기 때문입니다. 그나마 믿을 만한 수치는 약 10%입니다.[10]

임사 체험을 겪은 사람들 가운데 약 60%는 첫 번째 단계인 평온함만을 경험합니다. 터널과 빛을 경험하는 사람은 약 25%이고, 10~30%는 과거 사건들이 주마등처럼 스쳐 가는 것을 보며 삶을 돌아봅니다. 다른 사람(이미 사망한 가까운 친척, 친구)이나 영적 존재, 안내자, 종교적 인물을 만나는 비율은 40~50%입니다. 만물이 **하나로 합쳐지는** 신비 체험이나 초자연적인 **영계**를 방문하는 비율은 20~50%입니다. 임사 체험은 보통 갑자기 끝나며, 경험의 중심점이 몸속으로 돌아오면서 신체의 고통을 다시 느끼기 시작합니다.[10]

임사 체험의 핵심 내용은 문화권과 시대를 막론하고 어느 정도 유사합니다. 단, 문화와 종교의 색채가 덧씌워지기는 하지요. 그러나 임사 체험의 다섯 단계를 전부 체험하는 경우는 드뭅니다. 블랑커Blanke와 디에게즈Dieguez는 임사 체험이 단일한 현상이 아니라, 여러 뇌 기능의 이상으로 인해 다양한 체험들이 느슨하게 연결된 것이라고 추정했습니다.[10] 임사 체험의 빈도는 성격이나 종교에 따라 달라지지 않습니다. 남자보다 여자, 고연령층보다는 저연령층 환자가 더 자주 겪는다는 분석도 있습니다.

임사 체험에 관한 설명은 크게 초자연적(이원론적) 이론과 자연적(생리학적, 심리학적, 신경인지적) 이론으로 나뉩니다. 초자연적 이론에서는 비물질적인 영혼이 육신에서 떨어져 나온다고 주장하며, 이는 **사후세계 가설**이라고도 불립니다. 영혼은 터널을 통과해 영계로 들어가고, 그곳에서 죽은 친척, 천사, 신, 무한한 사랑을 내뿜는 존재를 만납니다. 영화를 보듯 지난 생애를 돌아보고, 반성의 시간을 가지며, 지상으로 돌아갈지 말지 결정하기도 합니다. 그곳에서 돌아온 환자들은 그전과는 전혀 다른 삶을 살아가며, 사후세계의 존재를 자명한 사실로 받아들입니다.

반면, 자연과학자들은 생리적 현상과 뇌 기능의 변화만으로도 임사 체험을 설명할 수 있다고 주장합니다. 이는 **죽어가는 뇌 가설**

이라고도 불립니다. 첫째, 평온한 느낌과 긍정적인 감정, 행복감은 스트레스 상황에서 뇌의 엔도르핀 분비 증가로 설명할 수 있습니다. 엔도르핀은 뇌가 극도의 스트레스를 받을 때 자체적으로 생산하는 모르핀의 유사체로, 고통을 없애고 안녕감을 만들어 냅니다. 엔도르핀이 분비되면 측두엽에서 발작과도 비슷한 비정상적인 활성이 일어날 수 있습니다. 이 자극은 유체 이탈, 신체상 왜곡, 매우 생생한 기억 심상, 다른 의식적 존재가 있다는 느낌 등 다양한 이상 체험을 일으킬 수 있습니다. 또한, 뇌에 산소가 결핍되면 피질 활동에 대한 억제력이 약해지면서 시각적 환각이 발생할 수 있습니다. 마약이나 발작 등으로 인한 시각적 환각의 가장 흔한 형태 중 하나가 바로 터널 형상입니다.

블랑커와 디에게즈는 2009년 논문에서 임사 체험을 자연주의적으로 설명할 수 있는 신경적·인지적 증거들을 다음과 같이 요약했습니다.[10]

앞서 우리는 임사 체험의 현상 중 일부가 서로 다른 두뇌 메커니즘과 연관되어 있다는 증거들을 살펴보았다. 유체 이탈은 오른쪽 TPJ의 손상으로 설명할 수 있다. 터널과 빛 형상은 시각로부챗살과 양쪽 후두부가 손상되어 황반을 제외한 부위의 시각을 잃거나 중심와中心窩에서 환각이 생긴 것으로 해석할 수 있다. 영혼과 조우하는 느낌은 왼쪽 TPJ의 손상으로, 인생을 주마등처럼 회상하거나 감정이 고양되는 것은 해마와 편도체의 손상으로 설명할 수 있다. 임사 체험과 관련하여 현재까지 가장 많이 연구된 환자 집단인 심장 마비 생존 환자들의 뇌에서 이 구조들의 손상이 자주 관찰된다.

사후세계 가설은 이원론에 기반하고 있으므로 기존의 인지신경 과학, 물리주의에 기반한 과학적 세계관과 합치하지 않습니다. 그러나 죽어가는 뇌 가설도 사변적이고 간접적인 증거에만 의존하고 있기 때문에 수많은 의문점을 남깁니다. 앞서 언급된 생리적·신경인지적 메커니즘이 작동하면 특정한 체험이 발생한다는 직접적인 증거는 아직 없습니다. 임사 체험 중에 실제로 엔도르핀 양이 증가하거나, 산소 결핍이 일어나거나, 후두·두정·측두엽에 발작이 나타난다는 증거 역시 없습니다. 그러한 일들이 일어나지 않는다고 단정할 수는 없지만, 임사 체험을 하고 있는 사람의 뇌에서 그것을 직접 측정하는 것은 불가능에 가깝습니다. 당장 사람이 죽어가는데 그 사람을 살리는 것을 최우선으로 삼아야지, 임사 체험 연구를 위한 뇌 영상 실험을 할 수는 없는 노릇이니까요.

임사 체험을 단순히 비정상적 뇌 활동으로 치부하기 어려운 또 다른 이유는 기승전결이 확실하고 비교적 보편적으로 나타난다는 점입니다. 측두엽 발작, 마약, 꿈으로 인한 환각은 사람에 따라, 또는 같은 사람이라도 그 주제나 내용이 매번 다릅니다. 또한 내용이 체계적이지 않고 비현실적이며, 긍정적인 정서보다 부정적인 정서가 더 자주 나타납니다. 임사 체험이 이들과 같은 메커니즘이라면, 위 특징들이 똑같이 나타나야 할 것입니다.

하지만 임사 체험은 내용이 비교적 일정하며, 긍정적이고, 기승전결이 잘 조직되어 있습니다. 그러므로 임사 체험은 스트레스와 발작으로 인한 무작위적인 두뇌 과정이 아니라, 인류 공통으로 가지고 있는 별개의 두뇌 메커니즘에 의해 일어난다고 보는 것이 합당합니다.

임사 체험을 가장 잘 설명하는 이론을 찾기 위해 필요한 것은 양질의 데이터입니다. 즉, 임사 체험 현상에 관한 인지신경과학적 연구가 필요합니다.[10] 이를 위해서는 임사 체험을 겪고 있을 가능성이 있는 환자의 뇌 활동을 다채널 EEG로 측정해야 합니다. 위급 상황에서 회복하는 즉시, 뇌 손상 정도를 구조적·기능적 뇌 영상으로 파악해야 합니다. 또한 표준화된 신경학 및 신경심리학 검사를 통해 임사 체험 환자의 인지력, 정서, 행동의 변화를 자세히 기록해야 합니다. 데이터에 기반한 실증적인 접근법만이 임사 체험의 미스터리를 해결할 수 있습니다.

또 하나의 방법은 건강한 일반인을 대상으로 유사한 경험을 실험적으로 유도하는 것입니다. 과호흡으로 인체에 무해한 저산소증이나 기절을 일으키거나, 직접 뇌를 자극하는 방법이 쓰일 수 있습니다. 실험적으로 임사 체험을 유도할 수 있다면 유체 이탈처럼 체계적이고 통제된 연구가 가능하며, 기저의 메커니즘을 과학적으로 규명할 수 있을 것입니다.

죽어가는 뇌 가설을 반증하거나, 인지신경과학의 철학적 전제를 흔들 수 있는 새로운 데이터를 찾아내는 것도 한 방법입니다.

영국의 정신의학자 펜윅Fenwick 부부가 주장한 대로, 그 체험이 정확히 언제 일어나는지, 이때 뇌에서 어떤 일이 일어나는지 밝히는 것이 임사 체험의 가장 핵심적인 문제입니다.[13]

> 우리의 연구에서 환자들은 무의식 중에 무언가를 체험했다고 느꼈다. … EEG가 평탄한 임상적 사망 상태 동안 어떻게 의식을 또렷하게 경험할 수 있는지 조금도 짐작할 수 없다. 이 질문은 신경과학이 직면한 가장 큰 질문인, 의식이 뇌에 구속되어 있는가, 의식은 전적으로 뇌 기능의 산물인가 하는 문제를 해결하는 데 있어 매우 중요하다. … 과학적 관점에서 보면, 무의식 중에는 일시적 사망 체험이 발생할 수 없다. 하지만 실제로 그때 체험이 발생한다는 것을 보여주는 약간의 근거들이 우리를 애타게 만든다.
>
> (펜윅 부부,『죽음의 기술』209~210쪽)

가까운 미래에 이 모든 논쟁을 끝낼 양질의 데이터를 얻기는 힘들 것입니다. 한 가지 가능성은, 신경계가 고장나면서 생겨난 비정상 신경 활성이 각각의 체험을 만들어내고, 그것이 다양하게 조합된 것이 임사 체험이라는 사실을 인지신경과학 접근법을 통해 밝히는 것입니다. 어쩌면 임사 체험은 일시적인 코마로 전기 활동이 멈추어 있던 뇌가 재시작되고 의식이 회복되면서 생기는 현상일 수도 있습니다.

또 다른 가능성은, 이러한 무의식적 상태 동안에 뇌에서 전기 활성이 전혀 일어나지 않는다는 것과, 아무런 두뇌 상관물이 존재할 수 없는 그때 주관적 체험이 일어난다는 것, 이 둘을 객관적으로 명백히 검증하는 것입니다. 이는 철학과 과학 전반을 발칵 뒤집어놓을 발견이 될 것이며, 우리는 모든 의식과학 이론을 원점에서 재검토할 수밖에 없을 것입니다.

임사 체험 연구는 조금씩 성과를 보이고 있습니다. 과거 연구보다 방법론적으로 진보한 최신 연구들이 속속 등장하고 있습니다. 가장 근본적인 문제는 임사 체험이 **진짜 경험**인지 아니면 단순한 환상이나 꿈인지를 밝히는 것입니다. 이를 풀기 위한 두 가지 연구가 최근 발표되었습니다. 첫 번째는 임사 체험 기억을 분석하여 실제 및 상상 사건에 대한 기억과 비교한 연구입니다.[18] 체험자들의 주장처럼 임사 체험에 대한 기억은 상상에 대한 기억보다 훨씬 더 강하고 선명했으며, 실제 사건 가운데서도 강렬한 사건에 대한 기억과 비슷했습니다. 두 번째는 심폐 소생 중 각성에 관한 연구입니다. 연구자들은 임사 체험이 실제로 언제 발생하는지를 알아내고자 했습니다.[19] 전체 2천여 명의 심장마비 환자 가운데 심폐 소생 중에 임사 체험을 선명하게 경험한 사람은 단 2%였습니다. 하지만 이들 중 단 한 명은 깊은 무의식에 빠져 있을 당시에 일어났던 일들을 마치 바깥에서 직접 지켜본 것처럼 기억해 냈습니다(최신 연구에 대한 요약은 참고문헌 19번 Parnia et al., 2014 참조).

신비 체험

신비 체험은 모든 고차 의식 상태 가운데서도 **가장 높은** 상태라 말할 수 있습니다. 다른 의식 상태의 특징이 극단적인 형태로 나타나기 때문입니다. 신비 체험은 이후의 삶에 커다란 변화를 일으키기도 합니다. 신비 체험을 겪은 사람들은 그 체험이 아무리 짧아도 수년이 지나도 생생히 떠올리며, 그때를 인생 최고의 순간으로 기억합니다. 윌리엄 제임스는 『종교 체험의 다양성』에서 신비 체험이 모든 개인적 신앙의 뿌리이자, 현존하는 종교들의 기원이라고 말했습니다.

신비 상태는 언어로 설명하거나 타인에게 전달하기 어렵습니다. 윌리엄 제임스는 이러한 **형언 불가능성**을 신비 상태를 정의하는 특징으로 꼽습니다. 신비 상태의 체험자는 감정적으로는 엄청난 평온함, 차분함, 조화, 기쁨, 사랑, 흥분, 경외감, 행복감 등의 긍정적인 정서를 느끼고, 인지적으로는 우주의 본질이나 숨겨진 질서를 깨달으며, 지각적으로는 독특한 형체나 심상을 목격하거나 기존의 세계를 훨씬 밝고 선명하게, 아름답게 느낍니다. 실재감과 의미감이 높아지며, 시간 감각이 왜곡되기도 합니다. 보통 수 초에서 최대 한 시간 정도로 짧지만, 그 여파는 평생을 가기도 합니다. 불시에 갑자기 찾아오며 의도적으로 일으킬 수 없지만, 요가나 명상, 마약 등을 통해 발생 확률을 높일 수는 있습니다.

과연 신비 상태를 과학적으로 연구하는 것이 가능할까요? **신비**하다는 것은 자연 세계와 과학의 범주를 벗어나 마법이나 초자연, 주술과 연관되어 있음을 의미합니다. 하지만 아무리 이상한 경험도 의식과학의 영역 내에 있는 것은 맞습니다. 따라서 신비 체험 역시 궁극적으로는 의식과 뇌의 상태 중 하나로서 체계적인 분석이 가능합니다.

신비 체험은 맞춤형으로 설계된 MEQ30이라는 설문지를 활용하여 체계적으로 연구할 수 있습니다. MEQ30은 총 30개의 질문으로 되어 있으며, (1) 자아의 신비로운 결합과 소멸(삼매 경험), (2) 좋은 기분(고양된 정서 상태), (3) 시공간 경험(방향감과 시간 감각)의 변화, (4) 체험의 형언 불가능성, 이렇게 네 가지 요소에 초점이 맞추어져 있습니다. MEQ30의 유효성은 실로시빈(환각버섯)을 복용하고 변성 의식 상태와 고차 의식 상태를 경험한 피험자들을 대상으로 검증된 바 있습니다.[20]

최근 학자들은 실로시빈과 LSD 등의 환각제로 의식 상태의 변성을 유도하여 신비 체험의 두뇌 메커니즘이나 신경상관물을 탐구하고 있습니다.[21,22] 그 결과는 짐짓 놀랍습니다. 신비 체험이 인간이 경험할 수 있는 **최고**의 상태라면, 뇌 활성도 최고조에 달할까요? 아닙니다. 실로시빈 연구에서 드러난 바는 오히려 정반대였습니다. 뇌 활동, 특히 가장 고등한 인지 기능에 관여하는 전전두엽과 측두엽의 활성은 현저히 줄어들었습니다. 영역 간의 기능적 연결성(신경들의 *의사소통*)과 혈류량 역시 감소했으며, 전기 활동도 느려졌습니다. 그뿐만 아니라, 고등 인지를 담당하는 전두엽이 손상되면 오히려 신비 체험의 빈도가 늘어난다는 결과도 있었습니다. 단, LSD의 경우에는 반대로 신비적인 합일과 자아의 소멸이 일어날 때 뇌의 연결성과 활동성이 증가했습니다.

어째서 가장 높은 의식 상태에서 뇌 활성 수준이 정상치보다 떨어질까요? 한 가지 가능성은 신비 상태가 더 원시적인 의식 상태라는 것입니다. 대뇌피질이 지금의 형태로 진화하여 언어, 비판적 사고, 계획, 논리적 추론 등의 인지 능력이 생겨나기 이전의 의식 상태가 신비 의식 상태라면, 고차 인지를 담당하는 영역이 꺼지면 원래 상태로 돌아갈 것입니다. 하지만 신비 체험의 신경과학은 아직 걸음마 단계입니다. 향후 새로운 사실이 발견되면 지금의 해석 역시 얼마든지 달라질 수 있습니다.

깨달음: 최고의 의식 상태?

20세기 초 캐나다 정신의학자 버크^(Bucke, R. M.)는 신비 체험의 한 유형을 설명하기 위해 **우주 의식**이라는 용어를 고안했습니다. 이 표현은 윌리엄 제임스의 저술에서도 발견됩니다.[23]

우주 의식의 주요 특징은 우주의 생명과 질서를 의식한다는 점이다. 이와 함께 지적인 깨달음이 일어나 체험자를 존재의 새 지평으로 이끌어, 거의 새로운 종의 일원으로 다시 태어나게 한다. 체험자는 도덕적으로 고양되며, 형언할 수 없는 상승감, 환희, 기쁨을 느낀다. 윤리 판단 역시 빨라지는데, 이는 지적 능력의 향상만큼이나 인상적이며 오히려 더 중요한 특징이다. 불멸성, 영원한 삶에 대한 의식도 찾아온다. 불멸성은 획득해야 할 무언가가 아니라 그의 의식이 이미 지니고 있었던 것임을 깨닫는다.

(제임스, 『종교 체험의 다양성』 389쪽)

우주 의식 상태에서 의식은 엄청나게 확장되어 우주 전체와 우주의 작동 원리를 아우릅니다. 체험자 본인은 이 지혜가 절대적인 진리라고 받아들이지만, 그를 제외한 사람들은 그렇지 않지요. 체험자의 확신이나 느낌만으로는 진실성이나 타당성을 판단할 수 없기 때문입니다. 버크는 스스로 삶을 뒤바꾼, 자신이 겪었던 짧은 신비 체험을 다음과 같이 소개합니다.

나는 대도시에서 친구 둘과 시와 철학을 탐독하며 저녁을 보내다 자정이 되어서야 헤어졌다. 이륜마차를 타고 숙소로 돌아오는 길은 멀었다. 나의 마음은 독서와 토의 중에 떠올랐던 생각, 심상, 감정으로 인해 차분하고 평화로웠다. 나는 그것들을 조용히, 거의 수동적으로 즐기고 있었다. 생각을 일부러 하는 것이 아니라 있는 그대로 마음에 흘러가도록 내버려 두고 있었다. 바로 그때, 아무런 예고 없이 나는 시뻘건 구름에 둘러싸였다. 순간적으로 나는 불이 난 줄 알았다. 대도시 가까운 곳에서 대화재가 났나 했다. 이윽고 나는 그 불이 내 마음속에 일어났음을 알아차렸다. 그러자 환희와 엄청난 즐거움, 설명하기 힘든 지적 각성이 밀려왔다. 무엇보다도 나는 우주가 죽은 물질의 집합이 아니라 살아있는 현존임을 단지 믿게 된 것이 아니라 직접 목격했다. 나는 내 삶의 영원함을 의식할 수 있었다. 그것은 내가 영원히 살게 될 거라는 믿음이 아니라, 이미 내가 영생을 누리고 있었다는 사실에 대한 자각이었다. 모든 사람은 불멸의 존재였고, 모든 일이 각자에게 도움이 되는 방식으로 일어나도록 우주의 질서가 짜여 있었다. 우리가 사랑이라 부르는 것이 모든 세계의 기본 원리였다. 궁극적으로는 우리 모두 행복으로 나아갈 것을 절대적으로 확신할 수 있었다. 그 광경은 몇 초 뒤에 사라졌지만, 그 기억과 교훈의 생생함은 사반세기가 지난 지금도 잊을 수 없다. 내가 본 것이 진짜임을 나는 안다. 그 당시 내가 그것의 진위를 판단할 수 있는 수준에 도달해 있었기 때문이다. 이후 깊은 우울의 시기를 겪는 동안에도, 그 광경, 그 확신, 그 의식은 절대로 사라지지 않았다.

(제임스, 『종교 체험의 다양성』 390~391쪽)

버크가 체험한 것은 강력한 영적 각성 또는 깨달음이었습니다. 깨달음은 신비 체험의 궁극적인 형태이자, 상상 가능한 의식 상태 가운데 가장 높은 상태입니다. 보통 불교와 같은 동양 종교에서 자주 언급됩니다. 깨달음은 우주와 자아의 본질을 완전히 이해하는 경험으로, 보통은 장기간의 명상이나 영적 수련을 거쳐야 도달할 수 있습니다. 산스크리트어로 보디^{bodhi}와 부드흐^{budh}는 각성, 지혜, 빛을 뜻합니다. 따라서 **부처**^{buddha}란, 말 그대로 **깨어난 자**를 뜻합니다. 깨달음은 잠에서 깨어나듯 보통의 의식과는 질적으로 다른 초월적·고차원적 의식 수준이 되어 우주의 본질을 목격하는 신비 체험입니다. 자각몽 상태가 되었을 때 보통의 꿈 의식을 초월하여 꿈속 세계의 실체를 깨닫는 것과 같은 원리입니다.

불교에서는 깨달음에 이르면 모든 이기심과 소유욕, 말초적 쾌락, 인간관계 등 외부적이고 일시적인 것들에 대한 집착을 멈출 수 있다고 말합니다. 우주 만물의 덧없음과 공허함을 목도하고, 심지어 자신의 자아가 환상임을 알게 된다고도 합니다.

깨달음에 대한 이러한 관점은 오늘날 일부 의식 이론가들의 주장과도 일맥상통합니다. 토머스 메칭거는 2003년 저서 『아무도 아님』에서 자아가 실재하지 않는 환상이라고 말했습니다.[11,24] 삼매 상태에서도 주체와 객체가 하나가 되면서 자아가 소멸합니다. 자아의 소멸은 완전한 깨달음으로 가는 중요한 발판이지요.

깨달음을 체험하면 내면이 완전히 평화로워지고 고통은 소멸하며 아직 깨닫지 못해 괴로워하는 모든 의식적 존재들을 향해 깊은 온정과 무조건적인 사랑을 느끼게 된다고 합니다. 그러나 이 감정들이 깨달음 상태에 한 번 도달하면 계속 이어지는지, 시간에 따라 희미해지는지는 확실하지 않습니다. 변성 의식 상태는 정의상 영구적이 아닌 일시적인 경험 변화만을 가리킵니다. 변성 의식 상태나 고차 의식 상태를 겪더라도 시간이 지나면 우리는 정상 상태로 되돌아옵니다. 깨달음이 지속적인 변화라면 이는 변성 의식 상태의 정의와 어긋납니다. 그렇다면 깨달음은 고차적·초월적 의식 수준으로의 비가역적인 변화로 분류하는 것이 더 정확할 것입니다.

요약

고차 의식 상태는 많은 지혜와 의미를 가져다주는 다양한 형태의 긍정적이고 바람직한 변성 의식 상태다. 이후 개인의 삶에 중대한 변화를 일으키기도 한다. 몰입, 러너스 하이, 삼매, 유체 이탈 체험, 신비 체험 등이 대표적인 예다.

변성 의식 상태와 고차 의식 상태는 우리의 주관적 실존이 엄청나게 다양한 양상을 띨 수 있음을 보여준다. 의식과학은 정상적인 의식뿐만 아니라 변성 의식의 경험적 특징과 기저 메커니즘도 설명할 수 있어야 한다. 하지만 변성 상태는 보통 실험적으로 통제하기 까다롭고, 외부자가 내용을 검증하기 어려우며, 그 경험을 정확하게 서술하기가 불가능한 경우가 많다. 이는 의식의 과학적 연구에 있어서 난점으로 작용한다. 하지만 최근 꿈, 유체 이탈, 최면 환각, 명상 등의 구체적이고 객관적인 신경상관물과 두뇌 메커니즘이 차차 밝혀지면서, 이들이 측정 가능한 실제 현상임이 드러나고 있다. 가령 측두엽 자극 연구에서는 적절한 위치를 자극하는 것만으로도 유체 이탈을 일으킬 수 있었다.

여러 변성 의식 상태가 하나의 생물학적 메커니즘을 공유할 수도 있다. 꿈, 최면, 명상, 몰입 상태는 모두 전전두엽의 활동 감소와 타 영역과의 단절을 동반하는데, 이로 인해 강한 몰두감, 비판적 사고와 내면의 목소리의 부재, 시간 감각의 변화 등의 공통된 현상적 특징이 나타나는 것일 수 있다. 신비 상태에서도 고차 인지 영역의 활성 감소와 기능적 단절이 일어난다. 신비 상태가 원시적인 형태의 의식이라는 주장도 있다. 그렇다면 평상시에는 고차 인지 기능이 신비 상태로의 진입을 막고 있다가, 그 기능이 꺼지면 우리에게 내재해 있던 초월성이 드러나는 것일 수도 있다.

이처럼 모든 변성 의식 상태는 저마다 그 기반이 되는(상관성이 있는) 뇌 활동 패턴이 존재한다. 따라서 언젠가는 변성 의식을 실험으로 규명할 수 있으리라 기대해 본다.

생각해 봅시다

- 몰입, 러너스 하이, 명상을 체험해 보았나요? 그 당시 여러분의 생각, 느낌, 주의는 어떻게 변화하였나요? 눈앞의 과제에 완전히 집중하고 있었나요?

- 유체 이탈을 체험해 보았나요? 그렇다면 그것이 무엇 때문인지 알고 있나요? 그 원인을 어떻게 알게 되었나요?

- 사후세계 가설과 죽어가는 뇌 가설 중 무엇이 더 합리적이라고 생각하나요? 그렇게 생각한 이유는 무엇인가요?

- 신비 체험과 깨달음이 과연 가능할까요? 실제로 경험해 본 적이 있나요? 또는 그것을 경험한 사례를 알고 있나요? 그렇다면 구체적인 내용과 발생 이유를 설명해 봅시다.

뇌 전체 기능적 연결성의 증가와
LSD로 인한 자아 소멸의 상관관계

2016년 4월, 네덜란드의 엔조 타글리아주키Enzo Tagliazucchi 연구
팀은 사상 최초로 리세르그산 디에틸아미드, 이른바 LSD의 효과
를 현대 뇌 영상 장비로 측정했다.[25] 환각 물질은 수천 년간 다양
한 문화권에서 사용되었는데, LSD는 1938년 처음 합성된 이후
1960년대 오락용으로 널리 쓰이면서 가장 유명한 환각 물질 중 하
나가 되었다.

연구팀은 LSD를 복용했을 때 뇌의 작동 방식을 이해하고자 했
다. 연구팀은 자아 감각이 감소하거나 없어지는 **자아 소멸** 현상에
특히 주목했다. 자아 소멸은 고차 상태나 신비 상태에서 자주 나
타나며, **우주와 하나가 되는** 느낌을 준다. 연구팀은 통제된 조건하
에서 LSD로 의식 경험을 조절하여 신비 의식 상태를 유도하고자
했다.

연구팀은 LSD를 복용한 총 15명의 뇌 영상을 스캔하여 위약군과 비교했다. 그 결과, 정상적 상태에서는 정보를 잘 교환하지 않는 뇌 영역 간의 의사소통이 증가한 것이 밝혀졌다. 이러한 전체적인 연결성 향상은 자아 소멸과 상관성을 보였다. 유체 이탈 체험에 관여하는 뇌 부위의 변화도 관찰되었다.

이 연구는 환각 체험의 신경 기전뿐 아니라 인간 의식의 기능, 더 구체적으로는 (외부 세계와의 연결감과 반대되는 개념으로서의) 자아감이 뇌에서 어떻게 형성되는지도 시사한다.

뇌의 각 부분이 나머지 부분들과 강하게 연결되어 고활성·고연결 상태가 되면 우주와 하나가 되는 신비 체험이 일어난다는 것은 신빙성 있는 설명이다. 뇌의 기능적 연결성이 전반적으로 높아져 외부 세계에 대한 표상이 자아에 대한 표상을 완전히 압도할 때 합일과 통합을 체험하는 것일 수 있다.

나오는 말

새천년을 맞이하고 20년 가까이 흐른 지금도 의식은 여전히 과학과 철학의 가장 큰 난제로 남아 있습니다. 하지만 지난 몇 년간 의식 연구는 괄목할 만큼 발전했습니다. 의식과학은 이제 번영의 시기를 맞고 있습니다. 이 책을 쓰는 와중에도 의식과학에 관련된 새로운 이론과 실험을 담은 논문들이 하루가 멀다고 발표되는 탓에 (집필이 느린 탓도 있었겠지만) 상당히 애를 먹었습니다.

의식에 관한 새로운 이론 가운데는 줄리오 토노니의 통합 정보 이론IIT이 유력합니다. 이 이론은 의식이 **뇌의 내부에서 통합된 정보의 양**, 소위 **파이**phi, Φ라는 값으로 환원될 수 있다고 주장합니다. IIT 이론가들은 뇌의 파이 값을 재기 위해 의식의 수준을 객관적으로 측정, 계산할 수 있는 **섭동 복잡도 지수**PCI, Perturbation Complexity Index라는 개념도 고안하였습니다. PCI는 뇌에 TMS 펄스나 전기 충격을 가하였을 때 그 전기 활동이 뇌의 신경망에서 얼마나 넓게 퍼져나가는지를 정량화한 값입니다. 코마나 깊은 수면 등의 무의식적 상태에서는 PCI가 낮고, 완전히 깨어 있는 의식적인 뇌는 PCI가 높습니다. 뇌의 파이 값이 의식의 정체를 설명해 줄지는 아직 알 수 없지만, IIT가 다양한 이론 및 실험 연구와 학자들 간의 활발한 논의를 촉발한 것은 사실입니다.

실험 분야에서는 벨기에의 스티븐 로리스Stephen Laureys가 이끄는 코마 과학 그룹을 비롯한 수많은 연구진이 의식적 상태와 무의식적 상태의 차이를 탐구하고 있습니다. 코마나 식물인간 환자의 내면세계를 파악하는 것이 이들의 목표입니다. 환자들의 내면에 의식이 있는지 어떻게 알 수 있을까요? 이들 가운데는 내부적으로 여전히 의식이 있는 채로 외부 세계와의 소통이 단절된 경우가 있을 수 있습니다.

최신 추정치에 따르면, 외부 행동 반응이 불필요한 뇌 영상술로 모든 식물인간 환자들을 재검사한다면 내부적으로 의식이 있다고 진단될 확률이 무려 10~20%에 달한다고 합니다. 의식과학의 성과 가운데 가장 중대한 단 하나만 꼽자면 저는 이것을 고를 것입니다. 이 발견은 환자 수천 명의 삶을 뒤바꿀 수 있는 실질적인 파급력을 지니고 있습니다. 이 사실을 알기 전까지 우리는 반응하지 않는 환자 내부의 의식을 완전히 무시했습니다. 외부적 반응과는 별개로 내면에 주관적 의식이 존재할 수 있다는 사실을 이제는 의료계도 인정하고 있습니다.

또 하나의 각광받는 연구 분야는 전신마취에 의한 의식 소실과 회복에 관한 연구입니다. 지금도 세계 곳곳에서는 최첨단 뇌 영상 기기들로 무장한 여러 연구진이 의식을 *끄고* *켜는* 스위치의 정체를 밝혀내기 위해 노력하고 있습니다. 하나의 단순한 **의식 스위치**는 존재하지 않으며, 다양한 메커니즘이 관여하고 있는 것으로 추정됩니다. 특히 피질과 시상 간의 복잡한 장거리 연결망이 의식의 유지에 매우 중요한 것으로 보입니다. 실로시빈, LSD 등의 환각 물질로 인한 의식의 변성과 신비 체험의 NCC에 대한 연구도 진행되고 있습니다. 신경과학자들은 무의식적 상태의 메커니즘뿐만 아니라 의식의 변성·신비·환각 상태 기저의 신경 활동의 이해에도 점점 다가서고 있습니다. 이러한 지식은 중증 우울증을 비롯한 여러 질병의 치료에 활용될 수 있습니다.

여러 변성 의식 가운데 가장 잘 알려진 것은 꿈입니다. 꿈은 결코 무의식적 상태가 아니며, 잠든 뇌 속에서 벌어지는 현상 의식입니다. 꿈이 생물학적으로 설계된 가상 세계 시뮬레이션이라는 관점은 점점 더 많은 지지를 얻고 있습니다. 꿈의 기능은 일상에서 발생 가능한 미래 사건을 모사하는 것입니다. 우리가 꿈이라는 시뮬레이션 속에서 현실과 다른 가상의 삶을 살아가는 것은, 꿈을 통해 일상에서의 위기를 대비할 수 있기 때문입니다. 꿈속에서 우리는 좋든 싫든 각종 사건을 경험하고, 그와 관련된 지각, 기억, 반응이 강화됩니다. 또한 꿈은 늘 다양한 사람과의 사회적 상호작용을 시뮬레이션하므로 우리는 꿈속에서 사회적 유대를 훈련할 수 있습니다. 2015년 필자는 꿈과 의식의 관계를 이러한 관점에서 고찰한 결과를 토머스 메칭거와 제니퍼 빈트Jennifer Windt가 이끄는 연구회의 논문집『오픈 마인드 프로젝트Open MIND project』에 기고하였습니다(http://open-mind.net).

최근 일본의 한 연구진은 시각 피질의 활동에서 곧바로 꿈의 시각적 내용을 읽어내는 연구를 수행했습니다. 우리는 보통 잠들면서 시각 이미지로 이루어진 **수면 개시 꿈**을 경험합니다. 연구진은 뇌 활동을 해독하여 수면 개시 꿈의 내용을 예측하는 데 성공하였고, 그 결과를 2013년『사이언스』에 발표했습니다. 2014년『네이처 뉴로사이언스』에는 잠든 피험자의 뇌 앞부분을 자극하여 꿈속에서 꿈을 꾸고 있다는 사실을 자각하게 만든 연구가 발표되기도 했습니다. 이 전두엽 전기 자극술은 자각몽을 촉발하여 원할 때마다 꿈속 세상을 제어하고 모험의 내용을 설계하는 데 활용될 수 있습니다.

필자의 연구진은 꿈의 시뮬레이션 이론, 전신마취 중 의식의 소실과 회복 등 의식과학의 다양한 주제를 계속 탐구하고 있습니다. 시각 의식의 신경 메커니즘도 필자의 관심 주제입니다. 아직 우리는 시각 의식이 생겨날 때, 즉 눈을 뜨고 세상을 볼 때 뇌에서 무슨 일이 일어나는지와 같은 가장 기본적인 질문도 답할 수 없습니다. 시각 정보가 언제, 어디서, 어떠한 신경 메커니즘에 의해 의식되는지 학자들은 오늘도 가열하게 논쟁을 벌이고 있습니다.

최근의 눈부신 성과에도 불구하고, 우리는 여전히 주관적 의식의 정체가 무엇인지, 객관적인 물질세계 속 의식의 위치는 어디인지 알지 못합니다. 인간의 의식 혹은 영혼이, 주관과 지각의 고귀한 불꽃이, 기계론적인 물질세계에 어떻게, 왜 출현할 수 있었는지는 그 아무도 모릅니다. 왜 인간은 무의식적 바이오 로봇이나 좀비가 아닌 걸까요? 생물학적 뇌 활동으로부터 의식이 어떻게 출현한 것일까요? 이러한 근본적 질문에 답하기 위해서 의식과학은 아직 철학의 힘을 빌려야 합니다.

의식을 향한 과학의 여정은 이제 시작에 불과합니다. 우주 속에서 자신의 위치를 알고 싶어 하는 인류의 무한한 호기심과 지적 욕망이 그 원동력이 되어줄 것입니다. 제가 이 책을 쓰기 시작한 동기였던 미스터리를 헤쳐 나가는 탐험가가 된 느낌을 독자 여러분도 잠시나마 느꼈기를 바랍니다.

2017년 1월 핀란드 투르쿠에서,
안티 레본수오

참고문헌

1장

1. Nagel, T. (1974). What is it like to be a bat? *The Philosophical Review*, 83(4), 435-450.

2장

1. Block, N. (1995). How many concepts of consciousness? *Behavioral and Brain Sciences*, 18(2), 272-287.

2. Dehaene, S. (2014). *Consciousness and the brain: Deciphering how the brain codes our thoughts*. New York, NY: Penguin.

3. D'Argembeau, A., Lardi, C., & Van der Linden, M. (2012). Self-defining future projections: Exploring the identity function of thinking about the future. *Memory*, 20(2), 110-120.

4. Mashour, G. A., & LaRock, E. (2008). Inverse zombies, anaesthesia awareness, and the hard problem of consciousness. *Consciousness and Cognition*, 17, 1163-1168.

5. Owen, A. M., Coleman, M. R., Boly, M., Davis, M. H., Laureys, S., & Pickard, J. D. (2006). Detecting awareness in the vegetative state. *Science*, 313(5792), 1402-1402.

6. Monti, M. M., Vanhaudenhuyse, A., Coleman, M. R., Boly, M., Pickard, J. D., Tshibanda, L., . . . & Laureys, S. (2010). Willful modulation of brain activity in disorders of consciousness. *New England Journal of Medicine*, 362(7), 579-589.

3장

1. Velmans, M. (2009). *Understanding consciousness*. 2nd eds. Hove, UK: Routledge.

2. Chalmers, D. J. (1996). The conscious mind. Oxford: Oxford University Press.

3. Strawson, G. (2006). Realistic monism: Why physicalism entails panpsychism. *Journal of Consciousness Studies*, 13, 3-31.

4. Tononi, G. (2008). Consciousness as integrated information: A provisional manifesto. *The Biological Bulletin*, 215(3), 216-242.

5. Koch, C. (2012). *Consciousness: Confessions of a romantic reductionist*. Cambridge, MA: MIT Press.

6. Levine, J. (1983). Materialism and qualia: The explanatory gap. *Pacific Philosophical Quarterly*, 64(4), 354-361.

7. Levine, J. (1993). On leaving out what it's like. In M. Davies, & G. W. Humphreys (eds), *Consciousness* (pp. 121-136). Oxford: Blackwell.

8. Nagel, T. (1974). What is it like to be a bat? *The Philosophical Review*, 83(4), 435-450.

9. McGinn, C. (1991). *The problem of consciousness*. Oxford: Blackwell.

4장

1. Fechner, G. T. (1860). *Elemente der psychophysik*. Leipzig: Breitkopf und Härtel.

2. James, W. (1950). *The principles of psychology* (Vols. 1 and 2). New York, NY: Dover. (Original work published 1890)

3. James, W. (1902). *The varieties of religious experience*. New York, NY: Longman, Green.

4. Freud, S. (1950). *The interpretation of dreams* (A. A. Brill, Trans). New

York, NY: Random House. (Original work published 1900)

. Watson, J. B. (1913). Psychology as the behaviourist views it. *Psychological Review*, 20, 158-177.

5장

. Domhoff, G. W. (1996). *Finding meaning in dreams: A quantitative approach*. New York, NY: Plenum Press.

. McNamara, P., McLaren, D., Smith, D., Brown, A., & Stickgold, R. (2005). A "Jekyll and Hyde" within aggressive versus friendly interactions in REM and non-REM dreams. *Psychological Science*, 16(2), 130-136.

. Killingsworth, M. A., & Gilbert, D. T. (2010). A wandering mind is an unhappy mind. *Science*, 330(6006), 932-932.

. Sandberg, K., Timmermans, B., Overgaard, M., & Cleeremans, A. (2010). Measuring consciousness: Is one measure better than the other? *Consciousness and Cognition*, 19(4), 1069-1078.

. Simons, D. J., & Rensink, R. A. (2005). Change blindness: Past, present, and future. *Trends in Cognitive Sciences*, 9(1), 16-20.

. Mack, A., & Rock, I. (1998). *Inattentional blindness*. Cambridge, MA: MIT Press.

. Simons, D. J., & Chabris, C. F. (1999). Gorillas in our midst: Sustained inattentional blindness for dynamic events. *Perception*, 28(9), 1059-1074.

. Seth, A. K., Dienes, Z., Cleeremans, A., Overgaard, M., & Pessoa, L. (2008). Measuring consciousness: Relating behavioural and neurophysiological approaches. *Trends in Cognitive Sciences*, 12(8), 314-321.

. Revonsuo, A. (2006). *Inner presence: Consciousness as a biological*

참고문헌 389

phenomenon. Cambridge, MA: MIT Press.

6장

1. Sacks, O. (1995). *An anthropologist on Mars*. London: Picador.
2. Weiskrantz, L. (1997). *Consciousness lost and found*. New York, NY: Academic Press.
3. Marshall, J. C., & Halligan, P. W. (1988). Blindsight and insight in visuo-spatial neglect. *Nature*, 336, 766-767.
4. Làdavas, E., Berti, A., & Farnè, A. (2000). Dissociation between conscious and nonconscious processing in neglect. In Y. Rossetti, & A. Revonsuo (eds), *Beyond dissociation: Interaction between dissociated implicit and explicit processing* (pp. 175-193). Amsterdam: John Benjamins.
5. Kapur, N. (1997). *Injured brains of medical minds: Views from within*. Oxford: Oxford University Press.
6. Mark, V. (1996). Conflicting communicative behavior in a split brain patient: Support for dual consciousness. In S. R. Hameroff, A. W. Kaszniak, & A. C. Scott (eds), *Toward a science of consciousness* (pp. 189-196). Cambridge, MA: MIT Press.
7. Gazzaniga, M. S., & LeDoux, J. E. (1978). *The integrated mind*. New York, NY: Plenum Press.
8. Gazzaniga, M. S., LeDoux, J. E., & Wilson, J. E. (1977). Language, praxis and the right hemisphere: Clues to some mechanisms of consciousness. *Neurology*, 27, 1144-1147.

7장

1. Noreika, V., Jylhänkangas, L., Móró, L., Valli, K., Kaskinoro, K., Aantaa, R., . . . & Revonsuo, A. (2011). Consciousness lost and found: Subjective

experiences in an unresponsive state. *Brain and Cognition*, 77(3), 327–334.

2. Alkire, M. T., Hudetz, A. G., & Tononi, G. (2008). Consciousness and anesthesia. *Science*, 322(5903), 876–880.

3. Alkire, M. T., & Miller, J. (2005). General anaesthesia and the neural correlates of consciousness. *Progress in Brain Research*, 150, 229–244.

4. Liu, X., Lauer, K. K., Ward, B. D., Li, S. J., & Hudetz, A. G. (2013). Differential effects of deep sedation with propofol on the specific and nonspecific thalamocortical systems: A functional magnetic resonance imaging study. *Anesthesiology*, 118(1), 59–69.

5. Laureys, S., Owen, A. M., & Schiff, N. D. (2004). Brain function in coma, vegetative state, and related disorders. *The Lancet Neurology*, 3(9), 537–546.

6. Monti, M. M., Vanhaudenhuyse, A., Coleman, M. R., Boly, M., Pickard, J. D., Tshibanda, L., . . . & Laureys, S. (2010). Willful modulation of brain activity in disorders of consciousness. *The New England Journal of Medicine*, 362(7), 579–589.

7. Owen, A. M., Coleman, M. R., Boly, M., Davis, M. H., Laureys, S., & Pickard, J. D. (2006). Detecting awareness in the vegetative state. *Science*, 313(5792), 1402–1402.

8. Leopold, D. A., & Logothetis, N. K. (1999). Multistable phenomena: Changing views in perception. *Trends in Cognitive Sciences*, 3(7), 254–264.

9. Kanwisher, N. (2001). Neural events and perceptual awareness. *Cognition*, 79(1), 89–113.

10. Ffytche, D. H., Howard, R. J., Brammer, M. J., David, A., Woodruff, P., & Williams, S. (1998). The anatomy of conscious vision: An fMRI study

of visual hallucinations. *Nature Neuroscience*, 1, 738-742.

11. Dehaene, S., & Changeux, J. P. (2011). Experimental and theoretical approaches to conscious processing. *Neuron*, 70(2), 200-227.

12. Eriksson, J., Larsson, A., & Nyberg, L. (2008). Item-specific training reduces prefrontal cortical involvement in perceptual awareness. *Journal of Cognitive Neuroscience*, 20(10), 1777-1787.

13. Eriksson, J., Larsson, A., Åhlström, K. R., & Nyberg, L. (2007). Similar frontal and distinct posterior cortical regions mediate visual and auditory perceptual awareness. *Cerebral Cortex*, 17(4), 760-765.

14. Dehaene, S. (2014). *Consciousness and the brain: Deciphering how the brain codes our thoughts*. New York, NY: Penguin.

15. Koch, C., Massimini, M., Boly, M., & Tononi, G. (2016). Neural correlates of consciousness: Progress and problems. *Nature Reviews Neuroscience*, 17(5), 307-321.

16. Koivisto, M., & Revonsuo, A. (2010). Event-related brain potential correlates of visual awareness. *Neuroscience & Biobehavioral Reviews*, 34(6), 922-934.

17. Liu, Y., Paradis, A. L., Yahia-Cherif, L., & Tallon-Baudry, C. (2012). Activity in the lateral occipital cortex between 200 and 300 ms distinguishes between physically identical seen and unseen stimuli. *Frontiers in Human Neuroscience*, 6.

18. Vanni, S., Revonsuo, A., Saarinen, J., & Hari, R. (1996). Visual awareness of objects correlates with activity of right occipital cortex. *NeuroReport*, 8(1), 183-186.

19. Salminen-Vaparanta, N., Vanni, S., Noreika, V., Valiulis, V., Móró, L., & Revonsuo, A. (2014). Subjective characteristics of TMS-induced phosphenes originating in human V1 and V2. *Cerebral Cortex*, 24(10),

2751-2760.

20. Salminen-Vaparanta, N., Koivisto, M., Noreika, V., Vanni, S., & Revonsuo, A. (2012). Neuronavigated transcranial magnetic stimulation suggests that area V2 is necessary for visual awareness. *Neuropsychologia*, 50(7), 1621-1627.

21. Silvanto, J., Cowey, A., Lavie, N., & Walsh, V. (2005). Striate cortex (V1) activity gates awareness of motion. *Nature Neuroscience*, 8(2), 143-144.

8장

1. Schwartz, S. (2000). A historical loop of one hundred years: Similarities between 19th century and contemporary dream research. *Dreaming*, 10, 55-66.

2. Hall, C. S., & Van de Castle, R. L. (1966). *The content analysis of dreams*. New York, NY: Appleton- Century-Crofts.

3. Domhoff, G. W. (1996). *Finding meaning in dreams: A quantitative approach*. New York, NY: Plenum Press.

4. Foulkes, D. (1985). *Dreaming: A cognitive-psychological analysis*. Hillsdale, NJ: Lawrence Erlbaum.

5. Revonsuo, A. (2006). *Inner presence: Consciousness as a biological phenomenon*. Cambridge, MA: MIT Press.

6. Windt, J. M. (2015). *Dreaming: A conceptual framework for philosophy of mind and empirical research*. Cambridge, MA: MIT Press.

7. Borbély, A. (1984). Schlafgewohnheiten, Schlafqualität und Schlafmittelkonsum der Schweitzer Bevölkerung: Ergebnisse einer Repräsentativumfrage. *Schweizerische Aerztezeitung*, 65, 1606-1613.

8. Strauch, I., & Meier, B. (1996). *In search of dreams: Results of experimental dream research*. New York, NY: SUNY Press.

9. Rechtschaffen, A., & Buchignani, C. (1992). The visual appearance of dreams. In J. S. Antrobus, & M. Bertini (eds), *The neuropsychology of sleep and dreaming* (pp. 143-155). Hillsdale, NJ: Lawrence Erlbaum.

10. Uga, V., Lemut, M. C., Zampi, C., Zilli, I., & Salzarulo, P. (2006). Music in dreams. *Consciousness and Cognition*, 15, 351-357.

11. Revonsuo, A. (2005). The self in dreams. In T. E. Feinberg, & J. P. Keenan (eds), *The lost self: Pathologies of the brain and mind* (pp. 206-219). New York, NY: Oxford University Press.

12. Snyder, F. (1970). The phenomenology of dreaming. In L. Madow, & L. H. Snow (eds), *The psychodynamic implications of the physiological studies on dreams* (pp. 124-151). Springfield, IL: Charles S. Thomas.

13. Revonsuo, A., & Tarkko, K. (2002). Binding in dreams. *Journal of Consciousness Studies*, 9, 3-24.

14. Hobson, J. A. (2009). REM sleep and dreaming: Towards a theory of protoconsciousness. *Nature Reviews Neuroscience*, 10(11), 803-813.

15. Hobson, J. A., & McCarley, R. W. (1977). The brain as a dream state generator: An activation-synthesis hypothesis of the dream process. *American Journal of Psychiatry*, 134, 1335-1348.

16. Blagrove, M. (1992). Dreams as the reflection of our waking concerns and abilities: A critique of the problem-solving paradigm in dream research. *Dreaming*, 2(4), 205-220.

17. Hartmann, E. (1996). Outline for a theory on the nature and functions of dreaming. *Dreaming*, 6(2), 147-170.

18. Revonsuo, A. (2000). The reinterpretation of dreams: An evolutionary hypothesis of the function of dreaming. *Behavioural and Brain Sciences*, 23, 877-901.

19. Valli, K., & Revonsuo, A. (2009). The threat simulation theory in

light of recent empirical evidence: A review. *The American Journal of Psychology*, 122: 17-38.

20. Arnulf, I., Grosliere, L., Le Corvec, T., Golmard, J. L., Lascols, O., & Duguet, A. (2014). Will students pass a competitive exam that they failed in their dreams? *Consciousness and Cognition*, 29, 36-47.

21. van Eeden, F. (1990). A study of dreams. Reprinted in C. T. Tart (ed), *Altered states of consciousness* (pp. 175-190). New York, NY: Harper Collins. (Original work published 1913)

22. Schredl, M., & Erlacher, D. (2011). Frequency of lucid dreaming in a representative German sample. *Perceptual and Motor Skills*, 112(1), 104-108.

23. Stumbrys, T., Erlacher, D., Schädlich, M., & Schredl, M. (2012). Induction of lucid dreams: A systematic review of evidence. *Consciousness and Cognition*, 21(3), 1456-1475.

24. Dresler, M., Wehrle, R., Spoormaker, V. I., Koch, S. P., Holsboer, F., Steiger, A., . . . & Czisch, M. (2012). Neural correlates of dream lucidity obtained from contrasting lucid versus non-lucid REM sleep: A combined EEG/fMRI case study. *Sleep*, 35(7), 1017-1020.

25. Dresler, M., Koch, S. P., Wehrle, R., Spoormaker, V. I., Holsboer, F., Steiger, A., . . . & Czisch, M. (2011). Dreamed movement elicits activation in the sensorimotor cortex. *Current Biology*, 21(21), 1833-1837.

26. Voss, U., Holzmann, R., Hobson, A., Paulus, W., Koppehele-Gossel, J., Klimke, A., & Nitsche, M. A. (2014). Induction of self awareness in dreams through frontal low current stimulation of gamma activity. *Nature Neuroscience*, 17(6), 810-812.

9장

1. Barnier, A. J., & Nash, M. R. (2008). Introduction: A roadmap for explanation, a working definition. In M. Nash, & A. Barnier (eds), *The Oxford handbook of hypnosis* (pp. 1-18). New York, NY: Oxford University Press.

2. Kihlström, J. F. (2008). The domain of hypnosis, revisited. In M. Nash, & A. Barnier (eds), *The Oxford handbook of hypnosis* (pp. 21-52). New York, NY: Oxford University Press.

3. Kihlström, J. F. (2013). Neuro-hypnotism: Prospects for hypnosis and neuroscience. *Cortex*, 49(2), 365-374.

4. Kosslyn, S. M., Thompson, W. L., Costantini-Ferrando, M. F., Alpert, N. M., & Spiegel, D. (2000). Hypnotic visual illusion alters color processing in the brain. *American Journal of Psychiatry*, 157(8), 1279-1284.

5. Kallio, S., & Revonsuo, A. (2003). Hypnotic phenomena and altered states of consciousness: A multilevel framework of description and explanation. *Contemporary Hypnosis*, 20(3), 111-164.

6. Kallio, S., Hyönä, J., Revonsuo, A., Sikka, P., & Nummenmaa, L. (2011). The existence of a hypnotic state revealed by eye movements. *PLoS One*, 6(10), e26374.

7. Hilgard, E. R. (1977). *Divided consciousness: Multiple controls in human thought and action*. New York, NY: John Wiley & Sons.

8. Woody, E. Z., & Bowers, K. S. (1994). A frontal assault on dissociated control. In S. J. Lynn, & J. W. Rhue (eds), *Dissociation: Clinical and theoretical perspectives* (pp. 52-79). London: Guilford Press.

10장

1. Hofmann, S. G., Grossman, P., & Hinton, D. E. (2011). Loving-kindness and compassion meditation: Potential for psychological interventions. *Clinical Psychology Review*, 31(7), 1126-1132.

2. Lutz, A., Greischar, L. L., Rawlings, N. B., Ricard, M., & Davidson, R. J. (2004). Long-term meditators self-induce high-amplitude gamma synchrony during mental practice. *Proceedings of the National Academy of Sciences of the United States of America*, 101(46), 16369-16373.

3. Leung, M. K., Chan, C. C., Yin, J., Lee, C. F., So, K. F., & Lee, T. M. (2013). Increased gray matter volume in the right angular and posterior parahippocampal gyri in loving-kindness meditators. *Social Cognitive and Affective Neuroscience*, 8(1):34-39.

4. Lyubomirsky, S. (2007). The how of happiness. New York, NY: Penguin Press.

5. Goldberg, I. I., Harel, M., & Malach, R. (2006). When the brain loses its self: Prefrontal inactivation during sensorimotor processing. *Neuron*, 50(2), 329-339.

6. Dietrich, A. (2003). Functional neuroanatomy of altered states of consciousness: The transient hypofrontality hypothesis. *Consciousness and Cognition*, 12(2), 231-256.

7. Raichlen, D. A., Foster, A. D., Gerdeman, G. L., Seillier, A., & Giuffrida, A. (2012). Wired to run: Exercise-induced endocannabinoid signaling in humans and cursorial mammals with implications for the "runner's high". *The Journal of Experimental Biology*, 215(8), 1331-1336.

8. Lippman, C. W. (1953). Hallucinations of physical duality in migraine. *Journal of Nervous and Mental Disease*, 117, 345-350.

9. Blackmore, S. J. (1992). *Beyond the body: An investigation of out-of-the-*

body experiences. Chicago, IL: Academy Chicago Publishers.

10. Blanke, O., & Dieguez, S. (2009). Leaving body and life behind: Out-of-body and near-death experience. In S. Laureys, & G. Tononi (eds), *The neurology of consciousness: Cognitive neuroscience and neuropathology* (pp. 303-325). New York, NY: Elsevier.

11. Metzinger, T. (2009). *The ego tunnel*. New York, NY: Basic Books.

12. van der Hoort, B., Guterstam, A., & Ehrsson, H. H. (2011). Being Barbie: The size of one's own body determines the perceived size of the world. *PloS One*, 6(5), e20195.

13. Fenwick, P., & Fenwick, E. (2008). *The art of dying*. London: Continuum.

14. Koenig, M. A., Kaplan, P. W., & Thakor, N. V. (2006). Clinical neurophysiologic monitoring and brain injury from cardiac arrest. *Neurologic Clinics*, 24(1), 89-106.

15. Smit, R. H. (2008). Corroboration of the dentures anecdote involving veridical perception in a near-death experience. *Journal of Near-Death Studies*, 27, 47-61.

16. van Lommel, P., van Wees, R., Meyers, V., & Elfferich, I. (2001). Near-death experience in survivors of cardiac arrest: A prospective study in the Netherlands. *The Lancet*, 358(9298), 2039-2045.

17. Lopez, U., Forster, A., Annoni, J. M., Habre, W., & Iselin-Chaves, I. A. (2006). Near-death experience in a boy undergoing uneventful elective surgery under general anesthesia. *Pediatric Anesthesia*, 16, 85-88.

18. Thonnard, M., Charland-Verville, V., Brédart, S., Dehon, H., Ledoux, D., Laureys, S., & Vanhaudenhuyse, A. (2013). Characteristics of near-death experiences memories as compared to real and imagined events memories. *PLoS One*, 8(3), e57620.

19. Parnia, S., Spearpoint, K., de Vos, G., Fenwick, P., Goldberg, D., Yang, J., . . . & Wood, M. (2014). AWARE - AWAreness during REsuscitation - A prospective study. *Resuscitation*, 85(12), 1799-1805.

20. Barrett, F. S., Johnson, M. W., & Griffiths, R. R. (2015). Validation of the revised Mystical Experience Questionnaire in experimental sessions with psilocybin. *Journal of Psychopharmacology*, (11), 1182-1190.

21. Carhart-Harris, R. L., Erritzoe, D., Williams, T., Stone, J. M., Reed, L. J., Colasanti, A., . . . & Hobden, P. (2012). Neural correlates of the psychedelic state as determined by fMRI studies with psilocybin. *Proceedings of the National Academy of Sciences*, 109(6), 2138-2143.

22. Cristofori, I., Bulbulia, J., Shaver, J. H., Wilson, M., Krueger, F., & Grafman, J. (2016). Neural correlates of mystical experience. *Neuropsychologia*, 80, 212-220.

23. James, W. (1902). *The varieties of religious experience*. New York, NY: Longman, Green.

24. Metzinger, T. (2003). *Being no one: The self-model theory of subjectivity*. Cambridge, MA: MIT Press.

25. Tagliazucchi, E., Roseman, L., Kaelen, M., Orban, C., Muthukumaraswamy, S. D., Murphy, K., . . . & Carhart-Harris, R. (2016). Increased global functional connectivity correlates with LSD-induced ego dissolution. *Current Biology*, 26(8), 1043-1050.

용어 소개

1장

결합 문제 (The Binding Problem) 뇌의 여러 곳에 분산된 정보 파편들이 하나로 조합되어 통합된 의식적 지각을 구성하는 원리를 이해하는 문제.

경험적 심리학 (empirical psychology) 심리학에서, 체계적인 관찰과 실험을 통해 획득한 증거.

내성 (introspection) 말 그대로 "마음속을 들여다보는 것". 심리학에서는 의식의 내용에 관한 데이터를 수집하는 방법론 중 하나를 가리킴. 현재 자신의 경험(보이는 것, 느낌, 생각 등)을 잘 살핀 뒤, 그것을 언어적 혹은 다른 방식으로 보고하거나 소통하는 것. 이를 통해 작성된 내성 보고(주관적 자기 보고)는 외부 관찰이 불가능한 의식의 내용을 심리학적으로 탐구하기 위한 데이터로 활용된다.

뉴런 (neuron) 신경계 내에서 전기 및 화학 신호로 정보를 처리하고 전달하는 세포의 한 종류. 신경세포라고도 불림. 인간 뇌에는 약 860억 개의 뉴런이 있는 것으로 추정된다.

무의식 (unconscious mind) 의식적 사고 없이 자동으로 실행되는 심리 과정.

변성 의식 상태 (altered states of consciousness, ASC) 일반적인 상태와 확연히 다른 의식 상태. 수 분에서 수 시간 동안만 일시적으로 지속되며, 가역적이므로 온전히 본래 상태로 되돌아온다.

설명적 간극 (The Explanatory Gap) 의식과 뇌를 이어주는 기계론적 설명이 전무하다는 점, 뇌 활동이 주관적 경험으로 변환되는 원리를 설명하는 이론 체계나 물리 메커니즘을 상상하기조차 어려운 현재의 상황을 일컫는 말.

쉬운 문제와 어려운 문제 (easy problems and the Hard Problem) 철학자 데이비드 차머스가 제시한 구분. "뇌가 특정 기능을 수행하는 원리를 밝히는 것"은 비교적 "쉬운 문제"에 해당하며, "어떻게 어느 생명체가 경험의 주체가 될 수 있는지", 차머스의 표현을 빌리자면 "물리적인 정보 처리가 도대체 어떻게 풍부한 내면세계를 일으킬 수 있는지"를 설명하는 것이 어려운 문제이다.

신경과학 (neuroscience) 신경계와 뇌를 탐구하는 과학 분과.

심리학 (psychology) 행동과 마음, 생각을 탐구하는 학문. 영혼을 뜻하는 그리스어 프시케*psyche*에서 유래함. 의식적 경험과 무의식적 경험 전체가 심리학의 범주에 포함된다.

어려운 문제 (The Hard Problem) 뇌 활동 혹은 임의의 물리 과정이 도대체 어떻게 주관적 경험을 만들어 낼 수 있는지에 대한 문제.

의식 (consciousness) 우리가 경험하는 주관적인 심리적 실체. 현상 의식, 반성 의식, 자의식 등 여러 수준으로 나뉠 수 있음.

인지 (cognition) 지식을 획득하는 정신 행위 또는 과정. 지능을 의미하는 "인지 능력(cognitive ability)"과의 혼동에 주의할 것.

좀비 (zombie) 외부 행동은 정상적이지만 내면적으로는 아무것도 겪지 않는, 주관적 경험이 없는 존재. 심리학이 의식의 존재를 무시할 경우 발생할 수 있는 역설을 보여주는 철학 개념이다.

지각 경험 (perceptual experiences) 감각 입력을 통해 지각된 대상의 표상물.

행동주의 (behaviorism) 내성법을 거부하고 관찰 가능한 행동의 측정과 이해만을 추구하는 심리학의 한 학파.

2장

거짓 기억 (false memories) 경험하지 않은 일에 대한 기억, 또는 그 기억을 회상하는 행위. 우리는 현실에서 아예 일어나지 않은 일을 기억하기도 하고, 사건의 내용을 실제와 다르게 기억하기도 한다.

반성 의식 (reflective consciousness) 의식의 중심부에 들어온 내용은 배경보다 더 명료하게 경험될 뿐 아니라, 반성 의식의 복잡한 인지 과정을 거친다.

역좀비 (inverse zombie) 겉으로는 아무런 반응이나 행동도 보이지 않고 깊은 무의식적 상태에 빠진 것처럼 보이지만, 내부적으로는 주관적 경험을 겪고 있는 사람.

의식의 중심부 (center of consciousness) 일차 의식(=현상 의식)의 구球는 의식의 중심부와 그를 둘러싼 주변부 의식(현상적 배경)으로 나뉜다.

자각 (awareness) 자신을 둘러싼 실제 세계와 감각적 · 지각적으로 접촉 또는 연결된 상태.

자극 (stimulus) 감각으로 탐지된 에너지 변화. 반응 측정 실험에서, 반응을 야기할 수 있는 사건을 의미하기도 함. 예를 들어, 빛 깜박임(자극)은 측정 가능한 반응(구두 보고나 뇌 활동)을 일으킬 수 있다.

자기 인식 (self-recognition) 거울 속 대상이 나 자신임을 이해하는 것.

자의식 (self-awareness) 현재 이 경험의 주체가 과거에도 많은 경험을 했고 미래에도 많은 경험을 할, 시간상으로 연속적인 사람 또는 자아라는 사실을 이해하거나 생각하는 능력.

좀비 (zombie) 철학에서, 보통의 인간과 생김새나 행동이 똑같지만 의식이 없는 존재.

주의의 스포트라이트 (spotlight of your attention) 현상 의식의 중심부와 배경을 분리하는 인지 메커니즘.

현상 의식 (phenomenal consciousness) 가장 기초적인 형태의 의식. 주관적 경험과 감각질(현상적 경험의 최소 성분)로 이루어져 있음. 언어와 고차 인지와는 무관함.

3장

감각질 (qualia) 경험의 특질, 또는 경험이 가져다주는 느낌 그 자체. 주관적 경험, 특히 감각 경험(색 지각 등)의 가장 단순한 성분 또는 기본적인 질적 특성을 뜻하기도 함. 색, 소리, 움직임 등 다양한 감각질이 결합하여 우리가 경험하는 복잡한 지각 세계를 이룬다.

기능주의 (functionalism) 철학에서, 마음을 컴퓨터 프로그램과 같은 기능(함수) 또는 입출력 관계의 집합체로, 뇌는 그 프로그램이 실행되는 장치 또는 하드웨어로 바라보는 이론.

데카르트 이원론/상호작용 이원론 (Cartesian/interactionist dualism) 마음과 뇌가 서

로 다른 실체이며, 모종의 방식으로 상호작용하고 있다고 주장하는 이원론의
한 분파.

미시물리주의 (microphysicalism) 기본 입자와 힘만이 존재하며, 거시세계를 비롯
한 그 외 모든 것들은 인간 지각 능력의 한계로 인해 만들어진 환상에 불과하다
는, 환원주의 유물론의 극단적인 형태.

범심론 (panpsychism) 철학에서, 마음 또는 의식이 모든 곳에 존재하며, 모든 물
리적 대상이 저마다 모종의 심적 속성이나 단순한 형태의 의식을 지닌다는 이
론.

불가사의론 (mysterianism) 의식이 초자연적 또는 이원론적 존재가 아니라 물리
적 우주의 자연 현상이자 특징인 것은 맞지만, 인간은 지능의 한계로 인해 의식
을 결코 이해할 수 없다는 주장. 인지적 폐쇄 논증이라고도 불린다.

사이콘 (psychon) 주관적 경험을 구성하는 비물리적 원소. 존 에클스가 제안한
가상의 개념이다.

심신 이론 (mind-body theories) 마음(주관적 경험, "심적 존재")과 몸(물질, 물리
적·생물학적 메커니즘, "물리적 존재")의 관계를 설명하는 여러 이론.

유심론 (idealism) 유물론 및 물리주의와 반대로, 이 세상이 궁극적으로 물질이
아닌 정신 혹은 의식으로 이루어져 있다고 주장하는 철학 이론.

이원론 (dualism) 정신이 비물리적 현상이며, 따라서 이 세계에 서로 다른 두 가
지 "실체"가 있다고 주장하는 여러 철학 이론.

이중측면론 (double-aspect theory) 우주의 기본 실체가 물리적 측면과 정신적 측
면을 함께 갖고 있다는 형이상학적 개념.

일원론 (monism) 우주가 궁극적으로 하나의 실체로 이루어져 있다는 철학 이론.

일원론적 유물론, 물리주의 (monistic materialism, physicalism) 물질이 이 세상에 존
재하는 단 하나의 기본 실체라는 철학 이론.

중립적 일원론 (neutral monism) 우주가 궁극적으로 물질도 마음도 아닌 더 근본
적인 한 가지 실체로 이루어져 있다는 철학 이론.

창발 유물론 (emergent materialism) 물질은 서로 다른 수준으로 조직되어 있으며,

낮은 수준의 물리적 대상이 높은 수준으로 조직되면 예측 불가능한 새로운 물리적 대상이나 특징이 나타날 수 있고(창발), 의식이 바로 그 창발의 결과물이라고 주장하는 철학 이론.

통합 정보 이론 (Integrated Information Theory, IIT) 모든 물리계가 정보를 통합하는 능력에 따라 저마다 주관적으로 현상적 경험을 가진다는 이론.

환원주의 유물론 (reductive materialism) 의식은 실재하는 현상이지만, 일반적인 신경생리학적 과정의 집합에 불과하며, 따라서 의식을 신경생리학에 기반하여 완전히 서술할 수 있다는 심신 이론.

4장

게슈탈트 심리학 (Gestalt psychology) 1920년대 독일에서 탄생한 심리학의 한 학파. 의식적 지각의 전체론적 특성을 중시했다.

구조주의 (structuralism) 경험을 하위 부분 또는 단순한 요소로 나누고 각 부분이 어떻게 결합하고 있는지를 탐구한 심리학의 한 분파. 물리학 및 화학의 원자론적 접근과 유사함.

내성주의 (introspectionism) 빌헬름 분트가 창시한 사상 첫 과학적 의식 연구 방법론. 감각을 비롯한 경험의 각 요소를 주의를 기울여 관찰하고 이를 최대한 정확히 구두 기술하는 것을 목표로 하였다.

동료 평가 학술지 절대 다수의 과학 논문이 발표되는 곳. 동료 평가란 저작이 출판되기 이전에 같은 분야에 종사하는 학자들이 연구의 우수성과 엄밀성을 분석·평가하는 과정을 뜻한다.

마음의 컴퓨터 은유 (computer metaphor of the mind) 마음이 정보를 입출력하는 컴퓨터와 작동 원리가 같다는 개념.

맹시 (blindsight) 주관적 경험상으로는 시력을 완전히 상실한 환자가 주변을 지각하는 놀라운 현상.

베버 페히너 법칙 (Weber‒Fechner Law) 자극의 물리적 세기와 경험상의 세기가 비례하지 않는다는 것을 보여준 관계식.

분리뇌 수술 (split-brain operation) 중증 뇌전증을 완화하기 위해 두 대뇌 반구를 연결하는 신경 섬유인 뇌량을 절단하는 수술.

분석적 내성법 (analytic introspection) 내성을 통해 경험을 더 작은 성분으로 쪼개는 과정.

정신물리학 (psychophysics) 물리적 자극과 그로 인한 주관적 감각 및 지각의 정확한 관계를 탐구하는 실험심리학의 한 분과.

원자론적 구조 (atomistic structure) 물질세계가 원자로 구성되어 있듯, 의식도 단순한 원소들로 이루어져 있다는 생각.

인지과학 (cognitive science) 인지, 특히 정보의 표상과 고차 인지 기능(기억, 주의 등)의 작동 원리에 관한 과학적 연구.

인지신경과학 (cognitive neuroscience) 인지 기저의 심리 과정과 중추신경계 및 뇌의 관계를 과학적으로 탐구하는 학문 분야.

정신분석학 (psychoanalysis) 무의식의 중요성을 강조한 지그문트 프로이트의 이론으로부터 파생된 각종 심리학 이론의 집합체.

지각 역치 (perceptual threshold) 의식 경험을 야기할 수 있는 가장 약한 자극.

최소 식별 자극 (just noticeable stimulus) 지각 역치에 해당하는 자극.

5장

간접적 관찰 (indirect observation) 현상을 직접 파악할 수 없을 때 추론을 통해 현상의 특성을 탐구하는 방법. 예를 들어, 블랙홀을 직접 관찰할 수 없지만 블랙홀이 주변에 미치는 영향을 관찰할 수는 있다.

강제 선택 패러다임 (forced choice paradigm) 피험자가 두 선택지 중 하나를 반드시 골라야만 하는 실험 패러다임(예: "초록색 자극을 보았는가?" → "예/아니요").

경험 과학 (empirical science) 현상에 대한 체계적인 관찰과 측정을 기초로, 추가 관찰과 실험을 통해 이론을 수립, 검증하는 과학.

경험 표집법 (Experience Sampling Method, ESM) 주관적 경험의 대표 샘플을 무작위로 수집하는 기법. 하루 중에 무작위 간격으로 "삐삐"가 울리면 피험자는 그 순간의 경험을 기록한다.

기술적 내성법 (descriptive introspection) 주관적 경험을 언어로 기술하여 자신의 경험을 타인과 소통하는 것.

기억 과정의 구성적 특성/경험 재구성 과정의 오류 인간은 꿈뿐만 아니라 일상에서도 편향, 거짓 기억 등 여러 인지 현상으로 인해 사건을 잘못 해석하기 쉽다. 이러한 현상으로 인해 경험의 진실성을 입증하기는 매우 어렵다. 경험자 스스로가 늘 착각에 노출되어 있기 때문이다.

내용 분석 (content analysis) 꿈 보고서의 내용(단어와 문장의 의미)을 체계적으로 분류하고 통계적으로 분석하는 것. 꿈 내용을 분석하는 체계 가운데는 홀-캐슬 체계가 가장 널리 알려져 있다.

독립적인 검증 방법의 부재 주어진 관찰 결과를 통제하거나 입증할 수 없는 것. 예를 들어, 꿈 보고서는 그 꿈을 경험한 당사자 외에는 누구도 확인하거나 검증할 수 없다. 반면, 행동은 다양한 방법으로 기록하거나 검증할 수 있다. 그러나 행동 측정도 반드시 정확하지는 않다.

변화맹 (change blindness, CB) 장면이 짧은 간격을 두고 연속적으로 제시될 때 그 변화를 알아채지 못하는 현상.

부주의맹 (inattentional blindness, IB) 시력이 정상임에도 불구하고 예기치 못한 자극이 주어지는 경우 주의를 기울이지 못하여 이를 인식하지 못하는 현상.

생각대로 말하기 (thinking out loud) 과제를 수행하는 동안 경험하는 바를 입 밖으로 말하게 함으로써 경험을 파악하는 연구 방법.

신뢰도 측정 (confidence rating) 자극의 존재 등에 대하여 피험자의 신뢰도를 확인하는 기법. 신뢰도가 낮다면 피험자가 순전한 추측에 의거하여 반응한 것이고, 신뢰도가 높으면 피험자가 확실히 자극을 지각, 인식한 것이다.

역치 부근 자극 (near-threshold stimuli) 역치를 넘을 확률이 50%인 자극. 자극의 물리적 속성은 매번 동일하지만 지각하기 어렵다.

차폐 (masking) 실제로 지각해야 할 목적 자극과 함께 그와 무관한 자극(차폐 자극)을 시공간적으로 매우 가깝게 배치하는 것. 자극의 정확한 위치와 시차에 따라 목적 자극이 의식되는 것을 차단할 수 있다.

6장

기억상실증 (amnesia) 뇌 손상, 질병, 심리 트라우마 등으로 발생한 기억의 결손. 손상 이전의 사건을 기억하지 못하는 역행성 기억상실, 손상 이후 새로운 기억을 생성하지 못하는 선행성 기억상실, 두 가지가 합쳐진 완전 기억상실로 나뉜다.

무시 증후군 (neglect) 오른쪽 후두정엽의 손상으로 인해 발생하는 공간 인식 장애. 일반적으로 왼쪽 지각 공간 및 신체를 인식하지 못한다.

시각 실인증 (visual agnosia) 사물의 모습을 인식하지 못하는 것.

안면 인식 장애 (prosopagnosia) 얼굴을 인식하는 능력의 결함.

연합 실인증 (associative agnosia) 시각 실인증 가운데 비교적 가벼운 종류. 서로 다른 시각 요소를 조합할 수 있지만 전체 장면을 보지 못한다.

완전색맹 (achromatopsia) 시각 피질 V4의 손상으로 인한 색맹.

전체적 통합성 (global unity) 우리의 지각 공간은 일관적으로 결합되어 있으며, 우리 자신을 둘러싼 하나의 통합된 공간의 형태로 경험된다. 지각하는 모든 사물은 이 통합된 지각 공간 속에 존재하며, 우리 자신이 그 중심에 있다. 지역적 통합성 참조.

지역적 통합성 (local unity) 개개의 사물이 통합적으로 지각되는 것.

통각 실인증 (apperceptive agnosia) 시각 실인증의 가장 심각한 형태. 눈에 보이는 시각적 특질을 전혀 이해하지 못함.

7장

경두개 자기 자극 (transcranial magnetic stimulation, TMS) 두개골을 관통하는 자기장 충격파를 짧게 가하여 피질의 정상 활동을 일시적으로 방해하는 기법.

기능적 자기공명영상 (functional magnetic resonance imaging, fMRI) 다양한 인지 과제를 수행할 때 뇌 속 혈액의 산소 포화도의 변화를 측정하여 활성화된 뇌 부위를 간접적으로 파악하는 장치.

뇌 기능 영상술 과제를 수행할 때 뇌에서 무슨 일이 일어나는지 혈류 추적 등을 통해 정량하는 기법. 뇌의 물리적 형태와 구조를 촬영하는 뇌 구조 영상술과의 구분에 유의.

뇌사 (brain death) 완전하고 비가역적인 뇌 기능 손상.

뇌자도 (magnetoencephalography, MEG) 뇌의 전기 활성이 형성하는 미세한 자기 장을 측정하는 기법.

뇌전도 (electroencephalography, EEG) 두피에 전극을 붙여 뇌의 전기 활성을 측 정하는 방법. 두피 표면에서의 뇌의 전기장 변화가 검출된다.

섬광 (phosphene) 시각 피질에 직접 전기 자극을 가했을 때 짧게 보이는 불빛이 나 시각 패턴.

시각의 배쪽 흐름 (ventral visual stream) 시각 피질 V1에서 측두피질까지의 신경 경로.

시각 의식 (visual consciousness) 인간의 의식적 지각을 이루는 가장 큰 요소.

식물인간 상태 (vegetative state) 뇌 손상으로 인한 깨어날 수 없는 무반응 상태. 단, 정상적인 수면 주기를 보이며 자발적으로 눈을 깜박이기도 한다(그렇지 않은 경우는 코마에 해당).

양안 경쟁 (binocular rivalry) 양쪽 눈에 각기 다른 자극이 제시되었을 때 두 자극 이 의식되기 위해 경쟁하는 현상. 둘 중에 경쟁에 승리한 자극이 수 초 간격으 로 번갈아 의식된다.

양전자 방출 단층촬영 (positron emission tomography, PET) 방사능 분자가 뇌 속에 서 붕괴될 때 발생하는 신호를 수집하여 뇌의 신진대사 활동을 나타내는 이미 지로 재구성하는 뇌 기능 영상술.

의식의 *신경상관물* (neural correlates of consciousness, NCC) 의식 경험과 동시에 발생하는 신경 활동.

전자기 탐지법 뇌에서 자연적으로 일어나는 전기 활동이 만들어내는 전자기 신 호를 탐지하는 기법. 반면 TMS, TDCS, TACS 등의 전자기 *자극술*은 두개골 바깥에서 뇌 안으로 전자기 신호를 쏘아보내 뇌의 자연적인 전기 활성을 방해한다.

전체 의식 장애 (global disorders of consciousness) 코마, 식물인간 상태, 최소 의식 상태 등 뇌 손상으로 인해 무의식적 상태에 빠지는 질환.

최소 의식 상태 (minimally conscious state) 식물인간 상태에서 회복할 때 거치는 의식과 무의식 사이의 불안정한 상태.

코마 (coma) 깨어날 수 없고 자극에 반응하지 못하는 무의식적 상태.

8장

꿈 (dreaming) 수면 중에 발생하는 역동적이고 복잡하며 다양상적인 의식 경험. 가상의 감각적·지각적 세계의 형태를 띤다.

렘수면 행동 장애 (REM sleep behavior disorder, RBD) 과격하고 활동적인 악몽을 꾸고, 꿈속에서 행동하는 대로 몸이 움직이는 질환.

몽중 보행 (dreamwalking) 렘수면 행동 장애 환자의 증상. 렘수면 중에 근육이 마비되지 않아 꿈의 내용을 행동으로 옮기는 것. 몽유병과의 혼동에 주의.

무작위 활성화 이론 (Random Activation Theory) 꿈이 렘수면 중 발생하는 무작위적인 신경 활성의 부산물이라는 이론.

문제 해결 이론 (Problem-Solving Theory) 꿈이 미해결 문제의 해답을 찾기 위한 수단이라는 이론.

수면 마비/가위눌림 (sleep paralysis) 입출면 상태 동안 일시적으로 움직이거나, 말하거나, 반응하지 못하는 것.

수면 보행 (sleepwalking) 반쯤은 깨어 있고 반쯤은 깊은 비렘수면에 빠져 있는 변성 의식 상태. 자신이 잠들어 있다는 사실을 알지 못하며, 눈을 뜬 채로 특정 행동을 반복하거나 돌발 행동을 한다.

수면 정신활동 (sleep mentation) 꿈을 제외한 수면 중 모든 정신적 활동 및 경험.

악몽 (nightmares) 잠에서 깨어나게 만드는 매우 불쾌하고 괴로운 꿈. 매우 위협적이고 무서운 일련의 사건들을 긴 시간 생생히 경험하게 된다.

야간 배회 (nocturnal wandering) 수면 보행이 수 분에서 한 시간 이상 길게 지속되어 집 밖을 돌아다니다가 어안이 벙벙한 채로 잠에서 깨는 증상. 일부 환자들은 운전하기도 한다. 각성과 깊은 비렘수면이 혼합된 변성 상태.

야경증 (night terrors) 깊은 비렘수면에서 갑자기 극심한 공포에 휩싸여 눈을 뜨고 소리를 지르며 깨어나는 증상. 깨어난 직후에도 좀처럼 현실 감각을 되찾지 못한다. 위협에 대한 공포스러운 생각, 심상, 느낌을 동반한다. 생생하고 자세한 꿈을 꾸는 경우는 드물다.

위협 시뮬레이션 이론 (Threat Simulation Theory) 원초적 공격이나 자연에서의 위협을 시뮬레이션하는 것이 꿈의 진화적 기능이라는 이론. 이 이론에 의하면, 꿈은 실제 위협에 대비할 수 있게 하기 때문에 진화적으로 유용하다. 실제로 위협적인 사건을 겪은 뒤 악몽을 꾼다는 것이 그 증거다.

입면 환각 (hypnagogic hallucinations) 깨어 있다가 잠이 들기까지의 짧은 과도기인 입면 상태에서 뇌가 자체적으로 형성한 이미지.

자각몽 (lucid dreaming) 현재의 경험이 꿈이라는 사실을 인식하는 꿈.

정신 건강 이론 (Mental Health Theory) 꿈에 불쾌한 경험과 기억을 처리하거나 제거하는 치유 효과가 있다는 이론.

출면 환각 (hypnopompic hallucinations) 잠에서 깨어날 때의 과도기인 출면 상태 동안 뇌가 자체적으로 형성한 이미지.

활성화−합성 이론 (Activation-Synthesis theory) 꿈이 렘수면 중 뇌 활성의 결과물이라는 이론.

9장

관념 운동 암시 (ideomotor suggestion) 운동 행위의 심상에 관한 암시. 피험자는 암시된 행위를 직접 수행하면서도 그 행위가 아무런 수의적 의도나 노력 없이 자동으로 벌어진다고 느낀다.

인지 암시 (cognitive suggestion) 지각, 기억 등 특정 인지 과정에 변화를 가하고 환각, 기억상실, 거짓 기억 등을 유도하여 피험자가 그것을 실제처럼 경험하게 하는 최면 암시.

저항 암시 (challenge suggestion) 특정 신체 부위를 제어할 수 없게 될 거라는 암시("눈꺼풀이 붙는다" 또는 "팔이 쇳덩이가 된다")를 가한 뒤 피험자가 그 암시에 저항하게(눈을 뜨거나 팔을 움직이게) 하는 암시.

최면 (hypnosis) "절차로서의 최면"은 피험자가 암시에 잘 반응하게 만들기 위한 최면사와 피험자 간의 상호작용을 가리킨다. "결과로서의 최면"은 타인의 암시로 인한 피험자의 의식 및 주의의 변화, 즉 최면 상태를 가리킨다.

최면 상태 (hypnotic state) 최면이 변성 의식 상태라면, 피험자가 경험할 의식 상태.

최면 유도 (hypnotic induction) 피암시성을 고조시키기 위해 각종 암시를 가하는 절차. 보통 몸을 이완시키거나 졸리게 만든다.

최면의 해리 이론 최면이 지각 및 감각 경험, 수의적 행동, 기억을 변화시키는 이유가 관련 정보가 의식과 해리되어 의식을 우회하여 행동을 일으키기 때문이라는 관점.

최면 피암시성/피최면성 (hypnotic suggestibility, hypnotizability) 최면 유도 이후 주어진 암시에 반응하는 경향. 사람마다 고유하며 잘 바뀌지 않으며, 정규 분포 곡선을 따른다. 즉, 대부분의 사람들은 중간 정도의 피암시성을 보이며, 암시에 전혀 반응하지 않거나 매우 잘 반응하는 소수의 사람들이 있다.

10장

가상 유체 이탈 체험 (virtual out-of-body experience, VOBE) 신체 위치에 관하여 비정상적이고 부조화한 정보를 제공하여 신체 환상을 일으키는 기법.

고차 감정 의식 상태 긍정 정서가 증폭되고 부정 정서가 사라진 상태.

고차 의식 상태 (higher state of consciousness) 특수한 인지·주의·감정 현상을 동반하는 매우 유쾌하고 뜻깊으며 바람직한 의식 상태.

고차 인지 의식 상태 존재의 본질이나 우주의 질서에 관한 깊은 이해, 계시, 통찰을 느끼는 상태.

고차 주의 의식 상태 주의의 범주를 한 가지 경험으로 좁히는 것과, 주의의 범주를 넓혀 현재의 모든 경험을 동시에 받아들이는 두 가지 형태로 나뉨. 두 상태 모두 온전한 몰입과 집중의 고차 상태로 이어질 수 있다. 이때 (비판적인) 반성적 사고는 사라지고 내면의 평화와 고요가 찾아온다.

깨달음 (enlightenment) 신비 체험의 궁극 형태. 자아와 실재의 본질을 꿰뚫어 보도록 각성한 고차 의식 상태.

러너스 하이 (Runner's High) 지구력 훈련 중에 발생할 수 있는 고차 의식 상태. 영원감, 붕 뜬 느낌, 강인함, 기쁨, 주변과의 합일을 느낀다.

마음챙김 명상 (Mindfulness meditation) 판단과 반추를 멈추고 주의를 확장하는 명상 기법.

명상 (meditation) 주의와 생각을 제어하는 법을 체계적으로 훈련하여 마음을 가라앉히거나 긍정적인 마음 상태를 만들어 내는 기술.

몰입 (flow) 까다롭지만 흥미로운 일을 할 때 다른 것을 잊어버리고 거기에 완전히 빠져드는 고차 의식 상태. 최적 경험이라고도 함.

사후세계 가설 (afterlife hypothesis) 육체의 죽음 이후에도 의식이 남아 있기 때문에 임사 체험이 발생할 수 있다는 믿음.

삼매 (Samadhi) 마음을 한 점에 모아 명상의 주체가 대상과 하나가 된 명상 의식 상태.

신비 체험 (mystical experiences) 말로 설명하기는 어렵지만 매우 긍정적이고 유의미한 짧고 일시적인 고차 의식 상태. 영적·종교적 의미를 지니는 경우가 많고, 평생에 걸쳐 파급력을 남기기도 한다.

우주 의식 (cosmic consciousness) 전 우주를 포괄하거나 그와 하나가 되어 삼라만상의 깊은 의미를 이해하는 고차 신비 의식 상태.

유체 이탈 체험 (out-of-body experience, OBE) 의식 경험의 중심점, 즉 경험자가 세계를 관찰하는 시점이 경험자의 육체를 벗어나는 체험.

임사 체험 (near-death experience, NDE) 죽음에 가까이 갔다가 회복한 환자들의 일부가 경험하는 신비 체험. 평온함, 유체 이탈, 터널 통과, 밝은 빛, 또 다른 세계 등의 요소로 구성된다.

자기상 환시 (autoscopy) 외부 관점에서 자신을 바라보는 변성 의식 상태. 유체 이탈 체험의 의학적 표현.

죽어가는 뇌 가설 (Dying brain hypothesis) 뇌의 필수 기능이 심각히 손상되었을 때 발생하는 생리 과정과 병리적 변화를 토대로 임사 체험을 설명할 수 있다는 주장.

집중 명상 (concentrative meditation) 주의를 수의적으로 조절하는 명상 절차.

뇌의식의 기초

2021년 9월 29일 1판 1쇄 펴냄

지은이 | 안티 레본수오
옮긴이 | 장현우 · 황양선
펴낸이 | 김철종

펴낸곳 | (주)한언
출판등록 | 1983년 9월 30일 제1-128호
주소 | 서울시 종로구 삼일대로 453(경운동) 2층
전화번호 | 02)701-6911 팩스번호 | 02)701-4449
전자우편 | haneon@haneon.com 홈페이지 | www.haneon.com

ISBN 978-89-5596-917-7 (03400)

이 책은 저작권법에 따라 보호를 받는 저작물이므로 무단 전재와
무단 복제를 금지하며, 이 책의 전부 또는 일부를 이용하려면 반드시
저작권자와 (주)한언의 서면 동의를 받아야 합니다.

만든 사람들
기획 · 총괄 | 손성문
편집 | 김세민
디자인 | 박주란
일러스트 | 이현지

한언의 사명선언문

Since 3rd day of January, 1998

Our Mission – 우리는 새로운 지식을 창출, 전파하여 전 인류가 이를 공유케 함으로써
인류 문화의 발전과 행복에 이바지한다.

– 우리는 끊임없이 학습하는 조직으로서 자신과 조직의 발전을 위해 쉼
없이 노력하며, 궁극적으로는 세계적 콘텐츠 그룹을 지향한다.

– 우리는 정신적·물질적으로 최고 수준의 복지를 실현하기 위해 노력하
며, 명실공히 초일류 사원들의 집합체로서 부끄럼 없이 행동한다.

Our Vision 한언은 콘텐츠 기업의 선도적 성공 모델이 된다.

저희 한언인들은 위와 같은 사명을 항상 가슴속에 간직하고
좋은 책을 만들기 위해 최선을 다하고 있습니다.
독자 여러분의 아낌없는 충고와 격려를 부탁드립니다.

• 한언 가족 •

HanEon's Mission statement

Our Mission – We create and broadcast new knowledge for the advancement and
happiness of the whole human race.

– We do our best to improve ourselves and the organization, with the
ultimate goal of striving to be the best content group in the world.

– We try to realize the highest quality of welfare system in both
mental and physical ways and we behave in a manner that reflects
our mission as proud members of HanEon Community.

Our Vision HanEon will be the leading Success Model of the content group.